共享空间设计解剖书

主编 [日]猪熊纯
[日]成濑友梨
译者 郭维 林绚锦 何轩宇

U0283813

江苏凤凰科学技术出版社

序 摆脱以功能划分建筑，设计展示地域特性的共享场所

如书名所示，我们试图通过本书，从设计方面入手，将“共享”空间的设计方法尽可能地展现出来。

迄今为止，在建筑相关的领域中，三浦展著有《为今后的日本谈谈“共享”吧》（2011），我们则编著了《设计共享》（2013），以“共享”的社会现象为主题的书籍已先行一步。如果把建筑当作社会的产物去思考的话，在其发展初期就出版相关书籍大概是理所应当的。自那时起，建筑领域中共享空间方面的项目逐渐增多。在这种情况下，本书除聚焦于实践方面，同时也将各种项目具体的设计方法与思想尽可能通俗易懂地展示给读者。因此，我们可以看到支持多种项目类型和业务规划的优秀设计方案。

在选定具体项目时我们提出，这本书探讨的最大问题是“共享是什么”，或者说“创造共享的价值在何处”。家庭分享家庭空间，企业分享办公空间，公共设施分享城市空间。可以说什么都可以拿来共享了。从以往事例的共同点来看，这里所说的“共享”，是指日本从战后的高速发展到现代社会的形成为止，在这个过程中自发形成的单纯的共享社会。

战后的日本为了复兴，在城市里聚集产业，在环境优良的郊外开发住宅，然后用放射状的铁道网络将其连接。这个为国民的复兴梦而推出的政策将乡土关系、亲缘关系切断，让人们在新的环境里按照自己的意志生活，因此而诞生了提高亲属之间独立性的核心家庭。在这种情况下，与家庭单位的最小化对应的是住宅工程量的最大化，以及连接城市中心与郊外铁路的利用率的大大提高，开发商与私营铁路也加速了投资计划。随着婚丧嫁娶等各种传统仪式的消失，核心家庭的居住地被图书馆、俱乐部、商场、公共设施等包围。在作为生产场所的城市和消费场所的郊外所建造的必备设施和城市基础设施，都成为社会发展必要的组成部分。

但是现在，由于人口减少和全球化的影响，整个国家以可持续发展为目标的理想状态逐渐被打破。人口不增长的自治体税收不足以维护公共设施与城市基础设施。企业在组织方面也处于弱势，由于公司前景不明和人才流动而无法保证对员工进行终身雇佣。使用住宅的平均人口数低于三人，核心家庭也渐渐不再是基本的家庭形态。现在，最小的家庭单元正逐渐向个人还原。

我们要解决的，是理解并在这样的社会状况下创造全新意义上的共享。不是乡土关系、血缘关系，也不是所谓的核心家族或企业等现代的组织单位，而是在还原到个人的社会里，在新型多样的关系中诞生的共享。

书中的49个案例，乍一看，它可能是一所房子、一个工作场所、一个咖啡厅、一个住宿设施、一个图书馆、一个福利设施，没有什么一致性。但是这些建筑有一个共同点，它们刷新了人们对在高速发展期诞生的千篇一律的设施的印象，创造了以前没有过的活动、关系、联结。这样的成果，离不开一直进行创造性活动的运营者。与此同时，还有一点我们也不能忘记，那就是将这些实现的设计。对整体的配置、结构进行平面、剖面上的设计，对家具、装饰、照明进行微妙的调整后，可进行的活动就完全改变了。本书将对这一方面进行特

别说明。

本书案例的最大共同点之一，是举例说明了功能的复合和融合。现代建筑基本上是一个建筑对应一个功能，比如办公室就是工作场所，图书馆只是读书的地方。而本书中的案例则是将建筑的多重功能组合在一起，目的是为增强人与人之间的联系。比如，和家人以外的人一同居住，在咖啡厅也能照顾到孩子，在工作场所里和各种各样的人交流等。这正是我们所关注的。因此，我们没有按建筑类型对本书内容进行分类，而是按大城市城市中心、大城市郊外、中小城市城市中心、中小城市郊外、超郊外及村落这样的地区进行分类，将同一地区中各种规模和用途的建筑划分到一起。根据地区的人口总量、人口密度、经济状况，我们认为，在一定程度上，使人产生联系的共享形式具有相似性。

实际上，在大城市，几乎都是以民间协作的方式建设各种设施，纯政府主导的公共设施几乎没有。本书没有收录的候补案例中，也存在着这样的情况。从这一点上，我们可以看出大城市经济发达、人才丰富的特性。另一方面，中小城市城市中心如今也选择优先解决公共设施方面的问题。本书着重介绍设计方面，因此，一些加强地区联系的优秀案例我们并没有收录，但收录的也都是公众性强的案例。从经济方面考虑，今后纯政府部门主导建设的公共设施想必会更难建成，而以PPP模式进行设施的建设及维护可能更容易实现。超郊外及村落板块汇集了更多超乎想象的案例，如道路服务区、社区咖啡厅、福利设施、卫星办公室、别墅等，这里建造了有着各种功能的空间。乍一看，会觉得这都是些杂乱无章的功能，但是，这些为满足不同时期从城市而来的临时流动人口而设计的功能，反而让这些空间变得更有趣味，最后我们还是决定将这些展现地区特性的案例汇总。这些案例的设计者突破了设施原有功能的局限，参考了地区的现有情况，提出了全新的策划和设计，将其表现为可能。

本书放弃以功能来进行分类，取而代之的是把各个项目设施包含的功能用独创复合词进行解释，将其原原本本地记录下来，同时将能在其中进行的活动类型用浅显易懂的词汇标记出来。案例中不管是多小的建筑，都不会只有单一功能，它必定是多功能的复合建筑。从设计方面来看，这可以说是刷新了现代建筑设计资料汇总式图书的汇总形式。这里，单一功能对比复合功能，清晰分区对比交互与可变动分区，房间与走廊对比连续的居住场所。在社会发生重大转变时，建筑也需要进行相应的改变。本书对照设计图具体地展示了这些信息。

建筑是需要大量投资来建成的，建成后不是那么容易地说变就变。对于时代的变化，我们只能采取最柔和的反应来应对，同时，也要将已有的场所精神持续下去。随着人口减少、建筑工程量减少的时代到来，认真地建造适应这种时代的建筑是很有必要的。因此，本书希望尽自己的一分力量，为设计师、学生、从业者提供参考，让更多精致而又丰富的场所被建造出来。

猪熊纯

2016年11月

目录

概览

大城市／城市中心

大城市的城市中心是以经济活动为中心，在这里，生活和工作或多或少会产生联系。也就是说，工作大概是在城市中心范围内最容易和别人产生联系的一种活动。在这里，我们列举了将咖啡厅等休闲场所与个人作品展示功能结合，在开放的工作场所开展各式活动，在公寓等居住场所同时设计办公空间等案例，更多地把各种空间扩张过程中的共享形式展现出来。从中可以了解根据立体空间构成将空间分解、用可移动家具改变空间构成等在有限空间内实现复合功能的诀窍。以前那种在城市中心工作，却在城外居住的模式消失了，满足居住、工作和休闲等功能，将人们的生活无缝衔接的共享空间出现了。

——千叶元生

©Co-lab 西麻布CF

01	协同合作式共享办公室
西麻布联合创新工作室(Krei/Co-lab西麻布)	
设　计	长冈勉、佐藤航/点(Point)株式会社、国誉株式会社
所在地	东京都港区西麻布2-24-2 Krei大楼

©长谷川健太

02	数码产品主题咖啡屋
东京创客咖啡厅(Fabafe Tokyo)	
设　计	成濑·猪熊建筑设计事务所、古市淑乃建筑设计事务所
所在地	东京都涩谷区道玄坂1-22-7道玄坂楼1层

©3331Arts Chiyoda

03	艺术中心
千代田3331美术馆	
设　计	佐藤慎也、目白工作室[现重写(Rewrite)建筑设计事务所]
所在地	东京都千代田区外神田6-11-14

©铃木研一

04	规划型社区空间
芝浦之屋	
设　计	妹岛和世建筑设计事务所
所在地	东京都港区芝浦3-15-4

©富永美保

05 地区开放型共享房屋

卡萨科(Casaco)

设　计	特米特(Tomito)建筑
所在地	神奈川县横滨市西区东丘23-1

UNIFAM

06 共享型复合建筑

共享社(The Share)

设　计	立毕塔(Rebita)株式会社
所在地	东京都涩谷区神宫前3-25-18

Co-ba
SHIBUYA

07 会员制共享工作场所

涩谷Co-ba

设　计	茨库鲁巴(Tsukuruba)株式会社
所在地	东京都涩谷区涩谷3-26-16第五叶大楼5层、6层

08 最小的文化复合机构

萩庄

设　计	萩工作室(Hagi Studio)
所在地	东京都台东区谷中3-10-25

©Satoshi Shigeta @Nacasa & Partners Inc.

09 地区协作型托儿所

街道的托儿所 小竹向原

设　计	宇贺亮介建筑设计事务所
所在地	东京都练马区小竹町2-40-5

10 DIY共享房屋

矢来町共享之家

设　计	篠原聡子、内村绫乃/空间研究所、A工作室(A Studio)
所在地	东京都新宿区矢来町

©Nobutada Omote

11	艺术青年旅馆
京都艺术青年旅馆(Kumagusuku)	
设　计	点(Dot)建筑师事务所
所在地	京都府京都市中京区壬生马场町37-3

©鸟村钢一

12	孵化型租赁宿舍
配有食堂的公寓	
设　计	仲建筑设计工作室
所在地	东京都目黑区目黑本町5-14-14

大城市／郊外

大城市郊外的案例表现了在已设计建成的住宅小区、公寓、商业空间中的公共广场等人流聚集地中，促进不同年龄段、从事不同职业的人们交流互动的空间。受人口减少和老龄化的影响，在与城市中心相比更倾于向社群靠拢的郊外，人们在寻求与他人相遇的新契机、能与人产生新的联系的交流空间。因此，我们选取了人们即使只是路过也可访问的设计、能和别人共存但又可保持适当距离感的邻接性设计、适合郊外的灵活多样的留白设计等保证了空间公共性的各种案例。正是因为考虑了各种类型的使用者，才使那里的人们能够到访并活动在理想的建筑中。

——千叶元生

©高冈弘

13	孩子们的站前广场及更新的租赁式住宅
星之谷小区	
设　计	蓝工作室(Blue Studio)
所在地	神奈川县座间市入谷5-1591-2

©鸟村钢一

14	带有广场的木结构租赁式公寓
横滨公寓	
设　计	西田司、中川绘里佳/正在设计(On Design)
所在地	神奈川县横滨市西区西户部2-234

©Yasukawa Chiaki

15	共享时间型店铺
高岛平的老年活动中心兼居酒屋	
设　计	燕(Tsubame)建筑师事务所
所在地	东京都板桥区高岛平8-4-8

©浅川敏

16	大学内交流咖啡厅
大学餐厅	
设　计	工藤和美、堀场弘/K&H 建筑(Coelacanth K&H)
所在地	千叶县市川市国府台1-3-1千叶商科大学

©小川重雄

17	复合型文化交流设施
武藏野公共图书馆	
设　计	KW+HG 建筑师事务所
所在地	东京都武藏野市境南町2-3-18

©西川公朗

18	共享公寓
LT城西	
设　计	成濑·猪熊建筑设计事务所
所在地	爱知县名古屋市西区城西3

©西川公朗

19	创新中心
柏之叶开放创新实验室(31 Ventures Koil)	
设　计	成濑·猪熊建筑设计事务所
所在地	千叶县柏市若柴178-4柏之叶园区148街区2号门广场商店&办公楼6层

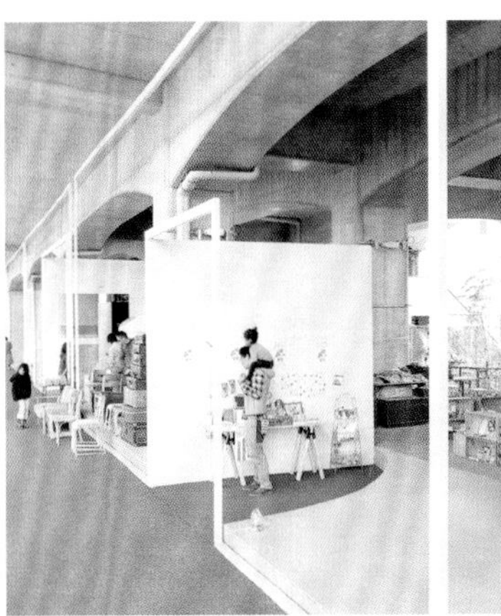

©铃木龙马

20	地区协作型商业设施
中央线高架桥下的空间改造项目——东小金井社区站及流动站	
设　计	重写(Rewrite)建筑设计事务所
所在地	东京都小金井市梶野町5

中小城市／城市中心

中小城市中，无论是郊外还是城市中心都处于地区衰退的背景之下。在已空洞化的中小城市的中心地区，建造能使人们自发聚集的场所可以说是地方自治体最重要的工作之一。为了迎接战后建筑更新潮的到来，我们将一些政府办公楼、图书馆、会所、美术馆等既有建筑整合改造为复合型公共建筑的案例展示给大家。从中可以看到各种用清楚明晰的空间构成法建造的居住场所和向大众开放的公共设施。这样的建筑物不是为满足某一单项功能而建，而是将没有特定功能的空间和具体项目相结合。而且，在中小城市的中心地区，人们不仅新建公共建筑，还通过改造已失去原有功能的建筑，并在其中安置新的商业元素等措施，重新发掘地区价值。

——石榑督和

©当代建筑

21　复合型文化交流设施

盐尻市市民交流中心(Enpark)

设　计	柳泽润/当代建筑(Contemporaries)
所在地	长野县盐尻市大门一番町12-2

©Mitsumasa Fujitsuka

22　带有广场的复合型市政厅

长冈市政厅

设　计	隈研吾建筑都市设计事务所
所在地	新潟县长冈市大手通1-4-10

©平田晃久建筑设计事务所

23　复合型文化交流设施

太田市美术馆·图书馆

设　计	平田晃久建筑设计事务所
所在地	群马县太田市东本町16-30

1-7
1-6
1-5
1-4

©伊东丰雄建筑设计事务所

24　复合型文化交流设施

仙台媒体文化中心

设　计	伊东丰雄建筑设计事务所
所在地	宫城县仙台市青叶区春日町2-1

25	青年旅馆及餐厅
旦过青年旅馆(Tanga Table)	
设　计	SPEAC株式会社
所在地	福冈县北九州市小仓北区马借1-5-25 Horaya大楼4层

©浅川敏

26	街道中的美术馆
前桥美术馆	
设　计	水谷俊博、水谷玲子/水谷俊博建筑设计事务所
所在地	群马县前桥市千代田町5-1-16

中小城市／郊外

从中小城市郊外的案例中可以看出，在已衰退的居住地中进行居住方式的共享革新尝试、重建人与人之间关系的试验正逐渐增多。前者是在时间和空间上设置使聚居的人们能够共享的公用地带。在这种公用地带中进行的活动，也包含小型的经济活动，这一点十分有趣。所以，居住在这种特别的集合住宅中，也是社会联系的一种尝试。在地价较低的中小城市郊外，降低每户的占有面积，转而尝试在公用地带进行设计的案例也由此诞生。后者则包括在不断老龄化的小区中，通过设置医疗护理设施建立社区居民聚集地的案例，以及为了将农业用地受盐碱灾害的地区的人们集合起来，复兴土地，将农业与IT业结合起来营造场所的案例。在已衰退的地区，我们思考的是人与人之间的关系所引发的空间问题。

——石榑督和

©Eureka

27	有附属空间的租赁住宅
龙阁村	
设　计	尤里卡(Eureka)建筑设计与工程
所在地	爱知县冈崎市

©teco

28	带有访问护理事务所的社区中心
吉川地区护理服务中心	
设　计	金野千惠/今野建设株式会社
所在地	埼玉县吉川市吉川团地1街区7号楼107

©Groovy

29	复合型福利小镇
金泽共享社区	
设　计	五井建筑研究所
所在地	石川县金泽市若松町104-1

©(un)ARCHITECTS

30	规划型开放空间
友好花园	
设　计	UN建筑师事务所
所在地	千叶县千叶市稻毛区绿町1-18-8

© 增田好郎

31	残障人士孵化工作室
Good Job！香芝公共中心	
设　计	大西麻贵、百田有希 / O+H建筑师事务所
所在地	奈良县香芝市下田西2-8-1

© 伊东丰雄建筑设计事务所

32	企业协作型社区空间
岩沼民众之家	
设　计	伊东丰雄建筑设计事务所
所在地	宫城县岩沼市押分南谷地238惠野墓苑

© 能作建筑师事务所

33	主客共用的住宅
高冈家庭旅馆	
设　计	能作文德、能作淳平 / 能作建筑师事务所
所在地	富山县高冈市

©Bews

34	社区贡献型共享房屋
共创社（Cocrea）	
设　计	井坂幸惠 / Bews建筑师事务所
所在地	茨城县日立市大米卡町3-1-12

35	里山住宅组团

里山村庄

设　计	都市设计系统、S·概念株式会社
所在地	福冈县北九州市

© 仲佐写真工作室

36	公私复合型地区图书馆

武雄市图书馆

设　计	CCC株式会社、阿奇力(Akiri)工作室、佐藤综合规划
所在地	佐贺县武雄市武雄町大字武雄5304－1

超郊外／及村落

重点在于基于地区社群的价值以及社群与大城市的关系，构思超郊外和村落的项目。相对于结构或项目进程，我们关注的更多是活用岛屿、大海、高山这些遗留至今的资源，创造一个人、事、物聚集在一起的场所。在这样经过长途跋涉才能到达的场所，我们希望人们在这里度过与大城市不一样的、特别的时光，所以“合宿”概念的共享空间就诞生了。并且，从建筑物的建造方法上来说，民宅和棚屋等乡间住房更是能展现超郊外和村落最原始的形态。和城市相比，村落有压倒性的面积优势，更有可能实现庭院的连续配置和多样的屋檐建造方式，营造开放的共享空间。

——山道拓人

© 浅川敏

37	废校区改建的道路服务区

锯南町都市交流设施——道路服务区保田小学

设　计	N.A.S.A.设计共同体
所在地	千叶县安房郡锯南町保田724

© 滨田英明

38	町中的社区空间

马木营地

设　计	点(Dot)建筑师事务所
所在地	香川县小豆郡小豆岛町马木甲967

©江角俊则

39 体验型住宿设施

古志古民家塾

设　计	江角工作室
所在地	岛根县出云市古志町2571

©岛村钢一

40 地区协作型教育基地

隐岐国学习中心

设　计	西田司、万玉直子、后藤典子／正在设计(On Design)
所在地	岛根县隐岐郡海士町

©石渡朋

41 寺子屋附属综合日托中心

多古新町屋

设　计	犬吠工作室
所在地	千叶县香取郡多古町多古2686－1

©西川公朗

42 社区咖啡馆

陆咖啡

设　计	成濑·猪熊建筑设计事务所
所在地	岩手县陆前高田市高田町鸣石22－9

©ART SETOUCHI

43 社区餐厅

岛上厨房

设　计	安部良／安部良建筑工作室
所在地	香川县小豆郡土庄町丰岛唐樻

©伊藤晓

44 地区开放型远程办公室

檐廊办公室

设　计	伊藤晓、须磨一清、坂东幸辅
所在地	德岛县名西郡神山町神领字北88-4

© 千叶学建筑规划事务所

45	共享别墅
鹿岛冲浪别墅	
设　计	千叶学建筑规划事务所
所在地	茨城县鹿鸣市

© 大建MET

46	失智老人之家兼日间服务中心
瑞穗团体之家	
设　计	大建MET建筑事务所
所在地	岐阜县瑞穗市本田2050－1

© 土岐文乃

47	小型多功能社区空间
波板地区交流中心	
设　计	雄胜工作室、日本大学
所在地	宫城县石卷市雄勝町分浜波板140－1

移动式

本章选取了在任何地方都能开展的移动式共享空间项目，也就是“小摊”这种设计形式。人人都知道小摊是什么，小摊的形态变化，会使其功能及使用方法产生变化，也会吸引人们的目光。比如，像加长车那样的规模极大的小摊可以让很多人并排使用；而如同俄罗斯套娃那样紧凑精巧的设施，使得即使只有一位女性，也可以灵活操作。小摊在街上突然出现，创造出一个让人们在一段时间内聚集在一起的空间，在一天结束之后，又离开这里。可以说，这是一种创建节日祭典时使用的共享空间的方法。

——山道拓人

©mosaki

48	移动式公共空间
我的公众货摊	
设　计	燕(Tsubame)建筑师事务所
所在地	-

©野川重

49	移动式公共空间
白色加长车货摊	
设　计	筑波大学贝岛实验室、犬吠工作室
所在地	-

本书中尺寸未标注单位的，均以毫米 (mm) 计。

西麻布联合创新工作室（Krei/Co-lab西麻布）

长冈勉、佐藤航/点（Point）株式会社、国誉株式会社

主要功能	餐饮	种植	活动	商谈
睡觉	学习	游戏	买卖	展示
休闲	工作	运动	租赁	医疗
阅读	手工	监护	交换	住宿

[关键词]

· 企业和独立创作者共同拥有的空间
· 灵活的露天包厢
· 巨大的展示墙面

Krei/Co-lab西麻布是家具与文具综合制造商国誉株式会社和其他领域创作者的集合体春莳项目组（Co-lab）为共同实践“开源”这一工作方式而设立的创新工作室。在这里，国誉内部的创新者和春莳项目组旗下的独立创作者共处，在独立进行各种活动的同时，互相降低对方的专业门槛，交流知识，共同推动项目进展，为提高出口品质这一共同目标奋进。

“Krei”在世界语里意味着创造。通过在这个场所里进行的活动，表达了不被现有的组织和结构局限，大家在崭新的世界标准下共同创造工作方法和设计的理念。

[基本资料]

项目地点：东京都港区西麻布2-24-2 Krei大楼
建成时间：2010年
设计：长冈勉、佐藤航/点(Point)株式会社、国誉株式会社
业主：国誉株式会社
策划：国誉株式会社、春莳项目组
运营：春莳项目组
施工：MOFU
审核性质：事务所
用地面积：195 m^2
建筑占地面积：417 m^2
总建筑面积：396 m^2
专属空间：93.7 m^2（平均每间13.39 m^2）
共享空间：90.57 m^2
结构及施工方法：钢筋混凝土结构
建筑层数：地上2层，地下1层
用地类型：居住用地

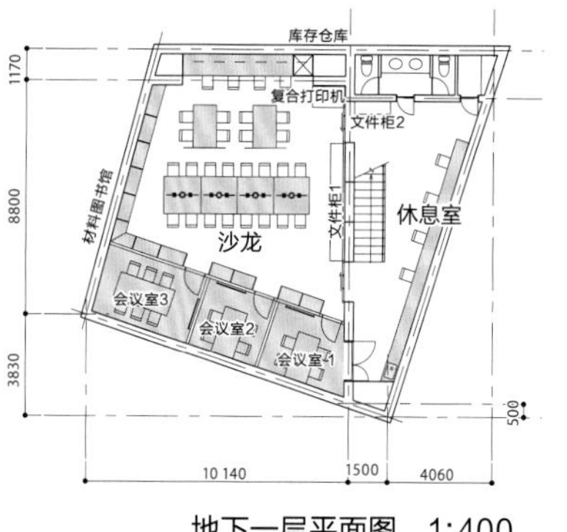
库存仓库
复合打印机
文件柜2
材料图书馆
沙龙
文件柜1
休息室
会议室3
会议室2
会议室1
1170
8800
3830
10 140
1500
4060
500

地下一层平面图 1:400

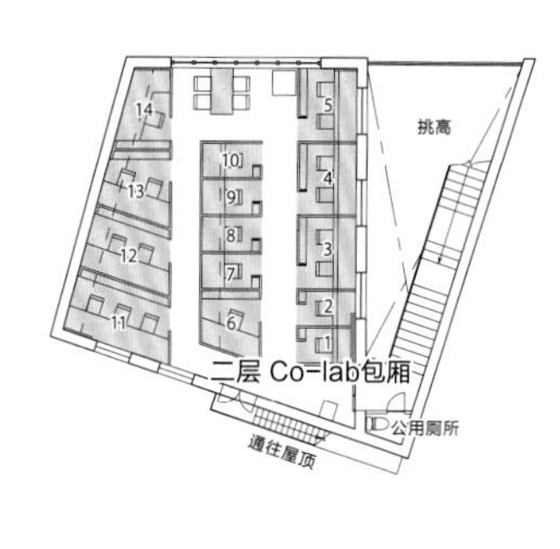
挑高
二层 Co-lab包厢
公用厕所
遮住屋顶

二层平面图 1:400

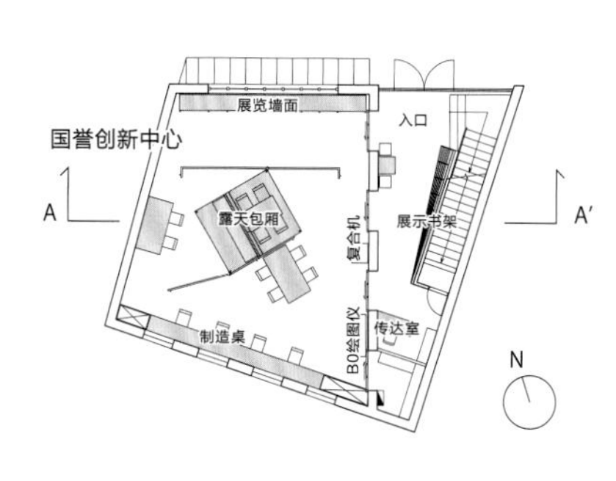
国誉创新中心
展览墙面
入口
露天包厢
复合机
展示书架
B0绘图仪
制造桌
传达室
A
A′
N

一层平面图 1:400

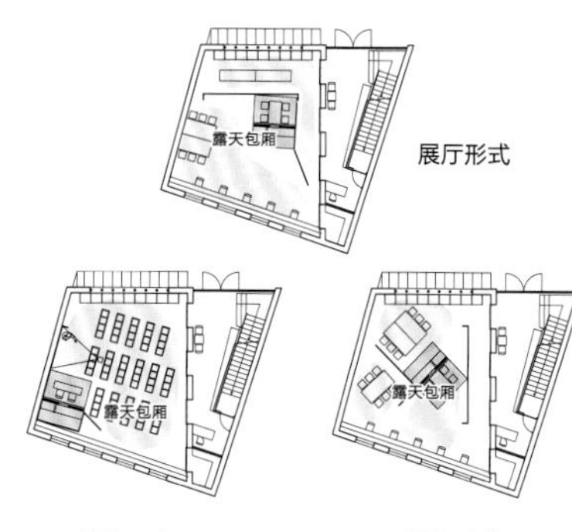
露天包厢
展厅形式
讨论形式
隔间形式

一楼的空间构成变化

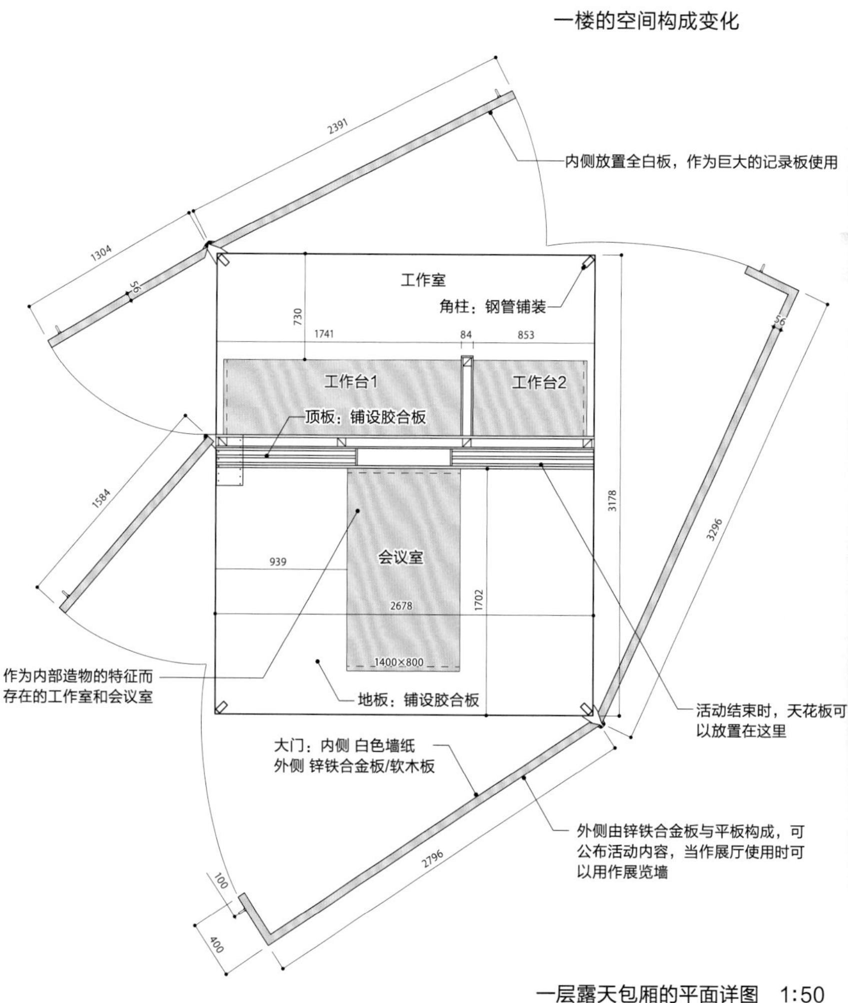
2391
内侧放置全白板，作为巨大的记录板使用
1304
工作室
角柱：钢管铺装
730
1741
84
853
工作台1
工作台2
顶板：铺设胶合板
1584
3178
3296
939
会议室
2678
1702
1400×800
作为内部造物的特征而存在的工作室和会议室
地板：铺设胶合板
活动结束时，天花板可以放置在这里
大门：内侧 白色墙纸
外侧 锌铁合金板/软木板
外侧由锌铁合金板与平板构成，可公布活动内容，当作展厅使用时可以用作展览墙
2796
100
400

一层露天包厢的平面详图 1:50

多样空间构成的露天包厢

为满足一楼活动、展示、工作等各种功能要求，创造了这样灵活的空间。不是将部分功能进行特别化的空间构成，而是营造了一个作为可变露天包厢而使用的空间。

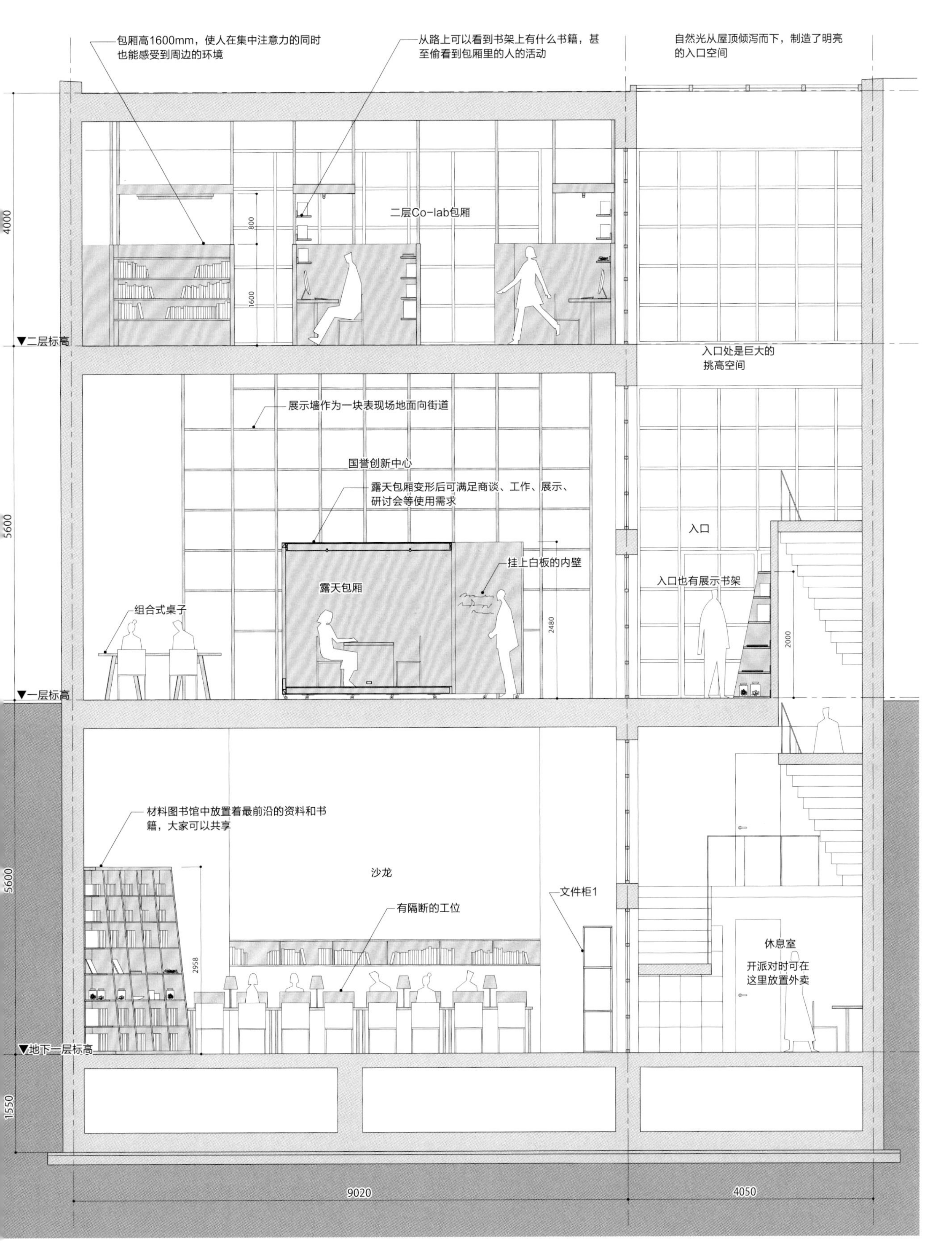
包厢高1600mm，使人在集中注意力的同时
也能感受到周边的环境
从路上可以看到书架上有什么书籍，甚
至偷看到包厢里的人的活动
自然光从屋顶倾泻而下，制造了明亮
的入口空间
二层Co-lab包厢
▼二层标高
入口处是巨大的
挑高空间
展示墙作为一块表现场地面向街道
国誉创新中心
露天包厢变形后可满足商谈、工作、展示、
研讨会等使用需求
入口
挂上白板的内壁
露天包厢
入口也有展示书架
组合式桌子
▼一层标高
材料图书馆中放置着最前沿的资料和书
籍，大家可以共享
沙龙
文件柜1
有隔断的工位
休息室
开派对时可在
这里放置外卖
▼地下一层标高
4000
5600
5600
1550
800
1600
2480
2000
2958
9020
4050

A–A' 剖面图　1 : 80

活用已有建筑的剖面构成的创造性空间

设计中灵活利用了原来服装厂里过高的天花板。由于这里的天花板比一般的建筑都高，导致现在的承租人很难使用。但如果转换为共同工作、活动的空间以及工作室等新型的工作进程，新型的工作空间就被设计出来了。

地下一层除了作为会议室、休息室、共同工作间、图书室之外，也会举办派对和发表会之类的活动。地下一层的材料图书馆里陈列了最前沿的资料和书籍，大家都可以阅览。一楼改装成具有办公室、工作室、研讨会、展示室等各种功能的场所。一楼的展示墙面是Krei对外展示新产品的一种宣传方式。二楼是独立创作者们共同工作的空间。包厢的外墙只有1600mm高，上方留出了大量空间，使在其中工作的人能够集中精神，同时逐渐产生一体感。为了能看到包厢里的书籍，设计师将书架布置在了包厢上方。每层楼都有各种各样的共享形式，有助于形成“开源”的工作理念。

东京创客咖啡厅（Fabcafe Tokyo）

成濑·猪熊建筑设计事务所、
古市淑乃建筑设计事务所

主要功能	餐饮	种植	活动	商谈
睡觉	学习	游戏	买卖	展示
休闲	工作	运动	租赁	医疗
阅读	手工	监护	交换	住宿

［关键词］

· 巧妙利用建筑形状的扇形结构设计
· 区划方式与项目结合
· 使用方式的可变性

这是一个放置了激光切割机等工作机械，让大家都能享受制造过程的咖啡厅。

活用街角地形的建筑形状，以激光切割机为中心，将柜台与桌子沿扇形布置。工作室和咖啡厅这两个功能集合构成空间一体感。咖啡厅中有展示空间和创客（Fab）空间，享用咖啡的人和等待使用创客空间的人在一起，相互不认识的人聚集在激光切割机前共同工作，或是全员举行工作室活动和派对等，内部的气氛随着不同的时机和计划变化着。

2015年扩大店面，新修了厨房，能够提供的服务和活动范围也更全面了。

［基本资料］

项目地点：东京都涩谷区道玄坂1-22-7道玄坂楼1层
建成时间：2012年（第1期）、2015年（第2期）
设计：成濑·猪熊建筑设计事务所、
　　古市淑乃建筑设计事务所（第二期共同设计）
业主：阁楼工作室（Loft Work）
策划：阁楼工作室
运营：阁楼工作室
施工：月造（第1期）、阿尔法工作室（第2期）
审核性质：餐饮店
用地面积：309.31 m²
建筑占地面积：266.84 m²
规划面积：175.40 m²
结构及施工方法：钢筋混凝土结构
用地类型：商业用地

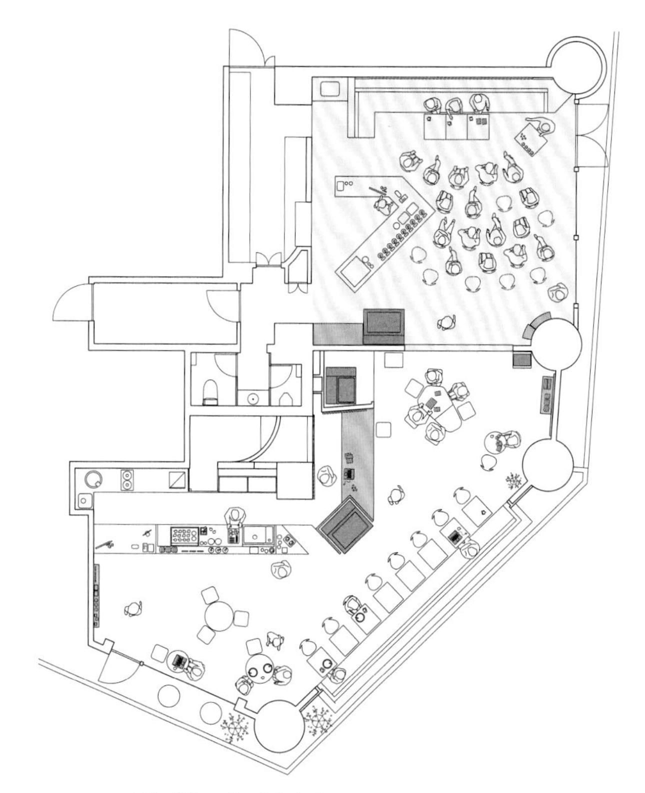

喝咖啡的同时，也能在店里深处显示器前的空间进行活动。

使用部分空间时的平面图　1：200

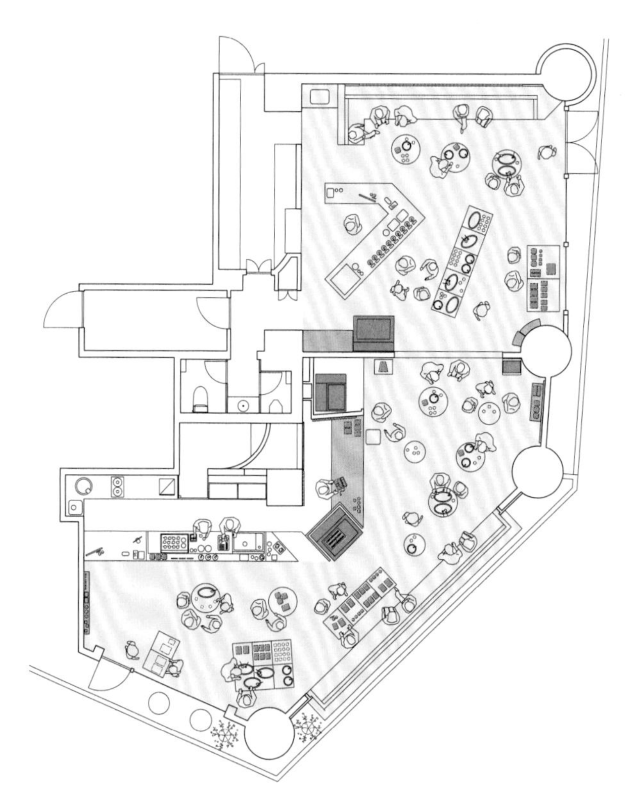

整租出去的时候进行活动的空间。

使用所有空间时的平面图　1：200

使用方式的可变性

根据使用方式的不同对Fab和咖啡使用空间进行改变。平时作为Fab空间和咖啡厅交叉使用，有活动的时候，可以将一半或者整个空间租出去。便于观测的扇形空间，使各种操作都变容易很多。

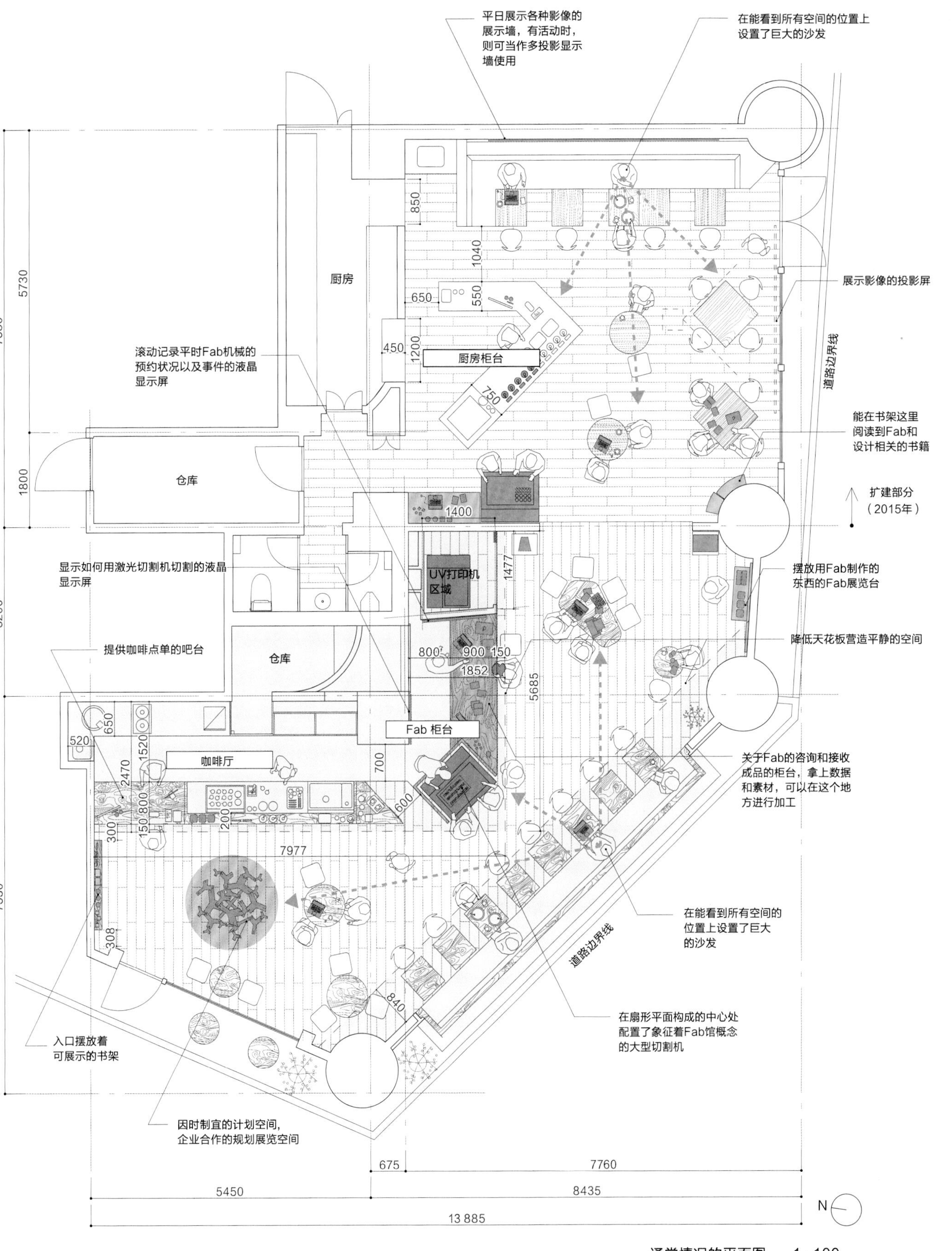
平日展示各种影像的展示墙，有活动时，则可当作多投影显示墙使用
在能看到所有空间的位置上设置了巨大的沙发
展示影像的投影屏
道路边界线
能在书架这里阅读到Fab和设计相关的书籍
扩建部分（2015年）
摆放用Fab制作的东西的Fab展览台
降低天花板营造平静的空间
关于Fab的咨询和接收成品的柜台，拿上数据和素材，可以在这个地方进行加工
在能看到所有空间的位置上设置了巨大的沙发
在扇形平面构成的中心处配置了象征着Fab馆概念的大型切割机
因时制宜的计划空间，企业合作的规划展览空间
入口摆放着可展示的书架
提供咖啡点单的吧台
显示如何用激光切割机切割的液晶显示屏
滚动记录平时Fab机械的预约状况以及事件的液晶显示屏
厨房
厨房柜台
仓库
UV打印机区域
Fab柜台
咖啡厅
N
5730
1800
850
1040
650
550
450
1200
750
1400
1477
800
900
150
1852
5685
650
520
1520
2470
800
150
200
300
600
700
7977
308
840
675
7760
5450
8435
13 885

通常情况的平面图　1 : 100

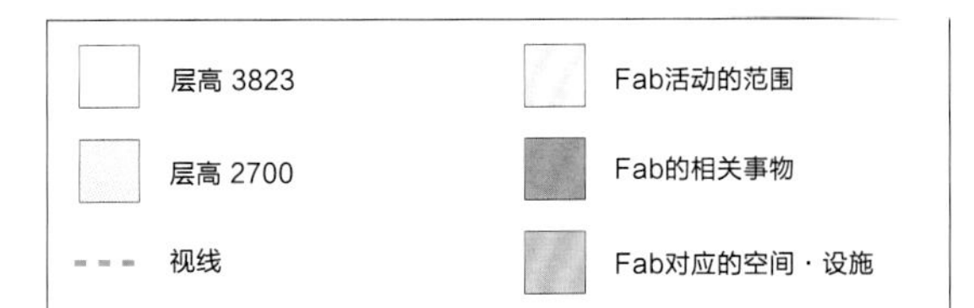
层高 3823
层高 2700
视线
Fab活动的范围
Fab的相关事物
Fab对应的空间・设施

活用扇形平面的平面计划

活用扇形平面的举措并不只是体现在家具上，屋顶的高度也根据扇形不同的位置进行了调整。让人平静的空间天花板相对较低，但创造性的空间天花板则设计得相对较高。

千代田3331美术馆

佐藤慎也、目白工作室
[现重写（Rewrite）建筑设计事务所]

主要功能	餐饮	种植	活动	商谈
睡觉	学习	游戏	买卖	展示
休闲	工作	运动	租赁	医疗
阅读	手工	监护	交换	住宿

[关键词]

· 向加强邻里关系的建筑物类别转变
· 在现有建筑里保留的“学校风格”
· 选择与使用方式对应的修改方案

曾经建在城市中心但受到少子化的影响而闭校的中学，其教学楼被设计师进行了由展览厅、办公室、咖啡厅等组成的艺术中心式的改造。为了实现与运营方案相适应的改造计划，项目采用了PPP方式推进。将已有校舍（公民协作）与区域里相邻的公园连接，并重新整修了对外开放的广场。建筑与广场相连的一楼以展厅为主，保证了展览这一基本功能。白色立方体般的纯白空间和由于闭校而产生时间沉积感的空间结合，共同打造能直接感受到全新用途的空间质感。将已有建筑的东西侧入口平移并扩张，更新了原有的活动路线。建筑对外开放不只要处理功能上的问题，也要解决建筑设计上的问题。

[基本资料]

项目地点：东京都千代田区外神田6-11-14
建成时间：2010年
设计：佐藤慎也、目白工作室
业主：Command N艺术团队、中村政人、千代田区
策划：Command N艺术团队、中村政人、清水义次
运营：Command N艺术团队
施工：斋藤工业
审核性质：其他（各类学校）
用地面积：3495.58 m^2
建筑占地面积：2086.48 m^2
总建筑面积：7239.91 m^2
结构及施工方法：钢筋混凝土结构
楼层：地上3层，地下1层
用地类型：商业用地

向加强邻里关系的建筑物类别转变

旁边虽是区辖的公园，但和已有的教学楼几乎处于无关联的状态。趁着这次规划对公园进行重新整修，将树木、挡墙和水塘等障碍物拆除，在开放的广场上制造巨大的观景平台，将两个场地连接起来，共同营造景观。东侧的主入口向广场方向移动，让建筑的朝向进行了90° 的转变。

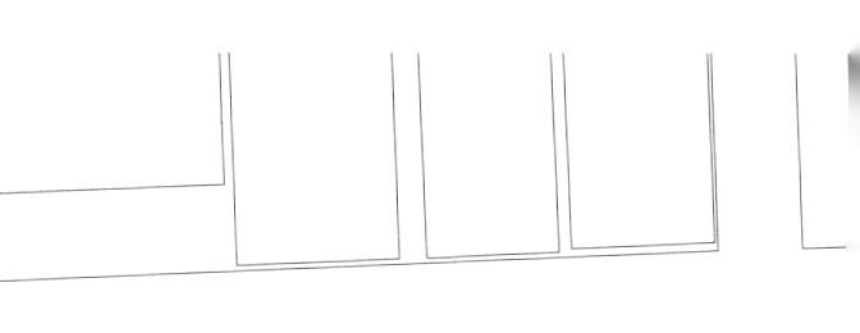

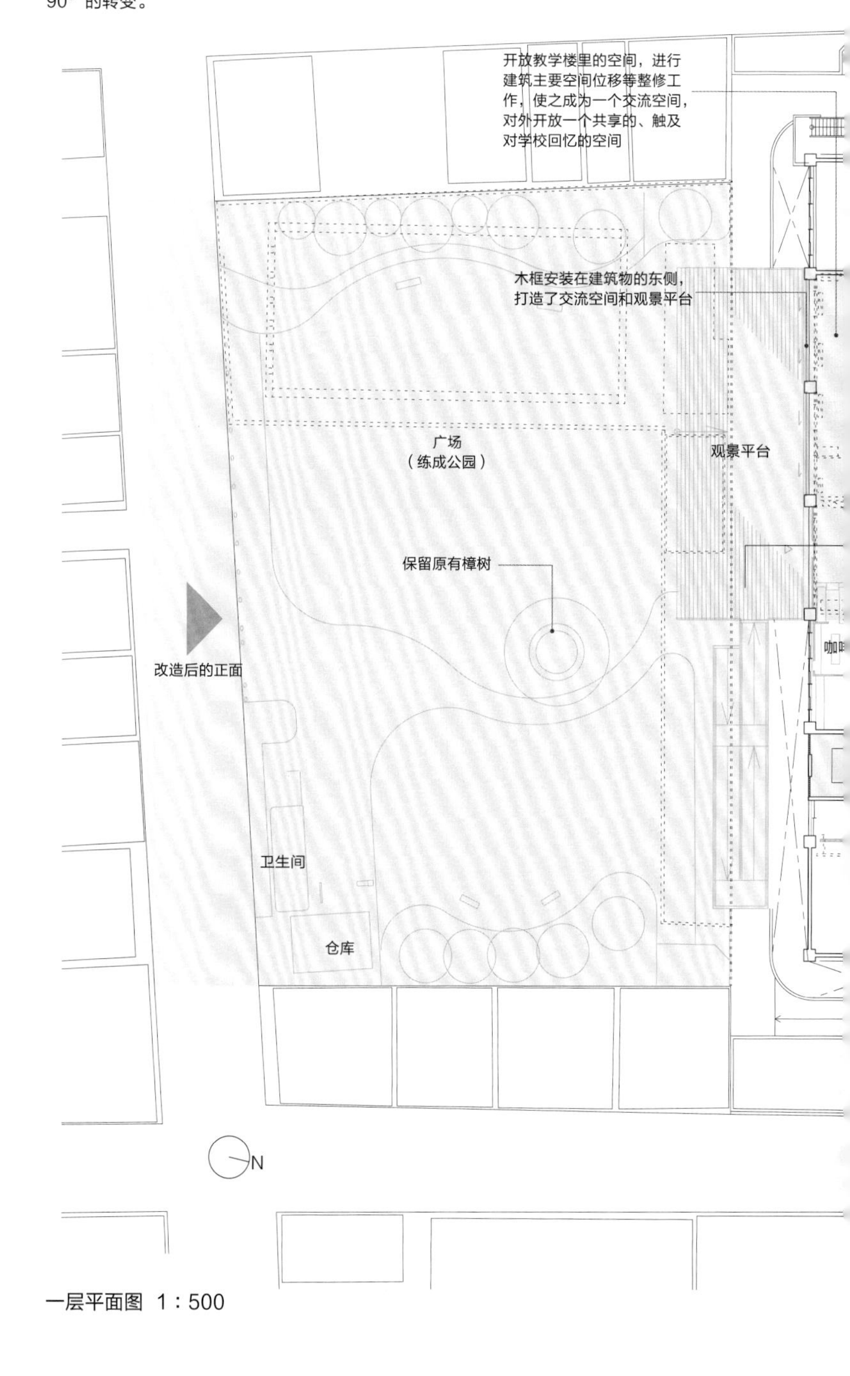

开放教学楼里的空间，进行建筑主要空间位移等整修工作，使之成为一个交流空间，对外开放一个共享的、触及对学校回忆的空间
木框安装在建筑物的东侧，打造了交流空间和观景平台
广场
（练成公园）
观景平台
保留原有樟树
改造后的正面
卫生间
仓库
N

一层平面图 1：500

保留既有风格

空地和建筑物是“学校”这一建筑类型的典型印象，而相邻的广场恰好与已没有庭院的教学楼结合在一起。改变学校原有功能的同时，对原有的建筑进行学校原样装修，体现出对地区深沉的爱意并将这种爱意附着在设施上的想法。

用地界线
广场
（练成公园）
观景平台

剖面图 1：500

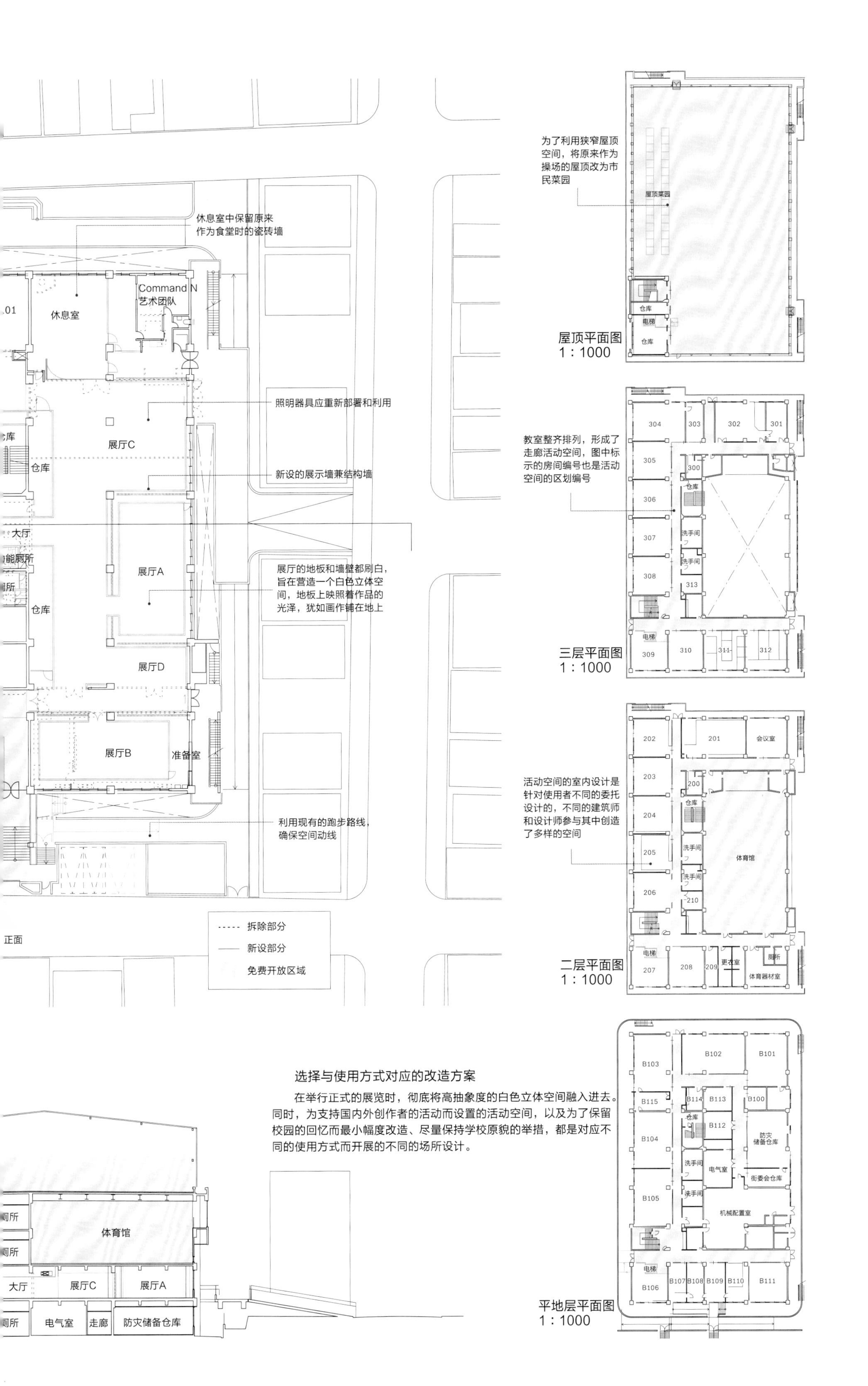
休息室中保留原来
作为食堂时的瓷砖墙
Command N
艺术团队
休息室
照明器具应重新部署和利用
展厅C
仓库
新设的展示墙兼结构墙
大厅
展厅A
展厅的地板和墙壁都刷白，旨在营造一个白色立体空间，地板上映照着作品的光泽，犹如画作铺在地上
仓库
展厅D
展厅B
准备室
利用现有的跑步路线，确保空间动线
拆除部分
新设部分
免费开放区域
正面
为了利用狭窄屋顶空间，将原来作为操场的屋顶改为市民菜园
屋顶菜园
仓库
电梯
仓库
屋顶平面图
1：1000
教室整齐排列，形成了走廊活动空间，图中标示的房间编号也是活动空间的区划编号
304
303
302
301
305
300
仓库
306
洗手间
307
洗手间
308
313
电梯
309
310
311
312
三层平面图
1：1000
202
201
会议室
203
200
仓库
活动空间的室内设计是针对使用者不同的委托设计的，不同的建筑师和设计师参与其中创造了多样的空间
204
洗手间
体育馆
205
洗手间
206
210
电梯
207
208
209
更衣室
厕所
体育器材室
二层平面图
1：1000
B103
B102
B101
B115
B114
B113
B100
仓库
B112
B104
防灾
储备仓库
洗手间
电气室
街委会仓库
B105
洗手间
机械配置室
电梯
B106
B107
B108
B109
B110
B111
平地层平面图
1：1000
厕所
体育馆
厕所
大厅
展厅C
展厅A
厕所
电气室
走廊
防灾储备仓库

选择与使用方式对应的改造方案

在举行正式的展览时，彻底将高抽象度的白色立体空间融入进去。同时，为支持国内外创作者的活动而设置的活动空间，以及为了保留校园的回忆而最小幅度改造、尽量保持学校原貌的举措，都是对应不同的使用方式而开展的不同的场所设计。

芝浦之屋

妹岛和世建筑设计事务所

主要功能	餐饮	种植	活动	商谈
睡觉	学习	游戏	买卖	展示
休闲	工作	运动	租赁	医疗
阅读	手工	监护	交换	住宿

[关键词]

· 每层平面都是不同的形状
· 通过挑高的阳台联系上下空间
· 比一般建筑高几倍的层高

这是一栋沿着东京湾岸边的大道修建起来的大楼，是为进行印刷制版、广告设计以及图像制作等工作的公司建造的。其中需要的不止是公司自己的办公室，还有一起工作的其他公司的工作人员和设计师能自由使用的共享办公室、开展演讲等活动的大堂、让人们路过时能够在其中度过愉悦时光的咖啡厅等。营造这些空间都是希望加强人与人之前的联系。设计师并非只想打造一个将单一平面层层堆叠起来的办公大楼，而是想打造一个不仅有不同个性和形状，还能给人带来上下楼层和街道的视觉连续性体验的多样连续性空间。工作的人、在工作间绘图的人、在阳台上休息的人、在咖啡厅聊天的人等，他们通过交互感受周边环境后进行各种活动，与设计师共同缔造出街道中的新风景。

[基本资料]

项目地点：东京都港区芝浦3-15-4
建成时间：2011年
设计：妹岛和世建筑设计事务所
业主：广告制版公司
策划：广告制版公司
运营：广告制版公司
施工：清水建设
审核性质：事务所
用地面积：244.33 m²
建筑占地面积：202.21 m²
总建筑面积：950.61 m²
结构及施工方法：钢结构
建筑层数：地上5层，地下1层
用地类型：商业用地

办公室
四楼

会议空间
阳台
M5楼

多功能空间
五楼

收银台
M2楼

休息室
阳台
二楼

阳台
共享办公室
共享办公室
三楼

B
厨房
入口大厅
咖啡厅
画廊
A
A'
B'
N

一层平面图 1：400

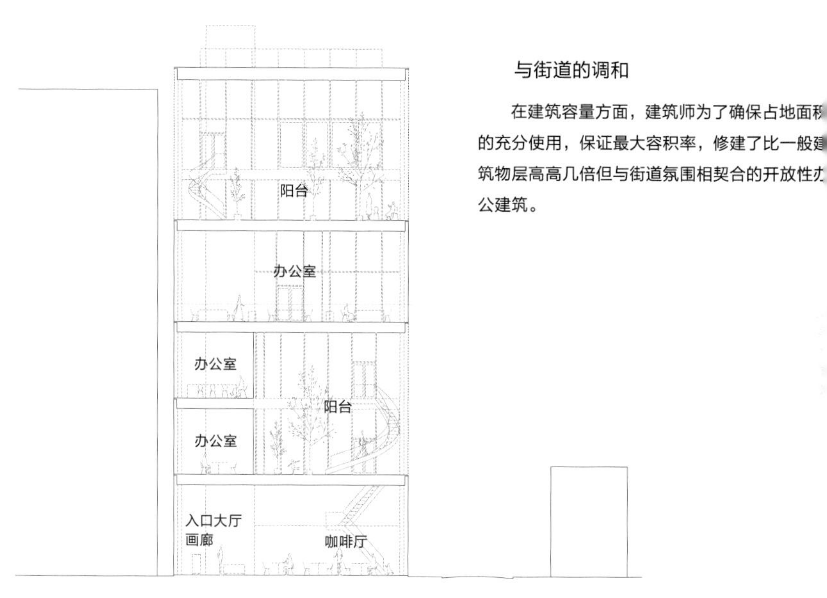
阳台
办公室
办公室
阳台
办公室
入口大厅
画廊
咖啡厅

与街道的调和

在建筑容量方面，建筑师为了确保占地面积的充分使用，保证最大容积率，修建了比一般建筑物层高高几倍但与街道氛围相契合的开放性办公建筑。

A-A' 剖面图 1：400

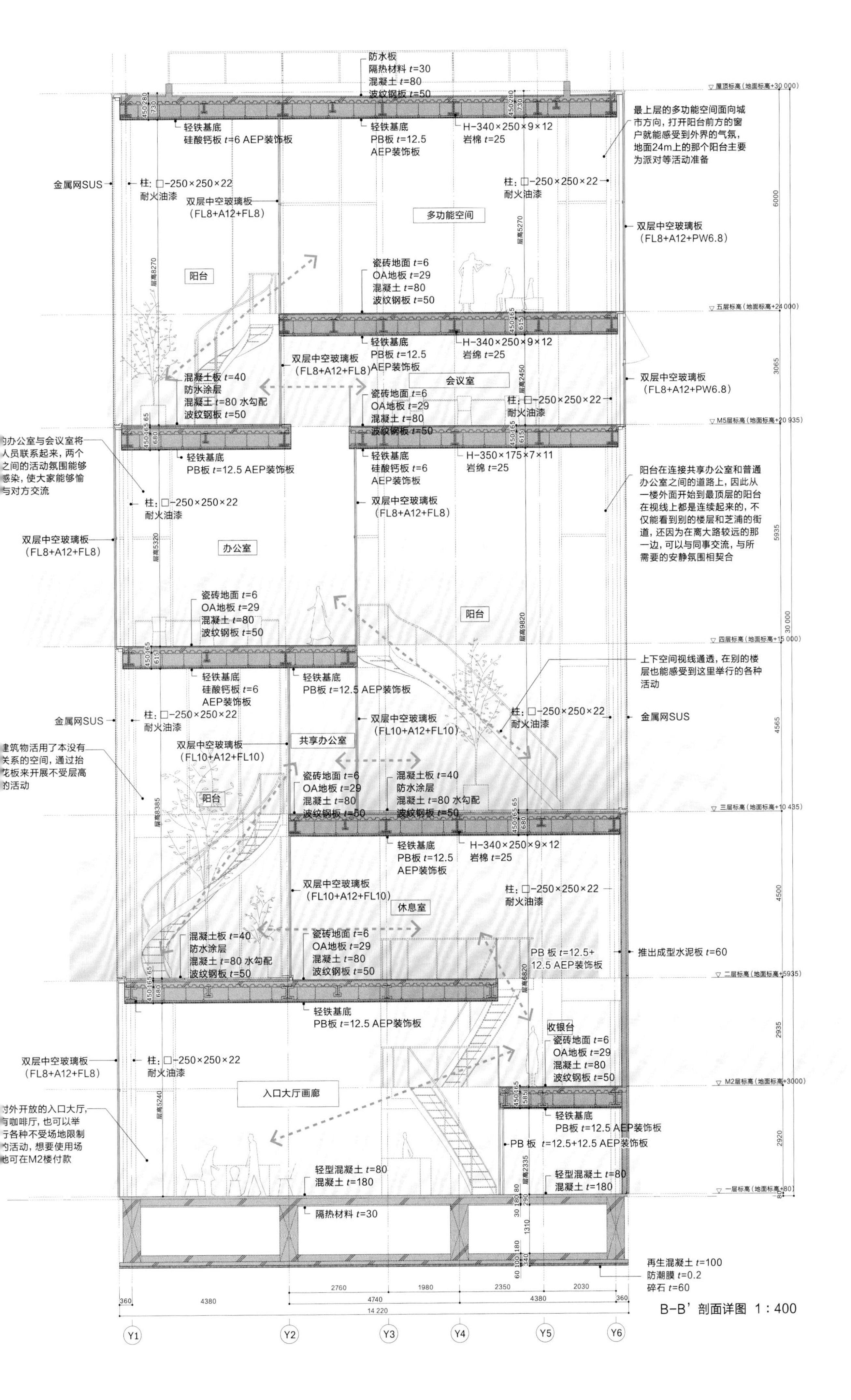
防水板
隔热材料 t=30
混凝土 t=80
波纹钢板 t=50
屋顶标高（地面标高+30 000）
轻铁基底
硅酸钙板 t=6 AEP装饰板
轻铁基底
PB板 t=12.5
AEP装饰板
H−340×250×9×12
岩棉 t=25
最上层的多功能空间面向城市方向，打开阳台前方的窗户就能感受到外界的气氛，地面24m上的那个阳台主要为派对等活动准备
金属网SUS
柱：□−250×250×22
耐火油漆
双层中空玻璃板
（FL8+A12+FL8）
柱：□−250×250×22
耐火油漆
多功能空间
双层中空玻璃板
（FL8+A12+PW6.8）
阳台
瓷砖地面 t=6
OA地板 t=29
混凝土 t=80
波纹钢板 t=50
五层标高（地面标高+24 000）
轻铁基底
PB板 t=12.5
AEP装饰板
H−340×250×9×12
岩棉 t=25
双层中空玻璃板
（FL8+A12+FL8）
混凝土板 t=40
防水涂层
混凝土 t=80 水勾配
波纹钢板 t=50
会议室
瓷砖地面 t=6
OA地板 t=29
混凝土 t=80
波纹钢板 t=50
柱：□−250×250×22
耐火油漆
双层中空玻璃板
（FL8+A12+PW6.8）
M5层标高（地面标高+20 935）
的办公室与会议室将人员联系起来，两个之间的活动氛围能够感染，使大家能够愉与对方交流
轻铁基底
PB板 t=12.5 AEP装饰板
轻铁基底
硅酸钙板 t=6
AEP装饰板
H−350×175×7×11
岩棉 t=25
阳台在连接共享办公室和普通办公室之间的道路上，因此从一楼外面开始到最顶层的阳台在视线上都是连续起来的，不仅能看到别的楼层和芝浦的街道，还因为在离大路较远的那一边，可以与同事交流，与所需要的安静氛围相契合
柱：□−250×250×22
耐火油漆
双层中空玻璃板
（FL8+A12+FL8）
双层中空玻璃板
（FL8+A12+FL8）
办公室
瓷砖地面 t=6
OA地板 t=29
混凝土 t=80
波纹钢板 t=50
阳台
四层标高（地面标高+15 000）
轻铁基底
硅酸钙板 t=6
AEP装饰板
轻铁基底
PB板 t=12.5 AEP装饰板
上下空间视线通透，在别的楼层也能感受到这里举行的各种活动
金属网SUS
柱：□−250×250×22
耐火油漆
双层中空玻璃板
（FL10+A12+FL10）
柱：□−250×250×22
耐火油漆
金属网SUS
建筑物活用了本没有关系的空间，通过抬花板来开展不受层高的活动
双层中空玻璃板
（FL10+A12+FL10）
共享办公室
阳台
瓷砖地面 t=6
OA地板 t=29
混凝土 t=80
波纹钢板 t=50
混凝土板 t=40
防水涂层
混凝土 t=80 水勾配
波纹钢板 t=50
三层标高（地面标高+10 435）
轻铁基底
PB板 t=12.5
AEP装饰板
H−340×250×9×12
岩棉 t=25
双层中空玻璃板
（FL10+A12+FL10）
柱：□−250×250×22
耐火油漆
休息室
混凝土板 t=40
防水涂层
混凝土 t=80 水勾配
波纹钢板 t=50
瓷砖地面 t=6
OA地板 t=29
混凝土 t=80
波纹钢板 t=50
PB板 t=12.5+
12.5 AEP装饰板
推出成型水泥板 t=60
二层标高（地面标高+5935）
轻铁基底
PB板 t=12.5 AEP装饰板
收银台
瓷砖地面 t=6
OA地板 t=29
混凝土 t=80
波纹钢板 t=50
双层中空玻璃板
（FL8+A12+FL8）
柱：□−250×250×22
耐火油漆
入口大厅画廊
M2层标高（地面标高+3000）
对外开放的入口大厅，有咖啡厅，也可以举行各种不受场地限制的活动，想要使用场地可在M2楼付款
轻铁基底
PB板 t=12.5 AEP装饰板
PB 板 t=12.5+12.5 AEP装饰板
轻型混凝土 t=80
混凝土 t=180
轻型混凝土 t=80
混凝土 t=180
一层标高（地面标高+80）
隔热材料 t=30
再生混凝土 t=100
防潮膜 t=0.2
碎石 t=60
Y1
Y2
Y3
Y4
Y5
Y6
B-B' 剖面详图 1：400

卡萨科(Casaco)

特米特（Tomito）建筑

主要功能	餐饮	种植	活动	商谈
睡觉	学习	游戏	买卖	展示
休闲	工作	运动	租赁	医疗
阅读	手工	监护	交换	住宿

［关键词］

- 一楼对外开放
- 活用街区的素材
- 参与型施工打造的空间质感

这个项目是将原本在山丘上建造的两栋拼接的长屋改造成为一个居住及交流的根据地。二楼有4间共享居室，一楼是对外开放的公共空间。管理一楼的运营方与设计者共同策划了咖啡厅、活动空间的组合场所。地区的居委会大妈们担当“值日生”轮流看管这里。咖啡馆开张时可以把这里当作一个归还给地区的场所，附近的居民们可以在这里交流兴趣爱好和特长。人们开心地来到这个以各种各样生活起居场所为主题的地方，倍感舒适亲切。剖面图的构成由道路分段，挑高的大厅被各种不同平面构成的空间所包围，屋檐下的石堆这样的本地素材也被活用起来。通过本地居民共同参加的施工方式，打造了一个能容纳各种人和物的包容性空间。

［基本资料］

项目地点：神奈川县横滨市西区东丘23-1

建成时间：2016年

设计：特米特（Tomito）建筑

业主：卡萨科(Casaco)项目组

策划：卡萨科项目组

运营：卡萨科项目组

施工：路易斯、自主施工

审核性质：住宅

用地面积：165 m^2

建筑占地面积：97.98 m^2

总建筑面积：157.73 m^2

专属空间：59.75 m^2

共享空间：97.98 m^2

结构及施工方法：木结构，部分钢筋框架加固

建筑层数：2层

用地类型：第一类居住用地、准防火地区

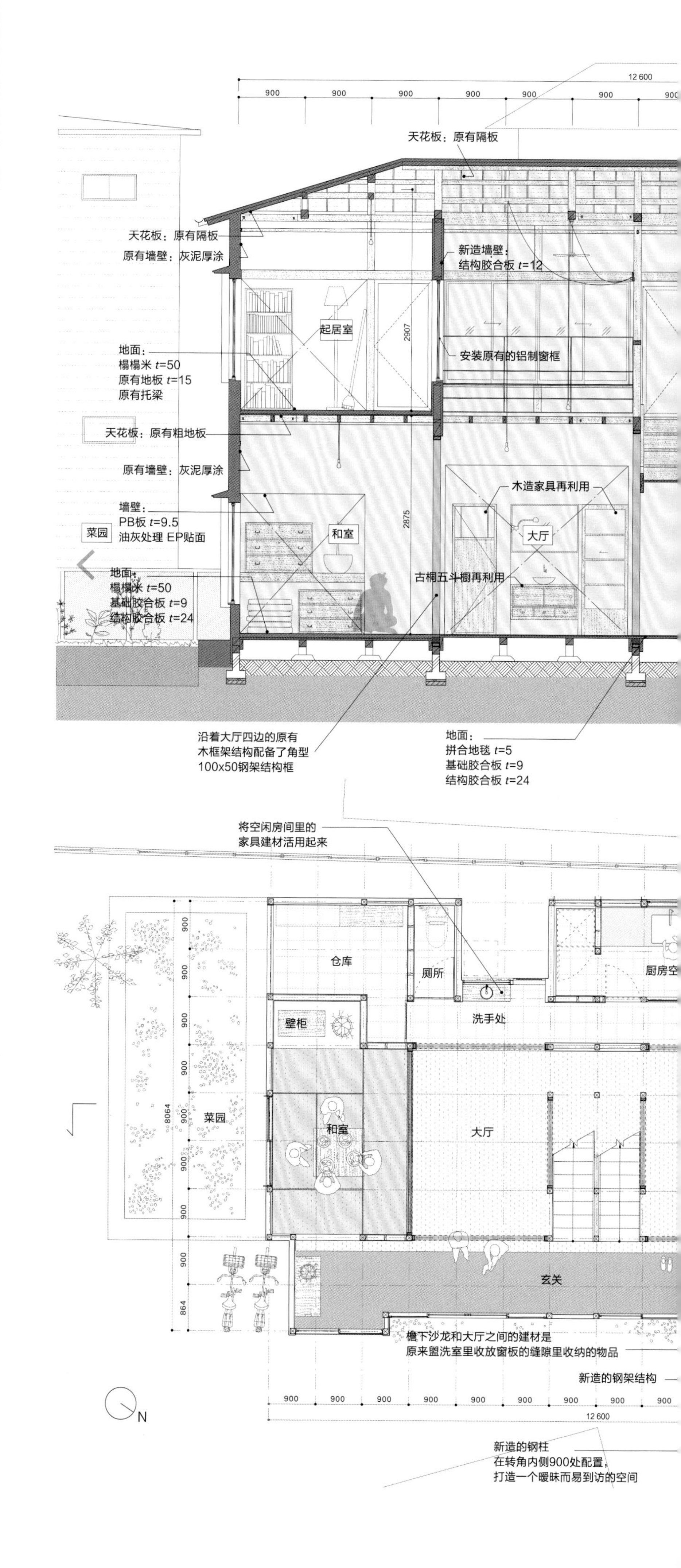

12 600
900
天花板：原有隔板
天花板：原有隔板
原有墙壁：灰泥厚涂
新造墙壁：
结构胶合板 t=12
起居室
2907
安装原有的铝制窗框
地面：
榻榻米 t=50
原有地板 t=15
原有托梁
天花板：原有粗地板
原有墙壁：灰泥厚涂
木造家具再利用
墙壁：
PB板 t=9.5
油灰处理 EP贴面
菜园
和室
2875
大厅
地面：
榻榻米 t=50
基础胶合板 t=9
结构胶合板 t=24
古桐五斗橱再利用
沿着大厅四边的原有
木框架结构配备了角型
100x50钢架结构框
地面：
拼合地毯 t=5
基础胶合板 t=9
结构胶合板 t=24
将空闲房间里的
家具建材活用起来
仓库
厕所
厨房
洗手处
壁柜
菜园
8064
和室
大厅
玄关
864
檐下沙龙和大厅之间的建材是
原来盥洗室里收放窗板的缝隙里收纳的物品
新造的钢架结构
N
新造的钢柱
在转角内侧900处配置，
打造一个暧昧而易到访的空间

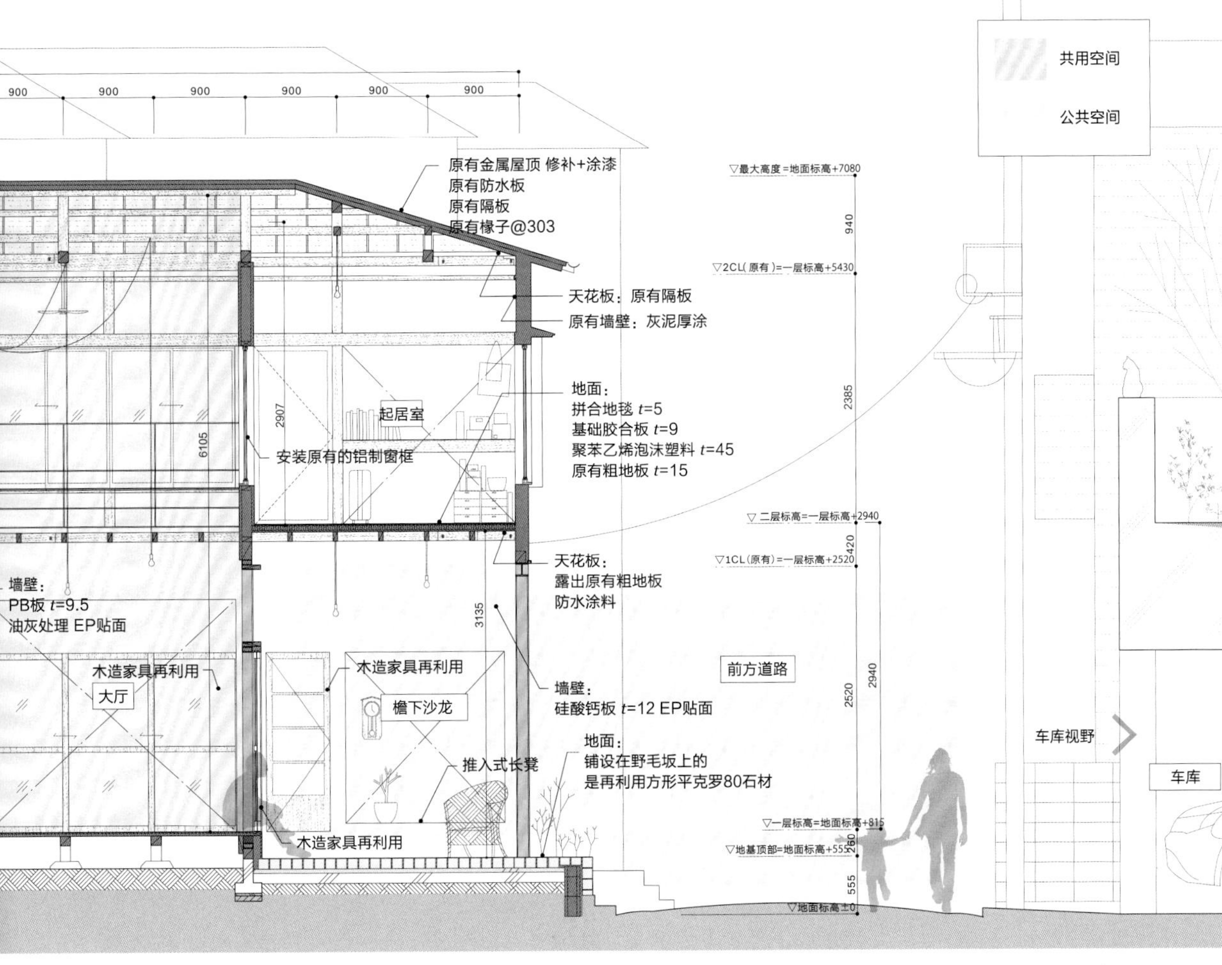
共用空间
公共空间
原有金属屋顶 修补+涂漆
原有防水板
原有隔板
原有椽子@303
天花板：原有隔板
原有墙壁：灰泥厚涂
地面：
拼合地毯 t=5
基础胶合板 t=9
聚苯乙烯泡沫塑料 t=45
原有粗地板 t=15
起居室
安装原有的铝制窗框
天花板：
露出原有粗地板
防水涂料
墙壁：
PB板 t=9.5
油灰处理 EP贴面
木造家具再利用
大厅
木造家具再利用
檐下沙龙
墙壁：
硅酸钙板 t=12 EP贴面
地面：
铺设在野毛坂上的
是再利用方形平克罗80石材
推入式长凳
木造家具再利用
前方道路
车库视野
车库
▽最大高度=地面标高+7080
▽2CL(原有)=一层标高+5430
▽二层标高=一层标高+2940
▽1CL(原有)=一层标高+2520
▽一层标高=地面标高+815
▽地基顶部=地面标高+555
▽地面标高±0
900
900
900
900
900
900
6105
2907
3135
940
2385
420
2520
2940
260
555
剖面图　1：70

从道路开始的剖面设计/以大厅为中心的平面设计

一楼对外开放，人们可以开心地来到这个有生活气息的地方。从剖面来看，从道路到大厅都是呈段状构成，房屋边缘有很多可以临时坐下来的地方，留意到了步行者的视线高度并依此设计。设计师活用了原有建筑平面上左右对称的形式，中央挑高的大厅四周环绕着各有特色的空间，打造了一个稳定规律的多中心空间。

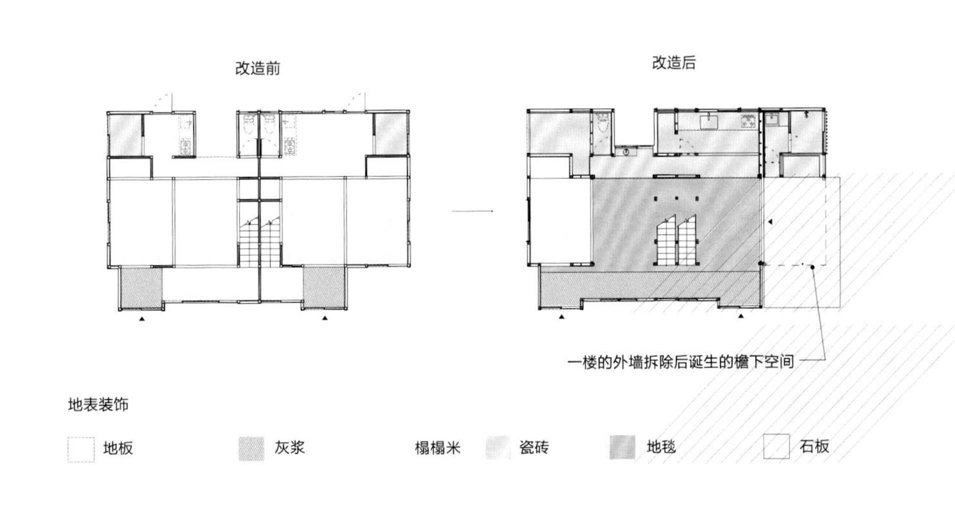
改造前
改造后
一楼的外墙拆除后诞生的檐下空间
地表装饰
地板
灰浆
榻榻米
瓷砖
地毯
石板

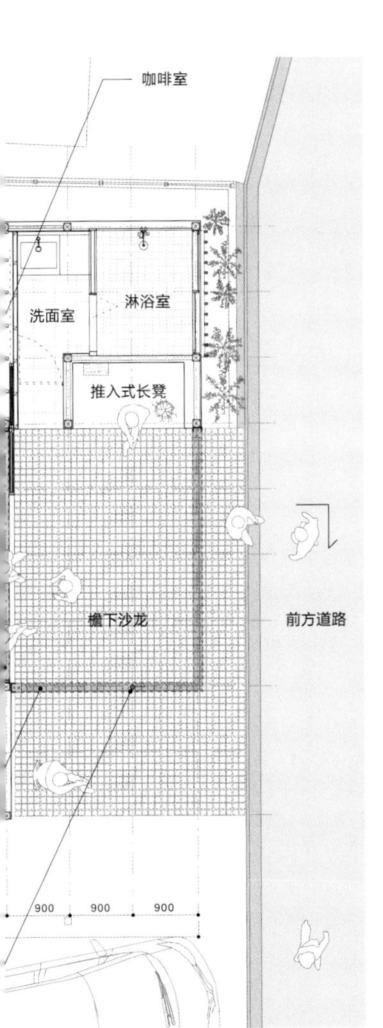
咖啡室
洗面室
淋浴室
推入式长凳
檐下沙龙
前方道路
900
900
900
一层平面图　1：100

活用地区素材/当地居民参与施工进程

建筑的施工进程尽可能地对外开放，增加人们对场所的依赖感和自主性。设计师收集起周边居民转让的空闲的家具建材、附近坡路铺设的石板，用这些素材烘托场所里人们对地区的记忆和对时光的感知。当地居民参与了铺设檐下沙龙石板的施工，不仅在视觉上、身体上感受到其独特的韵律，还增加了与场所的亲密度。

共享社(The Share)

立毕塔（Rebita）株式会社

主要功能	餐饮	种植	活动	商谈
睡觉	学习	游戏	买卖	展示
休闲	工作	运动	租赁	医疗
阅读	手工	监护	交换	住宿

［关键词］

· 打造舒适的最顶层公共区域
· 根据家具和地表装饰将6楼的空间分区
· 一楼连廊和店铺将人和街道紧密联系

这个项目对象是已建成48年的企业宿舍，这是一个集商店、办公室、公寓功能于一体的复合机构。项目将原本6层楼都是居室的设计进行了改动，一楼是咖啡厅和服装店，二楼是小办公室、共享办公室，三~六楼是64间共享居室。建筑物采用抗震设计，在外部设置T台并改变管线配置，将楼层的分隔墙、PS等拆除，根据视线的通透性设计一个休息室。家具的配置以满足多种需求为原则，演讲和发表会使用的黑板墙、作为展厅时可挂上画作的云梯等设备灵活地满足了居住者的创造力，凝聚了设计者和居住者的共同努力。原宿、神宫前聚集的都是充满魅力的人，我们希望通过这栋建筑向外界表达他们的价值观，使这里成为原宿新地标。

［基本资料］

项目地点：东京都涩谷区神宫前3-25-18
建成时间：2011年
业主：立毕塔（Rebita）株式会社
策划、设计监督：立毕塔株式会社
运营：立毕塔株式会社
施工：佐藤秀、吉克
设计：吉克
审核性质：宿舍、事务所、店铺
用地面积：853.13 m^2
建筑占地面积：538.49 m^2
规划面积：3155.46 m^2
专属空间：369.57 m^2（出租）、343.83 m^2（办公室）、1015.74 m^2（居住/住户类型11.6 m^2、18.1 m^2、21.3 m^2）
共享空间：1426.32 m^2
结构及施工方法：钢筋混凝土结构
楼层：地上6层，塔房2层
用地类型：商业用地

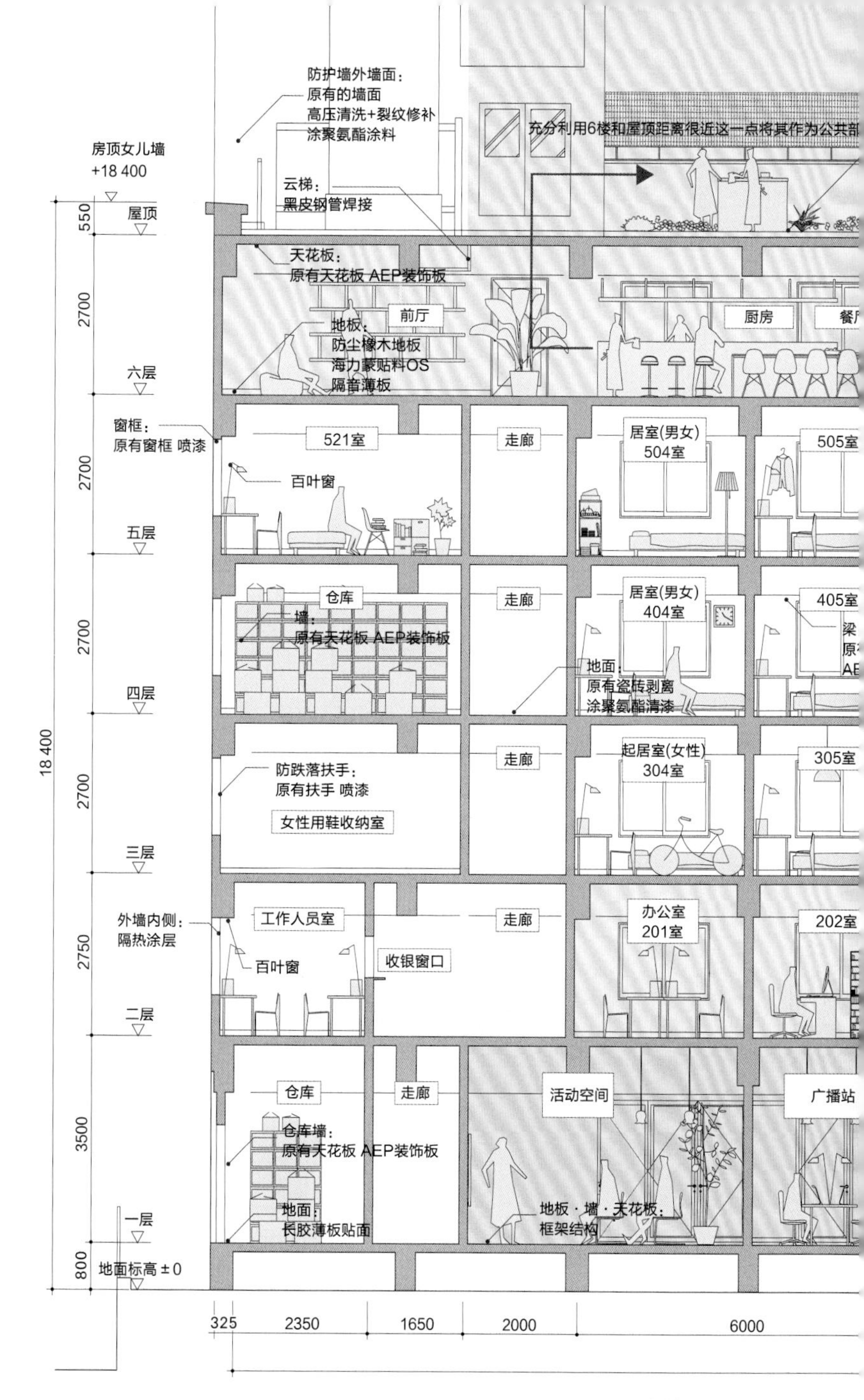
防护墙外墙面：
原有的墙面
高压清洗+裂纹修补
涂聚氨酯涂料
充分利用6楼和屋顶距离很近这一点将其作为公共部
房顶女儿墙
+18 400
云梯：
黑皮钢管焊接
屋顶
天花板：
原有天花板 AEP装饰板
前厅
厨房
地板：
防尘橡木地板
海力蒙贴料OS
隔音薄板
六层
窗框：
原有窗框 喷漆
521室
走廊
居室(男女)
504室
505室
百叶窗
五层
仓库
墙：
原有天花板 AEP装饰板
居室(男女)
404室
405室
地面：
原有瓷砖剥离
涂聚氨酯清漆
四层
防跌落扶手：
原有扶手 喷漆
女性用鞋收纳室
起居室(女性)
304室
305室
三层
外墙内侧：
隔热涂层
工作人员室
百叶窗
收银窗口
办公室
201室
202室
二层
仓库
走廊
活动空间
广播站
仓库墙：
原有天花板 AEP装饰板
地面：
长胶薄板贴面
地板·墙·天花板：
框架结构
一层
地面标高±0
550
2700
2700
2700
2700
2750
3500
800
18 400
325
2350
1650
2000
6000

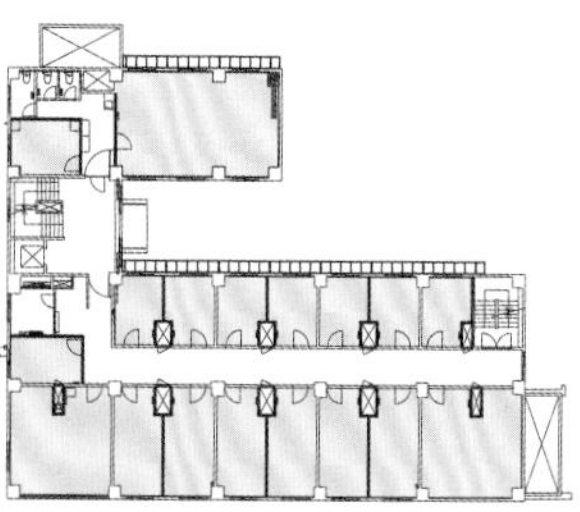

二层平面图（办公室）　1：800

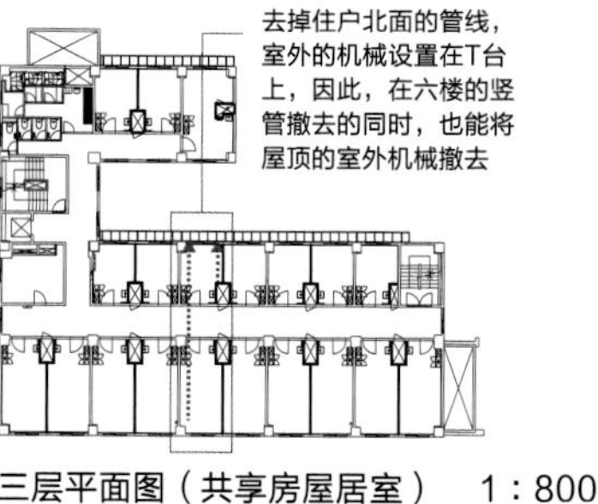
去掉住户北面的管线，室外的机械设置在T台上，因此，在六楼的竖管撤去的同时，也能将屋顶的室外机械撤去

三层平面图（共享房屋居室）　1：800

用途的组合

业主主要以收取租金的方式营利，通常在上层设置租金更高的起居室。但The Share采用了和已有的共享房屋把人群往最底层吸引集中所不一样的设计方法，将最上端设为公共部分，将三、四、五楼的居住者吸引到上方活动。

同时，一楼规划为加强地区联系的对外租赁空间，希望这栋建筑能成为各种人员休息的地方。

最后，所有可以进行的共享活动形式都存在于这栋建筑里，每层都有着各种用途的房屋能满足居住者各种各样的生活方式。

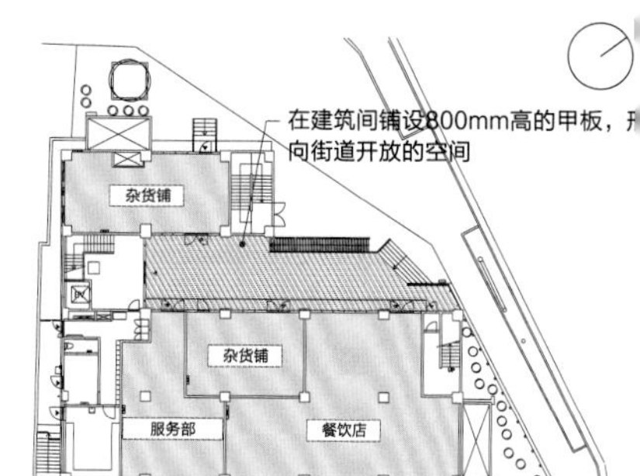
在建筑间铺设800mm高的甲板，
向街道开放的空间
杂货铺
杂货铺
服务部
餐饮店

布局图兼一层平面图　1：800

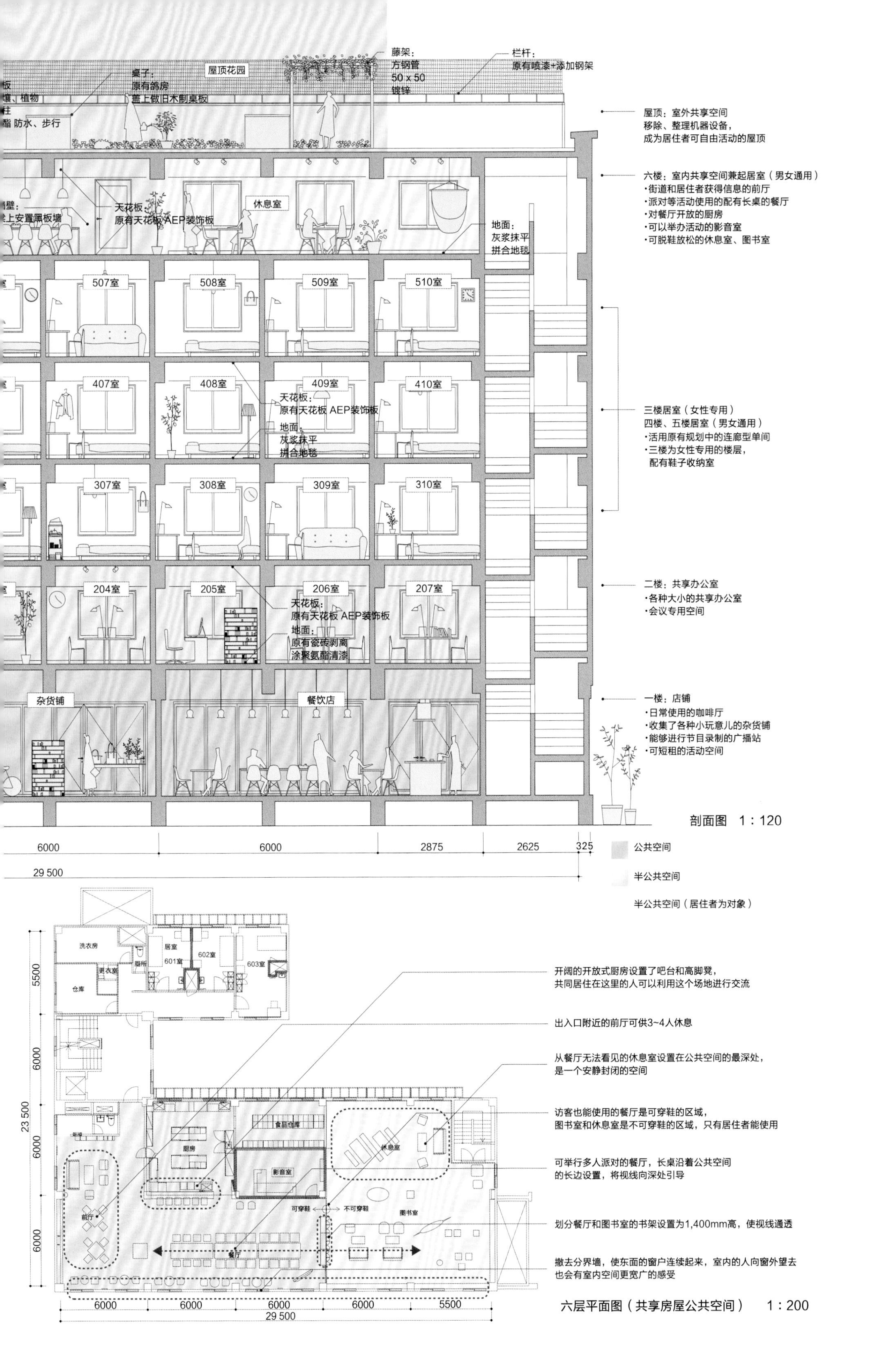

屋顶花园
桌子：
原有鸽房
盖上做旧木制桌板
藤架：
方钢管
50 x 50
镀锌
栏杆：
原有喷漆+添加钢架
天花板：
原有天花板 AEP装饰板
休息室
地面：
灰浆抹平
拼合地毯
507室
508室
509室
510室
407室
408室
409室
410室
天花板：
原有天花板 AEP装饰板
地面：
灰浆抹平
拼合地毯
307室
308室
309室
310室
204室
205室
206室
207室
天花板：
原有天花板 AEP装饰板
地面：
原有瓷砖剥离
涂聚氨酯清漆
杂货铺
餐饮店
屋顶：室外共享空间
移除、整理机器设备，
成为居住者可自由活动的屋顶
六楼：室内共享空间兼起居室（男女通用）
·街道和居住者获得信息的前厅
·派对等活动使用的配有长桌的餐厅
·对餐厅开放的厨房
·可以举办活动的影音室
·可脱鞋放松的休息室、图书室
三楼居室（女性专用）
四楼、五楼居室（男女通用）
·活用原有规划中的连廊型单间
·三楼为女性专用的楼层，
配有鞋子收纳室
二楼：共享办公室
·各种大小的共享办公室
·会议专用空间
一楼：店铺
·日常使用的咖啡厅
·收集了各种小玩意儿的杂货铺
·能够进行节目录制的广播站
·可短租的活动空间
6000
6000
2875
2625
325
29 500
公共空间
半公共空间
半公共空间（居住者为对象）
洗衣房
居室
601室
602室
603室
更衣室
仓库
厕所
5500
6000
23 500
6000
6000
厨房
食品仓库
影音室
休息室
前厅
可穿鞋
不可穿鞋
图书室
餐厅
开阔的开放式厨房设置了吧台和高脚凳，
共同居住在这里的人可以利用这个场地进行交流
出入口附近的前厅可供3~4人休息
从餐厅无法看见的休息室设置在公共空间的最深处，
是一个安静封闭的空间
访客也能使用的餐厅是可穿鞋的区域，
图书室和休息室是不可穿鞋的区域，只有居住者能使用
可举行多人派对的餐厅，长桌沿着公共空间
的长边设置，将视线向深处引导
划分餐厅和图书室的书架设置为1,400mm高，使视线通透
撤去分界墙，使东面的窗户连续起来，室内的人向窗外望去
也会有室内空间更宽广的感受
6000
6000
6000
6000
5500
29 500

剖面图 1：120

六层平面图（共享房屋公共空间） 1：200

涩谷Co-ba

茨库鲁巴（Tsukuruba）株式会社

主要功能	餐饮	种植	活动	商谈
睡觉	学习	游戏	买卖	展示
休闲	工作	运动	租赁	医疗
阅读	手工	监护	交换	住宿

［关键词］

- 人们可自主选择距离感不同的桌子
- 书和人的三种关系
- 有各种使用方式的可变形桌子

涩谷Co-ba是年轻创业者、创作者、创业团体等团结在一起共同面对挑战的地方。这里不只是一个共同工作的场所，也是一个分享创意和业务的地方，是一个大家一起共同进步的共享型工作场所。“共同工作”这一工作方式2011年起开始在日本兴起，设计师们以新形式的共享办公室为目标进行设计，并根据之后的运营情况不断变更直到成为今天这个形态。在一楼，越往深处走隔间的墙越高，创造了与小组工作、个人工作、团队工作相对应的空间。为了能让人们选择不同的距离感，设计师设计了像枝干一样发散出去的大桌子。在二楼，以人和书的关系为主题营造了3个由颜色区分的区域，同时也配置了举行活动时可以横放使用的可变形桌子。

［基本资料］

项目地点：东京都涩谷区涩谷3-26-16
第五叶大楼5层、6层
建成时间：2011~2012年
设计：茨库鲁巴（Tsukuruba）株式会社
业主：茨库鲁巴株式会社
策划：茨库鲁巴株式会社
运营：茨库鲁巴株式会社
施工：茨库鲁巴株式会社、手作工房项目组
审核性质：事务所
用地面积：228.984 m²（一楼平均面积）
建筑占地面积：131.67 m²
规划面积：252.65 m²
专属空间：126.325 m²（一楼平均面积）
共享空间：11.42 m²（一楼平均面积）
结构及施工方法：钢筋混凝土结构
用地类型：商业用地

自由活动位置　　固定位置

①站立
在入口附近进行偶发式交流，或是想换换心情站着工作的地方。

②会面
是面对面进行商谈和小组工作时保持最适当的距离感（宽900mm）的地方。

③集中
是有着和陌生人面对面工作时也不会觉得尴尬的距离感（宽1200mm）的地方。

④小组
营造分隔开的小组场地，是容易看到对方展示的画面进而一起工作的地方。

⑤个人
虽然是分隔出来的空间，但人们在桌子附近走动的活动路线很接近，是可以随时讨论的地方

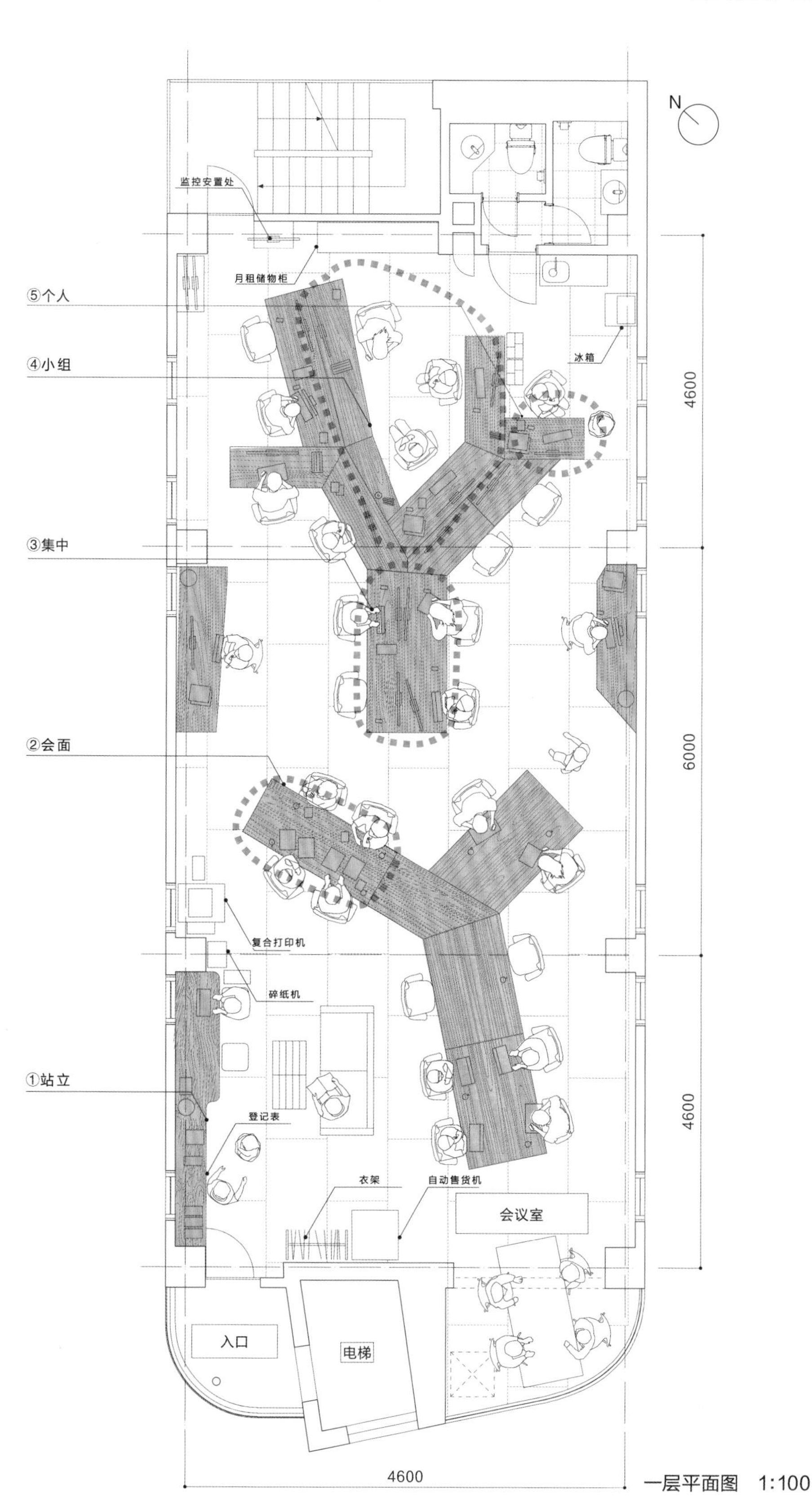

N
监控安置处
月租储物柜
冰箱
⑤个人
④小组
③集中
②会面
①站立
复合打印机
碎纸机
登记表
衣架
自动售货机
会议室
入口
电梯
4600
6000
4600
4600

一层平面图　1:100

自由活动位置　　　　墙壁装饰

⑥可拆卸桌子

桌子的桌板和桌腿可以拆解，可根据使用情况自由升降。

⑦杂志书架

为了让人们容易理解杂志概要，设计为白色墙壁前陈列着封皮的书架。

⑧共享图书室

为了表现Co-ba会员各种各样的兴趣爱好，每一个区域都有一个棕色书架可以使用。可租借。

⑨展示墙

这个书架的墙壁中有可以把书插进去的缝隙，缝隙周围的黑板上写着对这本书的评语。

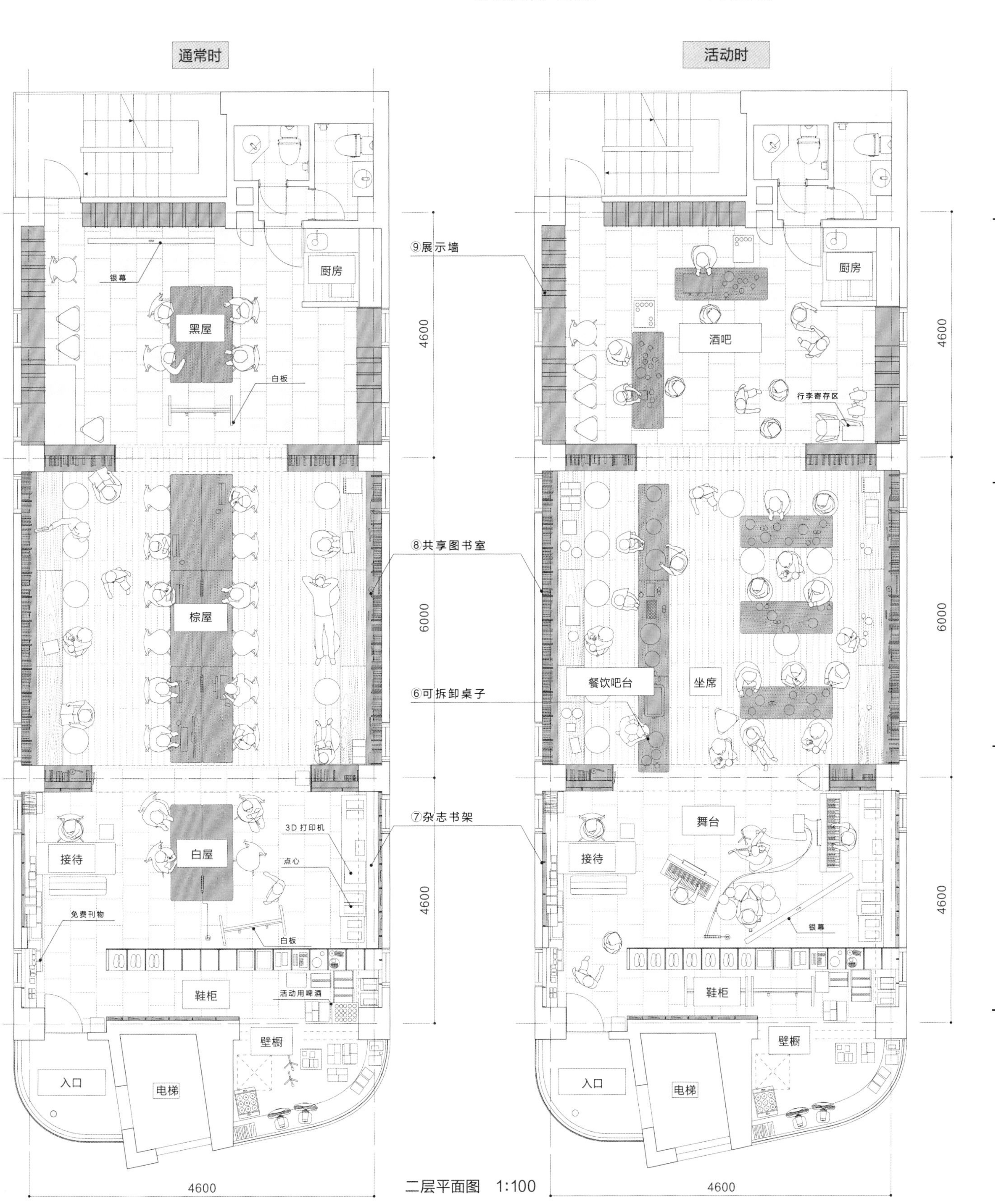

通常时
活动时
银幕
厨房
黑屋
白板
棕屋
白屋
接待
3D 打印机
点心
免费刊物
鞋柜
活动用啤酒
壁橱
入口
电梯
⑨展示墙
⑧共享图书室
⑥可拆卸桌子
⑦杂志书架
酒吧
行李寄存区
餐饮吧台
坐席
舞台
4600
6000

二层平面图　1:100

萩庄

萩工作室（Hagi Studio）

主要功能	餐饮	种植	活动	商谈
睡觉	学习	游戏	买卖	展示
休闲	工作	运动	租赁	医疗
阅读	手工	监护	交换	住宿

［关键词］

- **最小的文化复合设施**
- **改造木结构公寓**
- **区域内网格**

项目是东京谷中一个木结构公寓“萩庄”改造而来的最小文化复合设施。2011年的地震后原本决定拆除，结果本以“建筑物的葬礼”为主题的活动反而成为重新设计并整修建筑的契机。一楼配置中央廊道，展览厅和24座的咖啡厅分布在走廊两边，天花板挑高设计为7m。办展览的艺术家、当地居民、游客、租赁服务商等各类不同的人群都可享有这个空间。2015年，“城市即酒店”项目Hanare启动，萩庄的二楼开始向大众开放。

［基本资料］

项目地点：东京都台东区谷中3-10-25
建成时间：2013年
设计：萩工作室（Hagi Studio）
业主：个人
策划：萩工作室
运营：萩工作室
施工：鲁维斯（Roovice）株式会社
审核性质：餐饮店
用地面积：177.35 m^2
建筑占地面积：106.36 m^2
总建筑面积：187.52 m^2
结构及施工方法：木结构
楼层：2层
用地类型：第一类居住用地

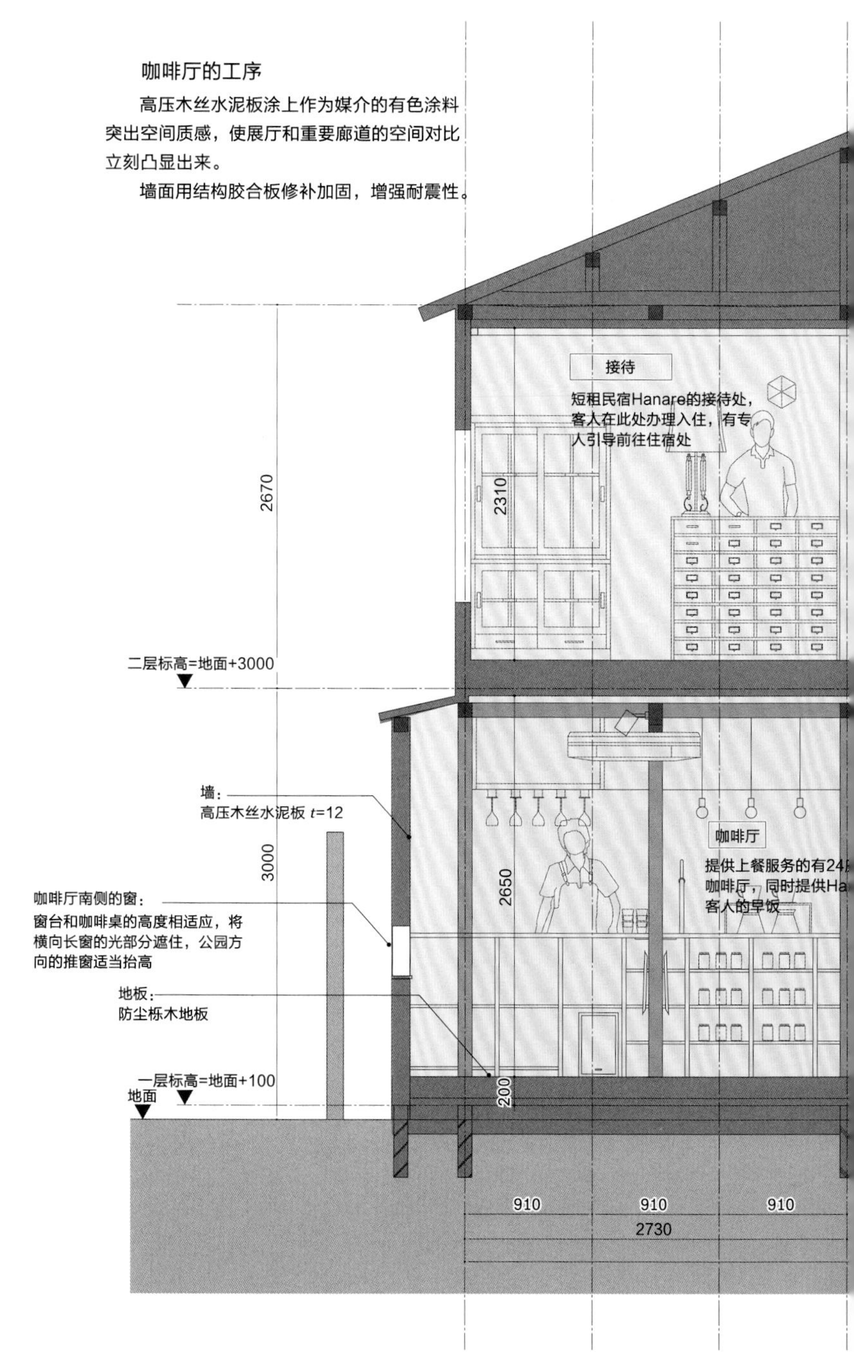
咖啡厅的工序
高压木丝水泥板涂上作为媒介的有色涂料突出空间质感，使展厅和重要廊道的空间对比立刻凸显出来。
墙面用结构胶合板修补加固，增强耐震性。
接待
短租民宿Hanare的接待处，客人在此处办理入住，有专人引导前往住宿处
2670
2310
二层标高=地面+3000
墙：
高压木丝水泥板 t=12
咖啡厅
提供上餐服务的有24
咖啡厅，同时提供Ha
客人的早饭
3000
2650
咖啡厅南侧的窗：
窗台和咖啡桌的高度相适应，将横向长窗的光部分遮住，公园方向的推窗适当抬高
地板：
防尘栎木地板
一层标高=地面+100
地面
200
910
910
910
2730

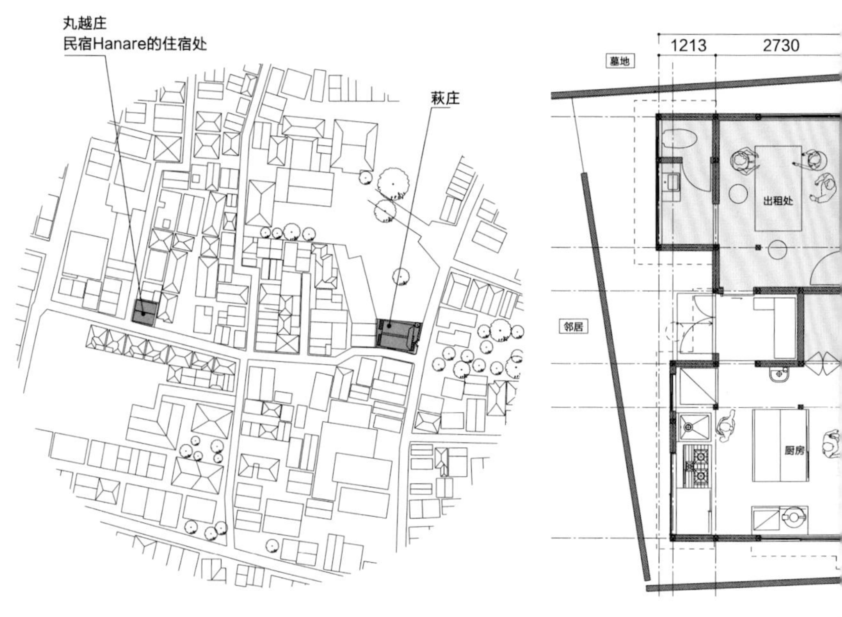
丸越庄
民宿Hanare的住宿处
萩庄
1213
2730
墓地
邻居
出租处
厨房

周边环境图　1：3000

空间构成方法

已有的中央廊道、六榻榻米一间的样板房里的墙壁和地板全部拆除，使空间在水平和垂直方向上都更为宽广。

平时咖啡厅和展览厅各自营业，同时也有能举办各种活动（谈话会、上映会、发布会）的家具和照明设计。原有的柱子可能对建筑可变性造成阻碍，但是为了保留原本的场所精神，它也成为现有场所空间构成里重要的一个环节。

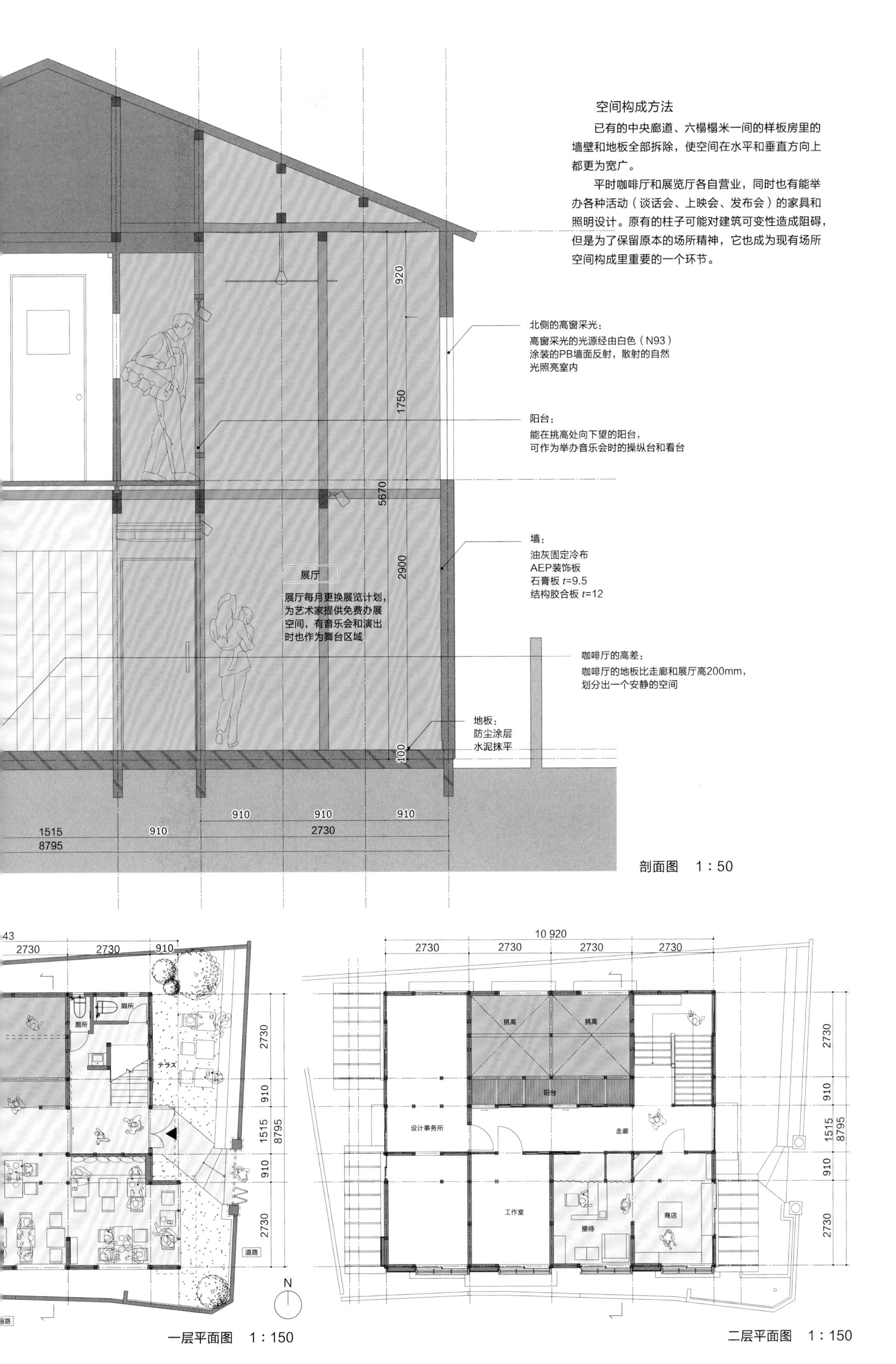

北侧的高窗采光：
高窗采光的光源经由白色（N93）涂装的PB墙面反射，散射的自然光照亮室内
阳台：
能在挑高处向下望的阳台，可作为举办音乐会时的操纵台和看台
墙：
油灰固定冷布
AEP装饰板
石膏板 t=9.5
结构胶合板 t=12
展厅
展厅每月更换展览计划，为艺术家提供免费办展空间，有音乐会和演出时也作为舞台区域
咖啡厅的高差：
咖啡厅的地板比走廊和展厅高200mm，划分出一个安静的空间
地板：
防尘涂层
水泥抹平
920
1750
5670
2900
100
910
910
910
1515
910
2730
8795
2730
2730
910
厕所
テラス
道路
10 920
2730
2730
2730
2730
挑高
挑高
阳台
设计事务所
走廊
工作室
接待
商店
910
1515
8795
N

剖面图　1：50

一层平面图　1：150

二层平面图　1：150

街道的托儿所 小竹向原

宇贺亮介建筑设计事务所

主要功能	**餐饮**	种植	**活动**	**商谈**
睡觉	**学习**	**游戏**	买卖	**展示**
休闲	**工作**	运动	租赁	医疗
阅读	手工	**监护**	交换	住宿

[关键词]

· 将孩子的学习空间可视化
· 开放空间和安全性的并存
· 对居住区景观的考虑

项目是以“街区里的人”的交流与合作为主导，实现“培育整个街区的孩子”这一理念的幼儿园。在多日的对话中了解了他们的培育理念后，使用了大量的树木和砖瓦营造了一个让人安心的室内空间，打造了一个有地面高差、高低起伏的屋顶、露天庭院、道路、展厅等能和儿童、大人对话的场所。

咖啡厅和保育室的地面比街区路面下沉1m，主要是为了阻挡街道上投来的观看园内儿童的视线，同时，又能让街上的人和咖啡厅中的人看见庭院中的树。

为了融入住宅区的景观，将屋顶设置为有配楼的空间分隔形式。同时，为了降低天花板高度，将二楼的屋顶向下倾斜，但道路面的屋檐做成挑高，使街上的人们从道路的侧立面看建筑还是一个平房的样子。

[基本资料]

项目地点：东京都练马区小竹町2-40-5
建成时间：2011年
设计：宇贺亮介建筑设计事务所
业主：Salon、自然微笑日本
策划：自然微笑日本
运营：自然微笑日本
施工：青木工务店
审核性质：托儿所
用地面积：976.2 m^2
建筑占地面积：458.22 m^2
总建筑面积：502.52 m^2
结构及施工方法：钢结构，部分钢筋混凝土结构
楼层：2层
用地类型：第一类低层专用居住用地

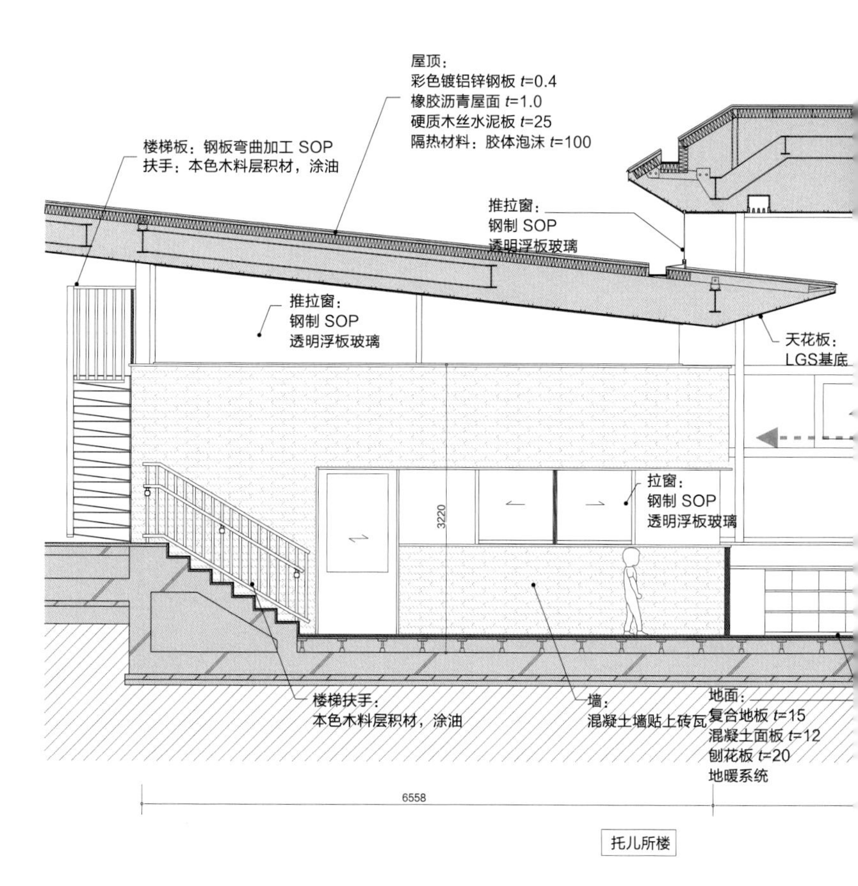
屋顶：
彩色镀铝锌钢板 t=0.4
橡胶沥青屋面 t=1.0
硬质木丝水泥板 t=25
隔热材料：胶体泡沫 t=100
楼梯板：钢板弯曲加工 SOP
扶手：本色木料层积材，涂油
推拉窗：
钢制 SOP
透明浮板玻璃
推拉窗：
钢制 SOP
透明浮板玻璃
天花板：
LGS基底
拉窗：
钢制 SOP
透明浮板玻璃
3220
楼梯扶手：
本色木料层积材，涂油
墙：
混凝土墙贴上砖瓦
地面：
复合地板 t=15
混凝土面板 t=12
刨花板 t=20
地暖系统
6558
托儿所楼

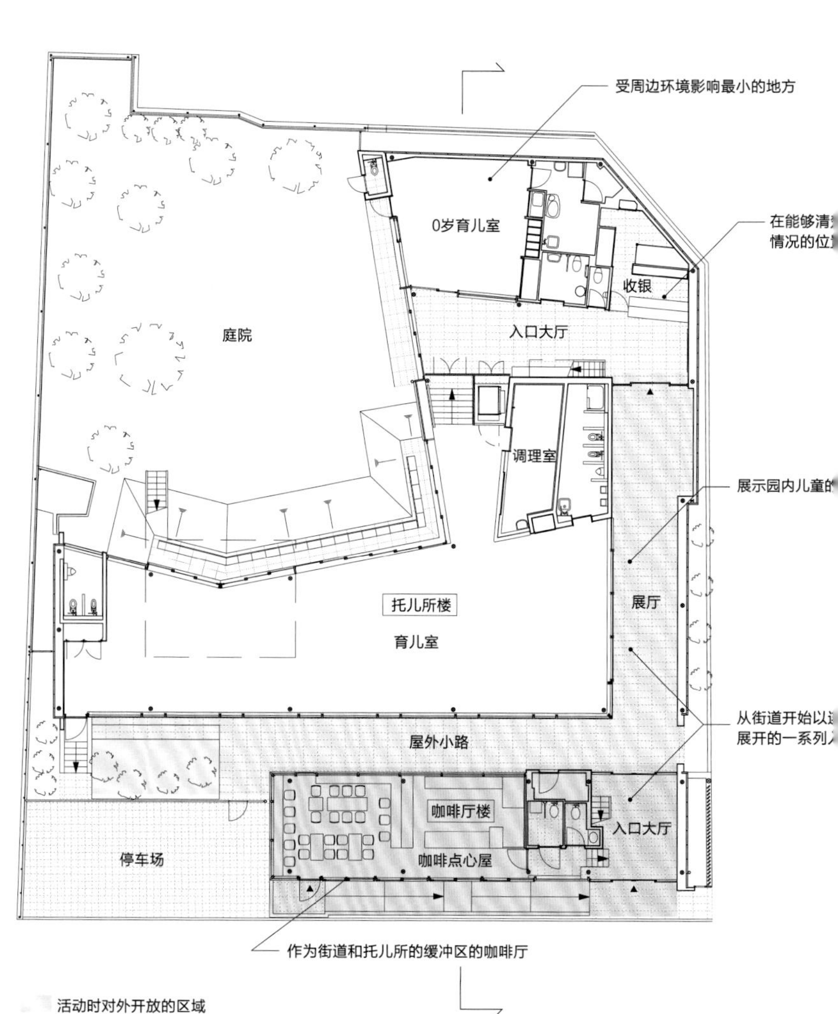
受周边环境影响最小的地方
0岁育儿室
收银
入口大厅
庭院
调理室
展示园内儿童的
托儿所楼
育儿室
展厅
从街道开始以
展开的一系列
屋外小路
咖啡厅楼
入口大厅
停车场
咖啡点心屋
作为街道和托儿所的缓冲区的咖啡厅
活动时对外开放的区域
平时开放的区域

一层平面图　1：300

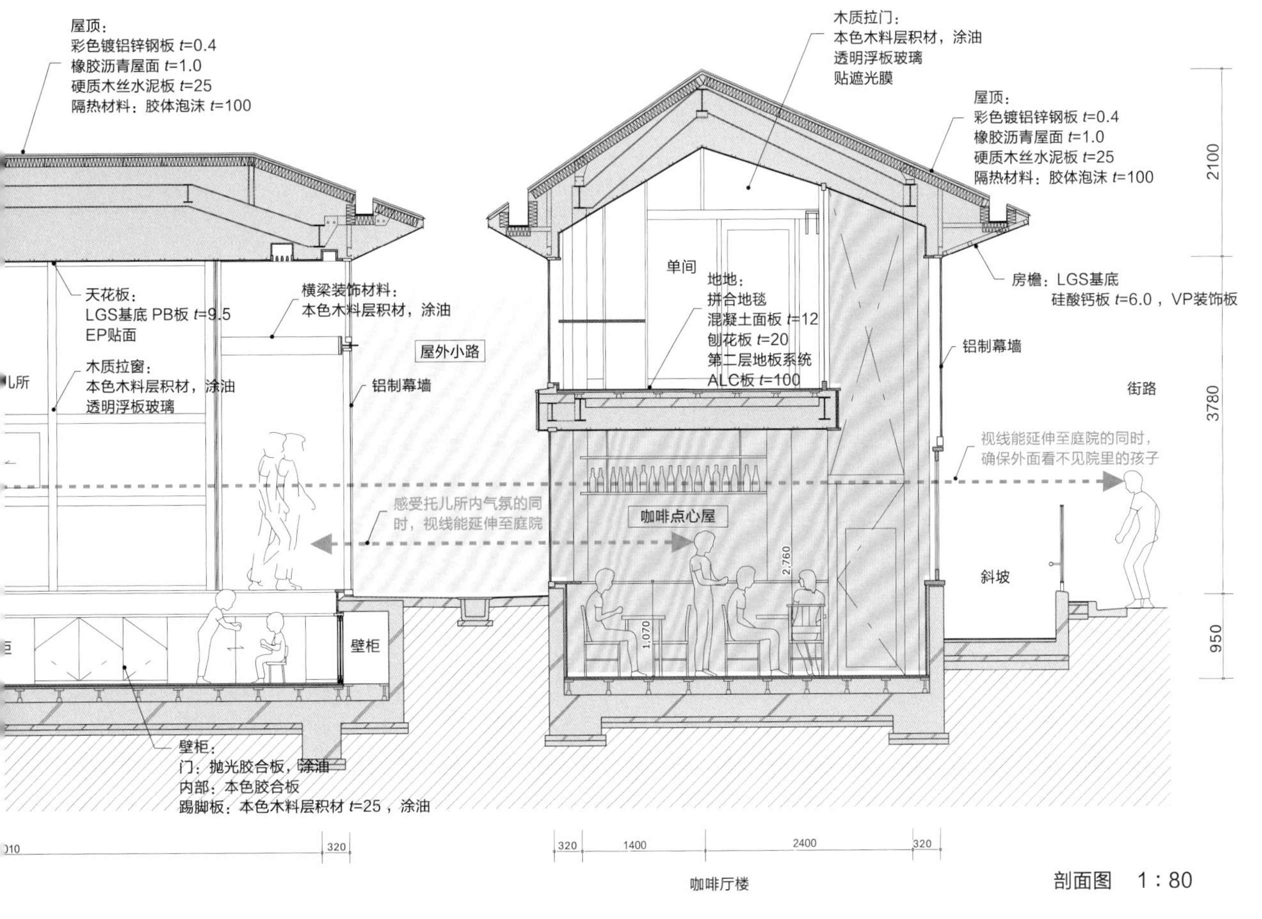
屋顶：
彩色镀铝锌钢板 t=0.4
橡胶沥青屋面 t=1.0
硬质木丝水泥板 t=25
隔热材料：胶体泡沫 t=100
木质拉门：
本色木料层积材，涂油
透明浮板玻璃
贴遮光膜
屋顶：
彩色镀铝锌钢板 t=0.4
橡胶沥青屋面 t=1.0
硬质木丝水泥板 t=25
隔热材料：胶体泡沫 t=100
2100
天花板：
LGS基底 PB板 t=9.5
EP贴面
横梁装饰材料：
本色木料层积材，涂油
单间
地毯：
拼合地毯
混凝土面板 t=12
刨花板 t=20
第二层地板系统
ALC板 t=100
房檐：LGS基底
硅酸钙板 t=6.0，VP装饰板
屋外小路
木质拉窗：
本色木料层积材，涂油
透明浮板玻璃
铝制幕墙
铝制幕墙
街路
3780
视线能延伸至庭院的同时，
确保外面看不见院里的孩子
感受托儿所内气氛的同
时，视线能延伸至庭院
咖啡点心屋
2,760
1,070
斜坡
壁柜
950
壁柜：
门：抛光胶合板，涂油
内部：本色胶合板
踢脚板：本色木料层积材 t=25，涂油
320
320
1400
2400
320
咖啡厅楼
剖面图 1：80

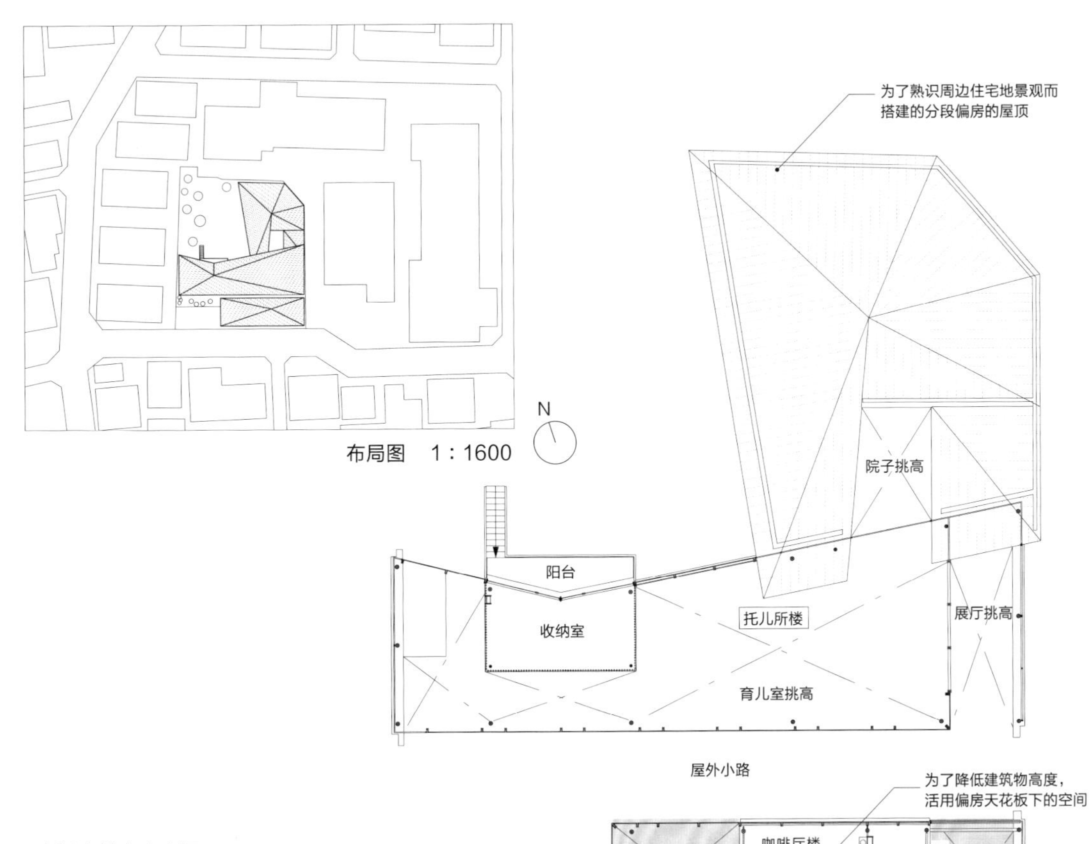
N
为了熟识周边住宅地景观而
搭建的分段偏房的屋顶
院子挑高
阳台
收纳室
托儿所楼
展厅挑高
育儿室挑高
屋外小路
布局图 1：1600

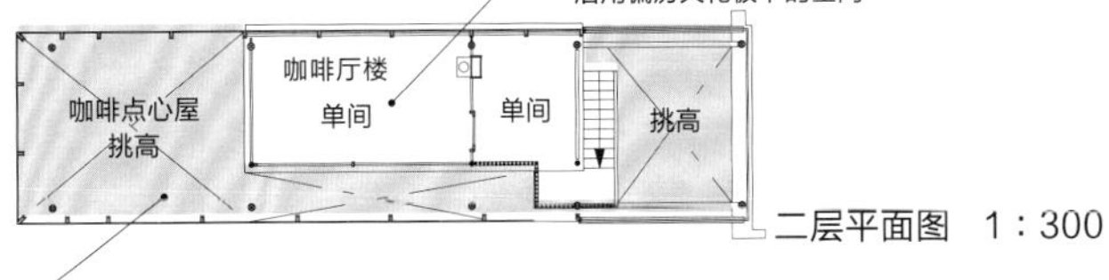
为了降低建筑物高度，
活用偏房天花板下的空间
咖啡厅楼
咖啡点心屋
挑高
单间
单间
挑高
靠近道路这边的挑高为从街上看过来偏房是平顶形式的建筑屋顶
二层平面图 1：300

※平面图为竣工时展示的图纸，现在已经有所改变。

有活力的室内空间

庭院的绿荫、从高窗和天窗外飘过的云、室内的热气、瓷砖墙上晃动的树影、展厅里擦肩而过的人们、咖啡店里顾客的面容、在沙发上和收银处交谈的大人们，为了让园内的孩子能够从为他们设计的视线开口处展开对窗外自然的“动静”和“氛围”的认知，建筑师充分考虑了房顶的配置和设计，希望能够在这个开放的街道中建造一个大家都能感受到其中活力的托儿所。

矢来町共享之家

篠原聪子、内村绫乃 / 空间研究所、A工作室（A Studio）

主要功能	餐饮	种植	活动	商谈
睡觉	学习	游戏	买卖	展示
休闲	工作	运动	租赁	医疗
阅读	手工	监护	交换	住宿

［关键词］

- 利用小空间过渡并加强空间联系的公共空间
- 共享空间、物品、信息、事务
- 可见设计

这个在城市中心建成的共享房屋有七间单间及一间客房。由于日照影响，将建筑高度统一为10m，而这个高10m、纵深12m的大箱子全部由小箱子组成。小箱子之间有60cm的缝隙，这个缝隙成了上下相邻房间的隔音层及居住人自由收纳使用的空间，并作为一楼的入口大厅、二楼带有书架的走廊、三楼共享厨房和起居室的过渡空间。生活上的共享是指空间、物品、信息的共享，设计师的设计使大多数收纳物都能共享，让在此一起居住的人们能共享物品和信息，并且，家具基本上都可以在一楼的工作间制成。这样的协作与生活也是共享的一部分。

［基本资料］

项目地点：东京都新宿区矢来町
建成时间：2012年
设计：篠原聪子、内村绫乃/空间研究所、A工作室
业主：个人
策划：篠原聪子、内村绫乃/空间研究所、A工作室
运营：自治
施工：Linkpower
用地面积：128.60 m^2
建筑占地面积：78.68 m^2
规划面积：184.27 m^2
专属空间：93.7 m^2（每户13.39 m^2）
共享空间：90.57 m^2
结构及施工方法：钢结构
楼层：3层
用地类型：第一类中高层专用居住用地

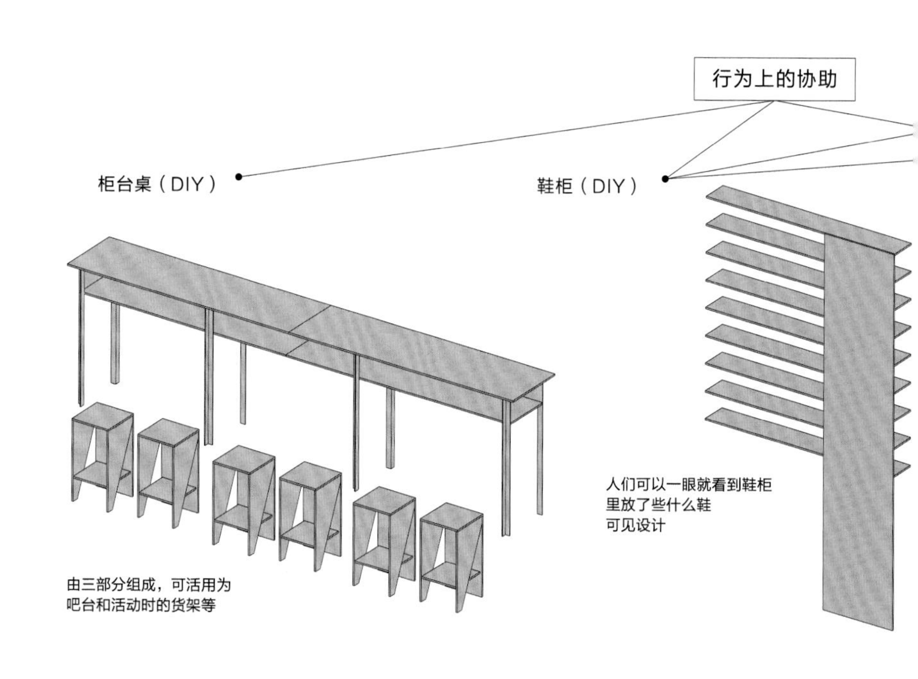
行为上的协助
柜台桌（DIY）
鞋柜（DIY）
人们可以一眼就看到鞋柜里放了些什么鞋
可见设计
由三部分组成，可活用为吧台和活动时的货架等

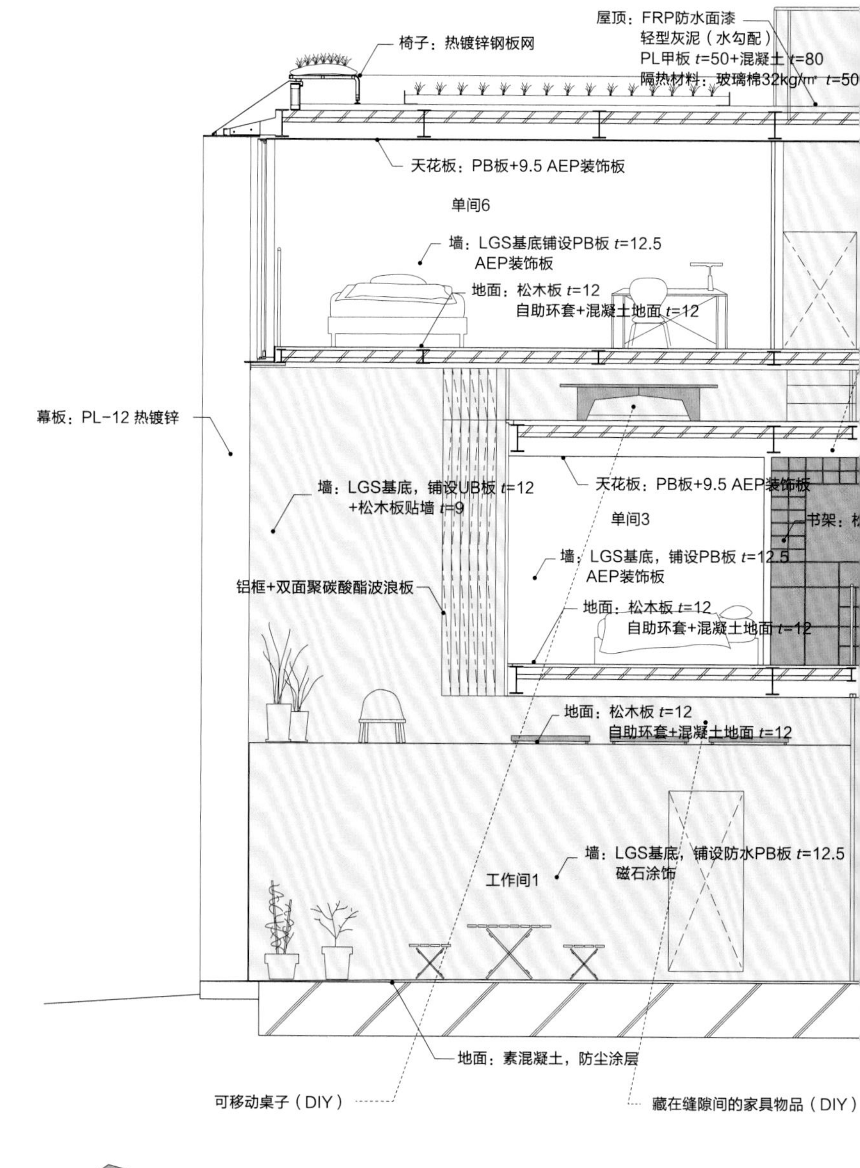
屋顶：FRP防水面漆
轻型灰泥（水勾配）
PL甲板 t=50+混凝土 t=80
隔热材料：玻璃棉32kg/m³ t=50
椅子：热镀锌钢板网
天花板：PB板+9.5 AEP装饰板
单间6
墙：LGS基底铺设PB板 t=12.5
AEP装饰板
地面：松木板 t=12
自助环套+混凝土地面 t=12
幕板：PL-12 热镀锌
墙：LGS基底，铺设UB板 t=12
+松木板贴墙 t=9
天花板：PB板+9.5 AEP装饰板
单间3
墙：LGS基底，铺设PB板 t=12.5
AEP装饰板
地面：松木板 t=12
自助环套+混凝土地面 t=12
铝框+双面聚碳酸酯波浪板
地面：松木板 t=12
自助环套+混凝土地面 t=12
墙：LGS基底，铺设防水PB板 t=12.5
磁石涂饰
工作间1
地面：素混凝土，防尘涂层
可移动桌子（DIY）
藏在缝隙间的家具物品（DIY）

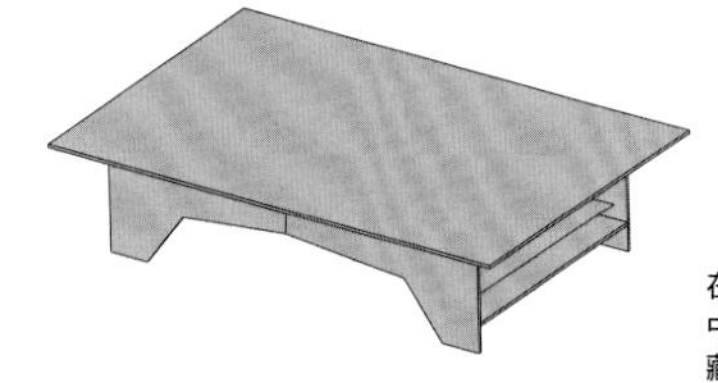

在聚餐、会议、派对等活动中活跃的重要道具刚好可以藏在缝隙间

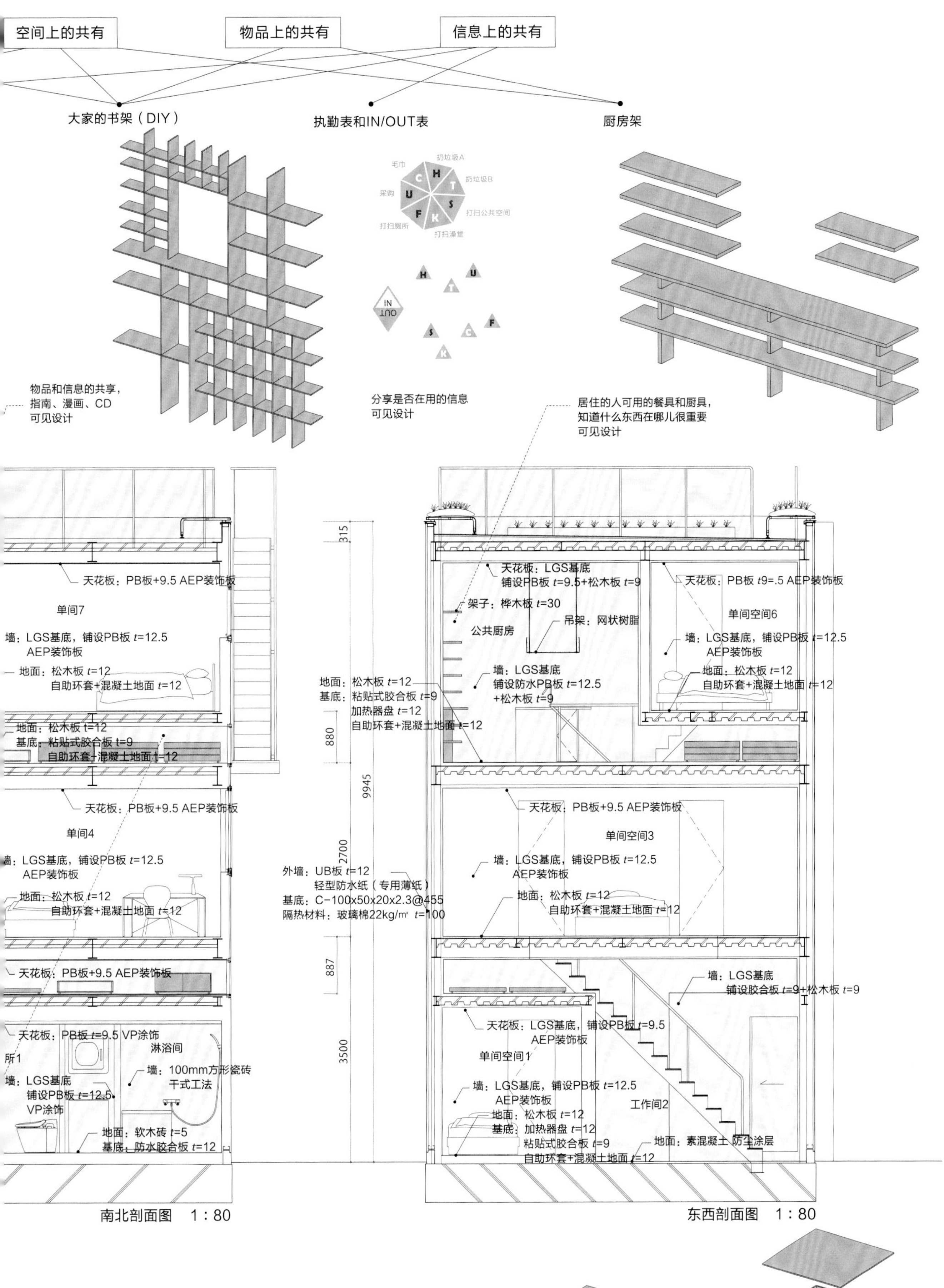
空间上的共有
物品上的共有
信息上的共有
大家的书架（DIY）
执勤表和IN/OUT表
厨房架
毛巾
扔垃圾A
扔垃圾B
采购
打扫公共空间
打扫厕所
打扫澡堂
C H T S K F U
IN
OUT
物品和信息的共享，
指南、漫画、CD
可见设计
分享是否在用的信息
可见设计
居住的人可用的餐具和厨具，
知道什么东西在哪儿很重要
可见设计
天花板：PB板+9.5 AEP装饰板
单间7
墙：LGS基底，铺设PB板 t=12.5
AEP装饰板
地面：松木板 t=12
自助环套+混凝土地面 t=12
地面：松木板 t=12
基底：粘贴式胶合板 t=9
自助环套+混凝土地面 t=12
天花板：PB板+9.5 AEP装饰板
单间4
墙：LGS基底，铺设PB板 t=12.5
AEP装饰板
地面：松木板 t=12
自助环套+混凝土地面 t=12
天花板：PB板+9.5 AEP装饰板
天花板：PB板 t=9.5 VP涂饰
淋浴间
所1
墙：LGS基底
铺设PB板 t=12.5
VP涂饰
墙：100mm方形瓷砖
干式工法
地面：软木砖 t=5
基底：防水胶合板 t=12
南北剖面图 1：80
315
880
9945
2700
887
3500
天花板：LGS基底
铺设PB板 t=9.5+松木板 t=9
架子：桦木板 t=30
吊架：网状树脂
公共厨房
地面：松木板 t=12
基底：粘贴式胶合板 t=9
加热器盘 t=12
自助环套+混凝土地面 t=12
墙：LGS基底
铺设防水PB板 t=12.5
+松木板 t=9
天花板：PB板 t9=.5 AEP装饰板
单间空间6
墙：LGS基底，铺设PB板 t=12.5
AEP装饰板
地面：松木板 t=12
自助环套+混凝土地面 t=12
天花板：PB板+9.5 AEP装饰板
单间空间3
墙：LGS基底，铺设PB板 t=12.5
AEP装饰板
地面：松木板 t=12
自助环套+混凝土地面 t=12
外墙：UB板 t=12
轻型防水纸（专用薄纸）
基底：C−100x50x20x2.3@455
隔热材料：玻璃棉22kg/㎥ t=100
墙：LGS基底
铺设胶合板 t=9+松木板 t=9
天花板：LGS基底，铺设PB板 t=9.5
AEP装饰板
单间空间1
墙：LGS基底，铺设PB板 t=12.5
AEP装饰板
工作间2
地面：松木板 t=12
基底：加热器盘 t=12
粘贴式胶合板 t=9
自助环套+混凝土地面 t=12
地面：素混凝土 防尘涂层
东西剖面图 1：80

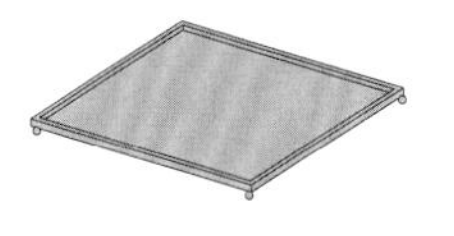

能容纳手提箱、帆布包，
深处的东西也容易取出来

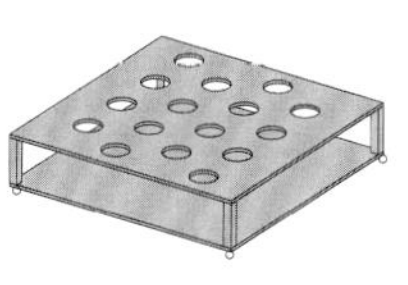

存瓶箱：
酒、一升瓶等饮料的暂存处

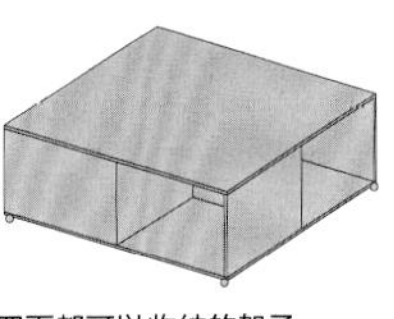

四面都可以收纳的架子：
踏脚垫、毛巾、抹布的收纳处，
从哪里看都是一样的设计

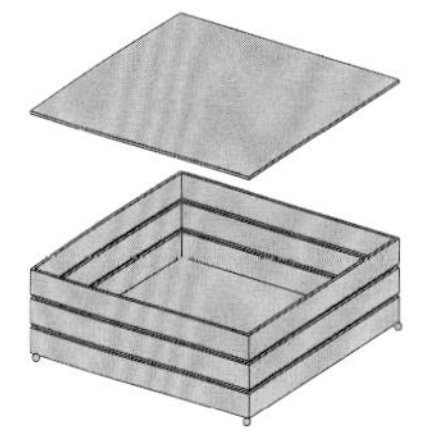

带盖的收纳架：
收纳厨房物品，热奶电炉、石油气
边炉、章鱼小丸子炉等偶尔使用的电器

11 艺术青年旅馆

京都艺术青年旅馆（Kumagusuku）

点（Dot）建筑师事务所

主要功能	餐饮	种植	活动	商谈
睡觉	学习	游戏	买卖	展示
休闲	工作	运动	租赁	医疗
阅读	手工	监护	交换	住宿

［关键词］

- 与艺术一同感受时间流逝
- 将传统工艺纳入建筑设计
- 保留原有建筑痕迹的改造手法

在以壬生寺与壬生菜闻名的京都壬生地区的住宅区建有一座已有70年历史的宿舍，这是一个将其改造为旅馆和艺术展览厅的项目。

一楼是艺术旅馆的接待处、厨房、浴室、厕所，从这里的专用通道进入被中庭包围的傲小笹林项目（Ozasahayashi-Project）。二楼是旅馆的单人间和双人间等共4个房间，不仅能在其中看画展，还能在房间里体验艺术。最低限度地加固结构并将以前作为宿舍时的内部结构尽量保留下来，同时将室内装饰向外部挪动，使内外部空间互相融合，激发在这里举办展览的艺术家的创造力。

［基本资料］

项目地点：京都府京都市中京区壬生马场町37-3
建成时间：2014年
设计：点（Dot）建筑师事务所
业主：矢津吉隆、小笹艺术工作室（Art Office Ozasa）
策划：矢津吉隆、小笹艺术工作室
运营：矢津吉隆、小笹艺术工作室
施工：建筑 椎口工务店
艺术工程 工艺之家
制图 UmA/Design Farm
审核性质：住宅
申请上的性质：简易旅馆、艺术场所
建筑占地面积：84.23 m^2
总建筑面积：150.04 m^2（全部建筑）
专属空间：93.32 m^2（简易旅馆部分）
结构及施工方法：木结构
建筑层数：2层
用地类型：商业用地、准防火用地

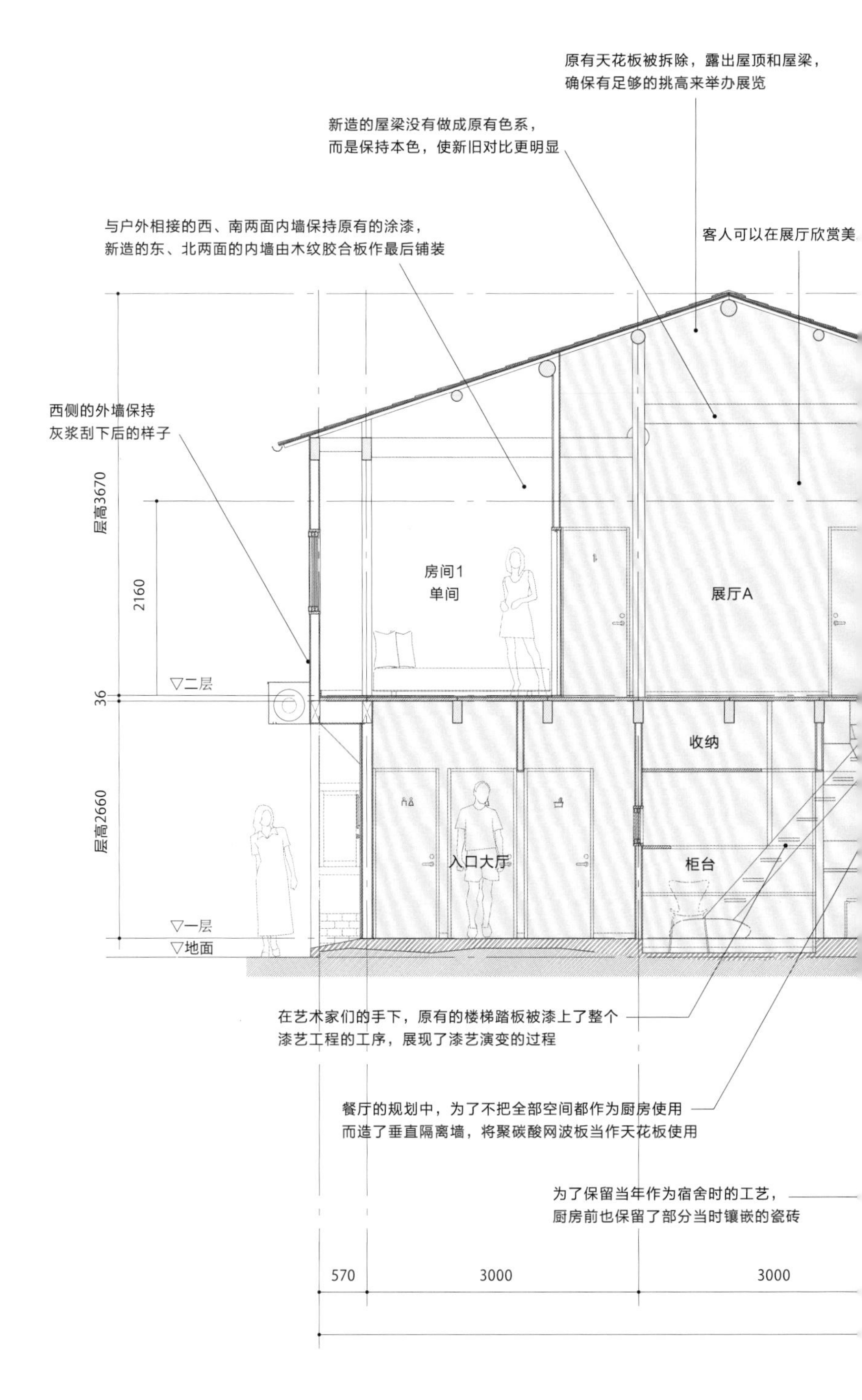

原有天花板被拆除，露出屋顶和屋梁，确保有足够的挑高来举办展览
新造的屋梁没有做成原有色系，而是保持本色，使新旧对比更明显
与户外相接的西、南两面内墙保持原有的涂漆，新造的东、北两面的内墙由木纹胶合板作最后铺装
客人可以在展厅欣赏美
西侧的外墙保持灰浆刮下后的样子
层高3670
2160
36
层高2660
▽二层
▽一层
▽地面
房间1
单间
展厅A
收纳
入口大厅
柜台
在艺术家们的手下，原有的楼梯踏板被漆上了整个漆艺工程的工序，展现了漆艺演变的过程
餐厅的规划中，为了不把全部空间都作为厨房使用而造了垂直隔离墙，将聚碳酸网波板当作天花板使用
为了保留当年作为宿舍时的工艺，厨房前也保留了部分当时镶嵌的瓷砖
570
3000
3000

与艺术一同感受时间流逝
入住客人和访客从不同入口进入，互相不构成影响。
道路
厨房
中庭
柜台
入口大厅
5380
570
9000
4635
19 445

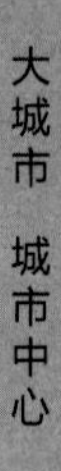

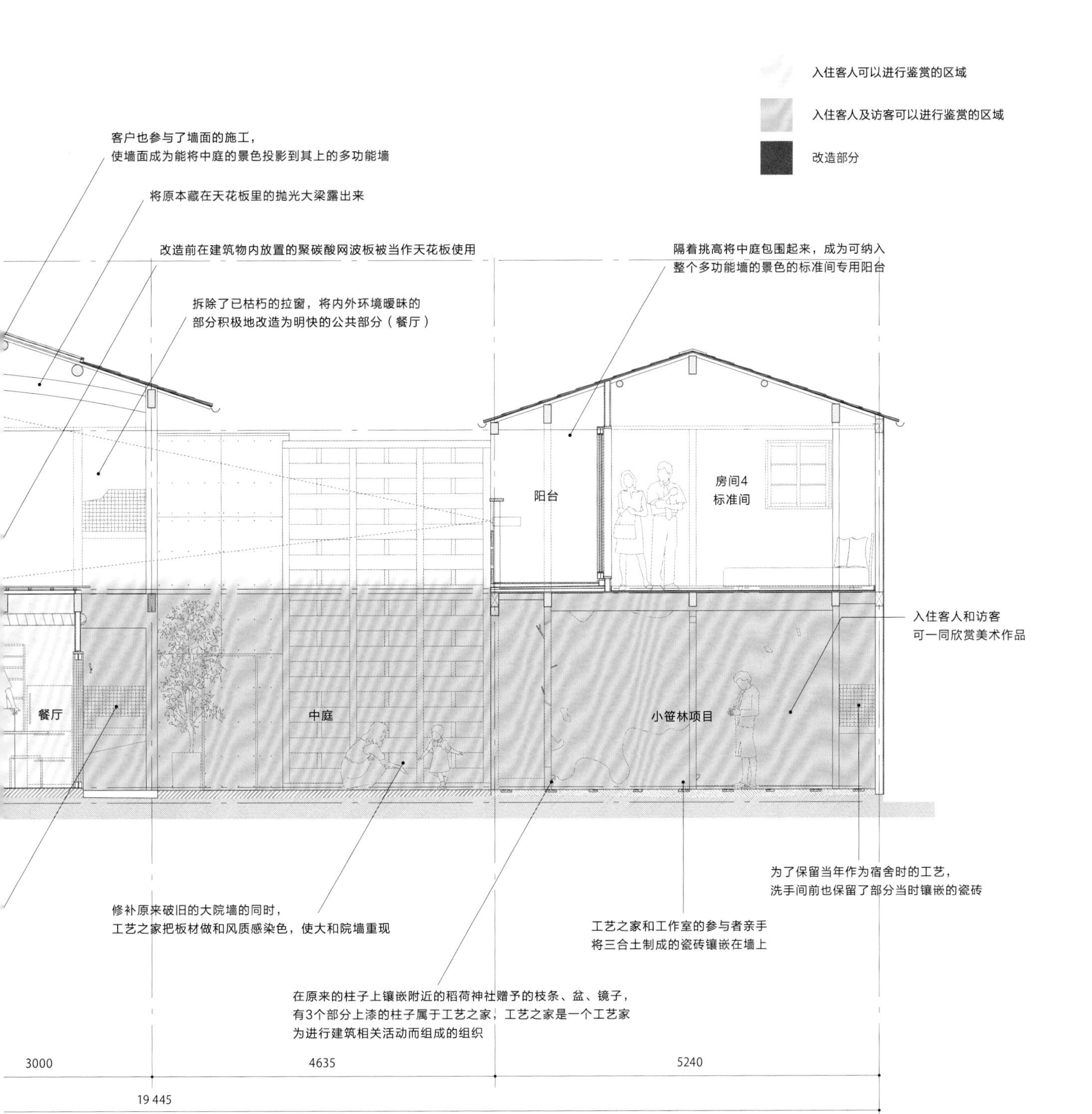
入住客人可以进行鉴赏的区域
入住客人及访客可以进行鉴赏的区域
改造部分
客户也参与了墙面的施工，
使墙面成为能将中庭的景色投影到其上的多功能墙
将原本藏在天花板里的抛光大梁露出来
改造前在建筑物内放置的聚碳酸网波板被当作天花板使用
拆除了已枯朽的拉窗，将内外环境暧昧的
部分积极地改造为明快的公共部分（餐厅）
隔着挑高将中庭包围起来，成为可纳入
整个多功能墙的景色的标准间专用阳台
阳台
房间4
标准间
入住客人和访客
可一同欣赏美术作品
餐厅
中庭
小笹林项目
为了保留当年作为宿舍时的工艺，
洗手间前也保留了部分当时镶嵌的瓷砖
修补原来破旧的大院墙的同时，
工艺之家把板材做和风质感染色，使大和院墙重现
工艺之家和工作室的参与者亲手
将三合土制成的瓷砖镶嵌在墙上
在原来的柱子上镶嵌附近的稻荷神社赠予的枝条、盆、镜子，
有3个部分上漆的柱子属于工艺之家，工艺之家是一个工艺家
为进行建筑相关活动而组成的组织
3000
4635
5240
19 445
东西剖面图　1：100

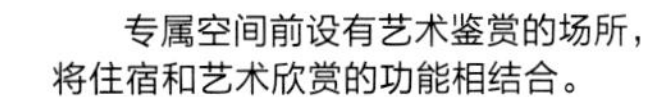
专属空间前设有艺术鉴赏的场所，
将住宿和艺术欣赏的功能相结合。

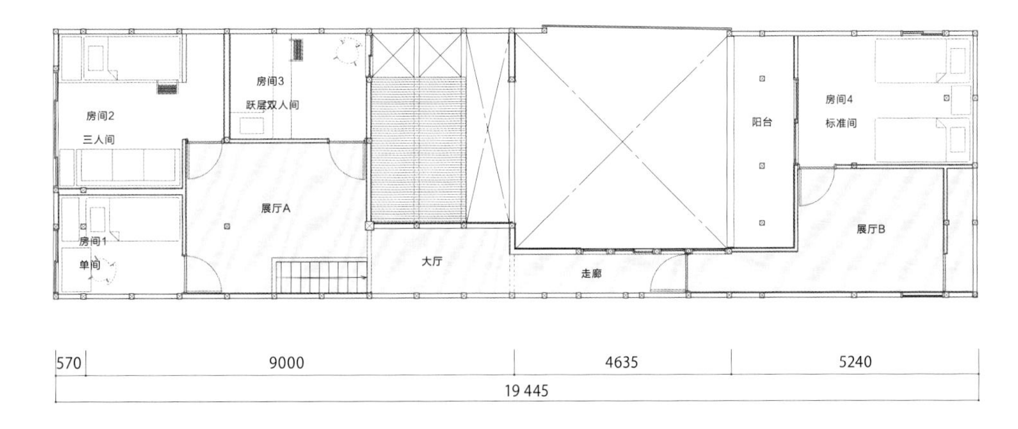
林项目
房间2
三人间
房间3
跃层双人间
展厅A
房间1
单间
大厅
走廊
阳台
房间4
标准间
展厅B
240
570
9000
4635
5240
19 445
1：200

二层平面图　1：200

配有食堂的公寓

仲建筑设计工作室

主要功能	餐饮	种植	活动	商谈
睡觉	学习	游戏	买卖	展示
休闲	工作	运动	租赁	医疗
阅读	手工	监护	交换	住宿

[关键词]

· 小型经济
· 工作居住一体化
· 中间区域

这是一个着眼于“小型经济”的，营造对外开放的生活环境的项目。

工作居住一体化的SOHO单元（5户）、共享办公室、食堂等功能相结合，利用立体通道（图1）连接。同时，在软件设计上建立相互关联的体系。

对于硬件的设计来说，最重要的一点是，不是简单结合各个独立空间的功能，而是模糊各个空间因功能不同所产生的界线，将原有的中间区域空间化（图2）。

为此，设计师谨慎地控制了剖面的结构、地板和天花板的边线和板材，并为营造窗边空间设置了腰窗等，使建筑有了透明的质感。

[基本资料]

项目地点：东京都目黑区目黑本町5-14-14
建成时间：2014年
设计：仲建筑设计工作室
业主：个人
策划：个人
运营：个人、食堂会议（老板、厨师、仲建筑设计工作室）
施工：小川建设
审核性质：共同住宅
用地面积：139.89 m^2
建筑占地面积：97.56 m^2
总建筑面积：261.13 m^2
结构及施工方法：钢结构，部分钢筋混凝土结构
建筑层数：地上3层，地下1层
用地类型：第一类居住用地

工作室和食堂作为中间区域

工作室是SOHO住宅内的工作区域。工作室以每层为单位进行配置，建筑有寝室等私人空间和以通道为中心的公共空间。工作室的天花板较高，越往里走天花板越低，房间也越小，私密度也随之提升。工作室和通道之间是玄关前放置了看板、家具和绿植等的阳台。

食堂在公寓和街道的中间区域，有两个出入口和两个高差。楼下是和街道直接连通的场所，主要是收银柜台。楼上是公寓这边的出入口，天花板很矮，是能够俯瞰街道景色的让人感到安心的场所。

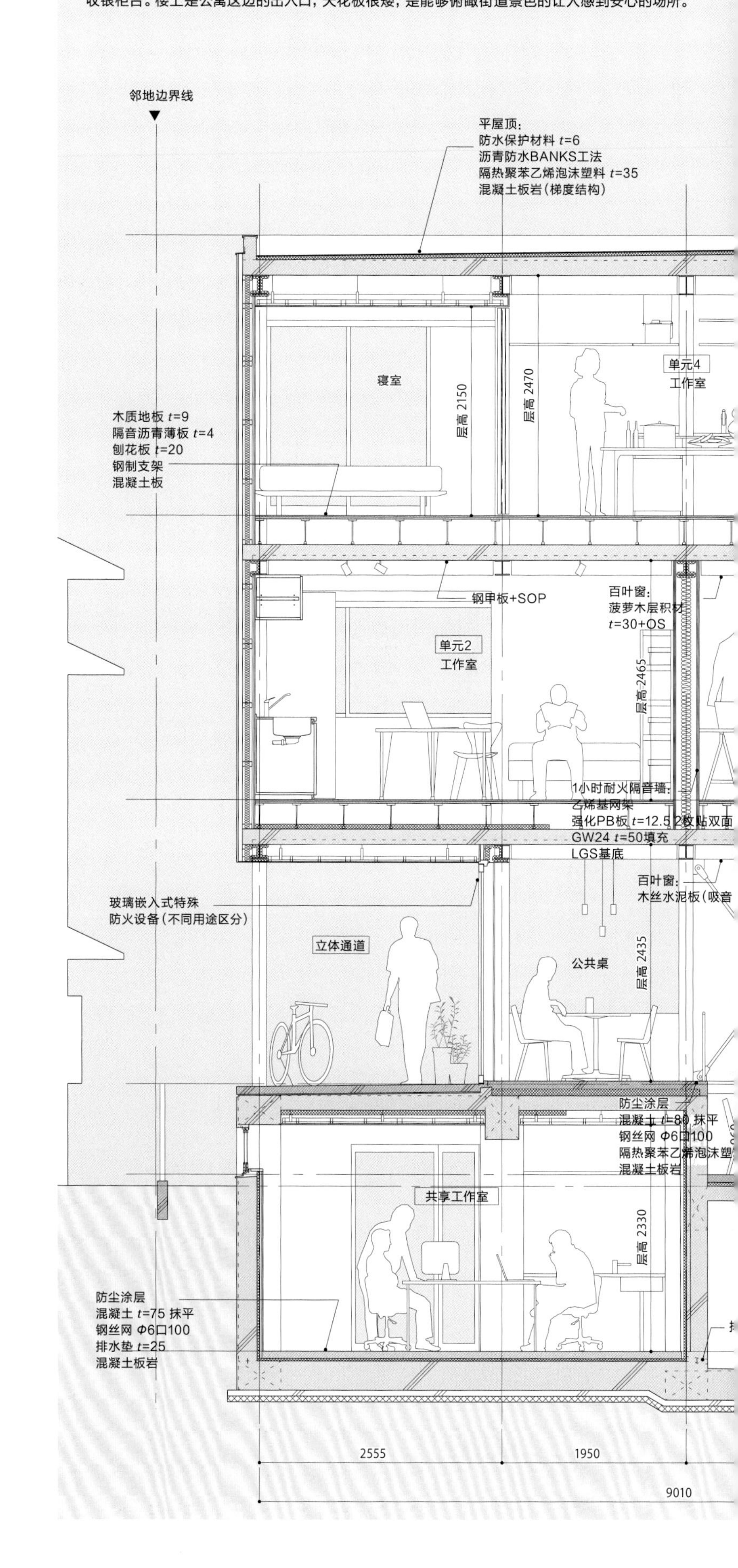

邻地边界线
平屋顶：
防水保护材料 t=6
沥青防水BANKS工法
隔热聚苯乙烯泡沫塑料 t=35
混凝土板岩（梯度结构）
寝室
层高 2150
层高 2470
单元4
工作室
木质地板 t=9
隔音沥青薄板 t=4
刨花板 t=20
钢制支架
混凝土板
钢甲板+SOP
百叶窗：
菠萝木层积材
t=30+OS
单元2
工作室
层高 2465
1小时耐火隔音墙：
乙烯基网架
强化PB板 t=12.5 2枚贴双面
GW24 t=50填充
LGS基底
百叶窗：
木丝水泥板（吸音
玻璃嵌入式特殊
防火设备（不同用途区分）
立体通道
公共桌
层高 2435
防尘涂层
混凝土 t=80 抹平
钢丝网 Φ6口100
隔热聚苯乙烯泡沫塑
混凝土板岩
共享工作室
层高 2330
防尘涂层
混凝土 t=75 抹平
钢丝网 Φ6口100
排水垫 t=25
混凝土板岩
2555
1950
9010

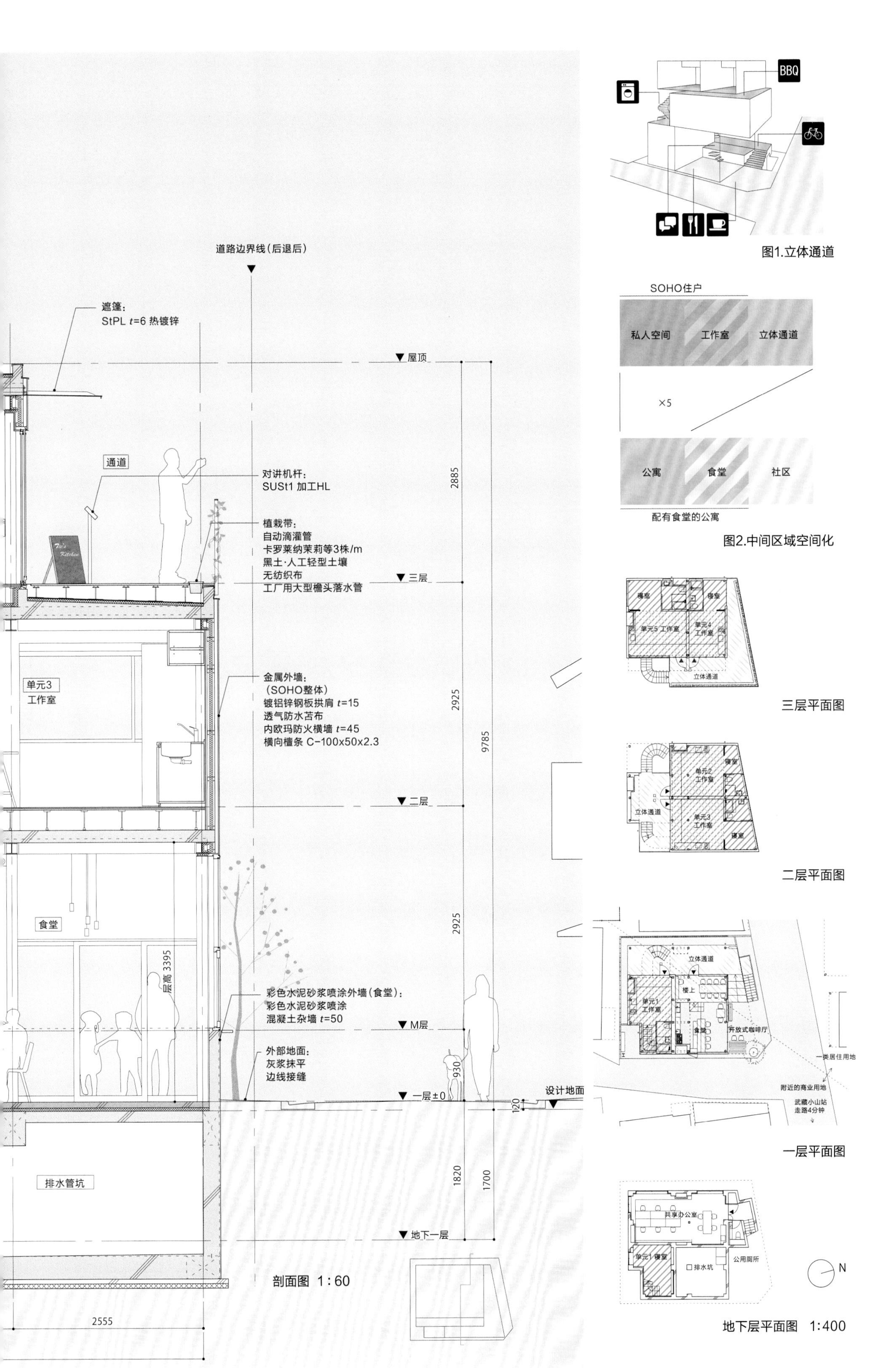
BBQ
SOHO住户
私人空间
工作室
立体通道
×5
公寓
食堂
社区
配有食堂的公寓
道路边界线（后退后）
遮篷：
StPL t=6 热镀锌
▼屋顶
通道
对讲机杆：
SUSt1 加工HL
2885
植栽带：
自动滴灌管
卡罗莱纳茉莉等3株/m
黑土·人工轻型土壤
无纺织布
工厂用大型檐头落水管
▼三层
单元3
工作室
金属外墙：
（SOHO整体）
镀铝锌钢板拱肩 t=15
透气防水苫布
内欧玛防火横墙 t=45
横向檩条 C-100x50x2.3
2925
9785
▼二层
食堂
层高 3395
2925
彩色水泥砂浆喷涂外墙（食堂）：
彩色水泥砂浆喷涂
混凝土杂墙 t=50
▼M层
外部地面：
灰浆抹平
边线接缝
930
▼一层±0
设计地面
120
排水管坑
1820
1700
▼地下一层
2555
寝室
单元5 工作室
单元4 工作室
立体通道
单元2 工作室
单元3 工作室
单元1 工作室
楼上
食堂
开放式咖啡厅
一类居住用地
附近的商业用地
武藏小山站
走路4分钟
共享办公室
单元1 寝室
排水坑
公用厕所
N

图1.立体通道

图2.中间区域空间化

三层平面图

二层平面图

一层平面图

剖面图 1:60

地下层平面图 1:400

居住区附属的街区托儿所以及营造公共场所的实践

——“街道的托儿所”这个概念是怎么形成的?

松本：街道的托儿所是从两个想法来的，其一是为孩子们提供一个利用地区资源学习和成长的场所，另一个是希望托儿所本身就是一个加强街区联系的根据地。

第一点是考虑到孩子们需要一个好的相处模式以及对各种场所进行实质性体验的机会，而街区的人们也需要更多的交流机会。有种说法是，一个人在0岁到6岁的成长环境和经历，是影响其人格形成的一个重要因素。

现在，教育所经历的变化极大。据说现在的孩子将来就业时，有65%都会从事现在所没有的职业。社会和价值观都在多样化发展的同时，职业的种类也会和现在大不相同吧。在考虑了那个时候的教育应该是什么样的之后，我们认为，比起得心应手地处理自己熟悉的事物，更重要的是让人们具有认识自我并开拓创新的意识、善于处理和别人之间关系的能力以及生命力。教育的重点应该放在如何运用知识上而非积累知识的量上。这样的学习才是所谓的灵活学习。

之后，推行以整体教育改革为主题的向社会开放的教育课程，孩子们可以从学校、托儿所、幼儿园以外的整个社会上获得学习资源。灵活学习就是获得比知识本身更重要的学习技能和学习态度，其实就是向自己学习。

所以，0岁到6岁便是养成上文所说的学习技能和态度的最好时期。这个期间与谁相遇、如何思考、有什么样的体验都非常重要，孩子们会通过和别人的相处敏锐地接收信息并转换为自己的思考。学习就是将已知的和才了解到的进行消化融合。孩子们在接触了各种各样的人的价值观和思考之后，进行消化融合，又创造出自己新的体会。我们在那时，便提出了不能只是提供托儿所的资源，而应将整个社会、整个街区作为资源提供给孩子。带着孩子们能面对所有可能的环境的想法，我们做出了向街区开放的决定。

——有没有孩子们通过和人相处而学习的具体事例?

松本：比如孩子们和鸟类学博士的相处。孩子们对鸟感兴趣，在街上走的时候会说出鸟的叫声有两种这样的话，这是非常了不起的。察觉到这点的家长就会考虑为了加深孩子对鸟类的兴趣向社区协调人咨询，这样社区协调处就会和附近的公司联系，请鸟类专家来和孩子们相处。社区协调人是指为地区和托儿所之间搭设桥梁的职业。因此，鸟类学博士就能和孩子们一起去户外教学了。在途中，看见茶花掉在地上的鸟博士对孩子说“花上有黑点，这是因为绣眼鸟停在这儿采了蜜”，这样孩子们对鸟的兴趣就更加浓厚了。在有了这样的经历后，孩子们画鸟时就能巧妙地表现出鸟的形态，并且对其他生物也产生了兴趣。

一个深刻的经历也会对其他经历产生更深的影响，这种事常常发生在学习场所。为此，我们要在教育环境上做出更多努力。

——还有一个概念是希望托儿所本身就是一个加强街区联系的根据地，能谈谈这个想法吗?

松本：让托儿所成为加强街区联系的根据地是我对地区托儿所这样的场所性质的思考。

关于日渐稀薄的地区交流有各种各样的课题，这对我们专业人士意味着，孤独的“孤”字衍生来的“孤育”家庭越来越多了。但为地区赋予更多的交流机会这样的课题也不是没有轻松解决的可能。大地震之后有很多被特别提起的话题，比如地区纽带，如何建立起犯罪预防、灾害预防的社会关系成了很重要的议题。将这些课题再进行拆分，不就是高龄人群和年轻人群之间零沟通的问题吗?

地区里的高龄人群关系网主要是在街委会和居委会建立起来的。街委会和居委会为自治团体的最小单位，解决犯罪预防、灾害预防等问题，共同维护社区秩序，但如今街委会和居委会的加入率越来越低。与此同时，也有想加入街委会和居委会的年轻人。然而，年轻人有着“加入街委会是否有门槛，会不会有麻烦的同事”等想法。另一方面，想认识地区里有趣的人、想更喜欢这个街区、对交流和社交感兴趣的年轻人也越来越多。

而托儿所的成立，重点就是为了给街区的年轻人建立关系网。监护人每天都会去托儿所，但是不会每天都去小学。并且，托儿所的定位也是给整个地区提供一个育儿的根据地。总之，不只是托儿所的孩子和监护人，全地区的孩子们都能尽情使用这里的设施。

在具备了这样的性质后，为了连接托儿所的年轻人群的关系网和高龄人群的关系网，我们建立了把整个地区各种不同年龄段的人们都聚集起来的场所。最近和街委会的联系也多了起来。

——有没有具体的连接托儿所的年轻人群

小竹向原的校区和托儿所的内景

©Satoshi Shigeta @Nacasa & Partners Inc.

©Satoshi Shigeta @Nacasa & Partners Inc.

的关系网和高龄人群的关系网的事例呢?

松本：为了建立年轻人也想了解的街委会，在交谈中得知他们希望制作官方的新闻报，于是趁此机会，成立了这个制作官方新闻报的团体。在街委会的布告栏上公开招募工作人员，包括设计和街区建设相关的人员、编辑等，许多年轻人都来应聘，最终招聘了十名左右的编辑人员。以此为契机制作了街区的地图，也举办了节日庆典。街区焕发出了新的生命力，人们开始四处走动，连周围的住户也都感受到了这种变化。

——托儿所的活动不仅是在原有范围内，还向街区延伸出去。除了咖啡点心屋，还有什么其他的加强托儿所和街区之间联系的项目吗?

松本：如果不是咖啡点心屋的话，也可能是图书馆。有一个说法是，日本人对于没有特定功能或者多功能的场所都感到有些为难。

我们建造一个托儿所和地区联系的场所，使地区里的人们能够在这里度过一段良好的自我思考的时间。不论是去咖啡厅读书，还是和朋友见面，或者只是愉快地来买个面包，我们都希望人们能在一种轻松愉悦的状况下到访托儿所。但是，在此停留一段时间并进行长时间的交流也是我们希望看到的，于是便提出了在小竹向原建造这样一个优质的咖啡点心屋的想法。

托儿所和咖啡点心屋的业务是各自独立的。有共同的想法和概念是没错，但如果互相照顾对方的业务会对持续发展有不好的影响。

现在，我们在小竹向原以外的六本木和吉祥寺都有托儿所。我们想在六本木搭建一个地标性的卖三明治和书的小亭，把喜欢吃的人和喜欢看书的人联结在一起。在吉祥寺什么样的小店都有，所以我们想建造一个咖啡馆气氛的公共场所。

——这栋建筑为来买咖啡的人、路过的人、园里的孩子以及与这个建筑物相关的人们创造了一个理想的关系了吗?

松本：距离感的设计很重要。有想建立亲密关系的人，也有只是想认识一些人、打打照面就行的人，人们对距离感的需求不同，因此，并不是所有的人到访托儿所都是为了和我们建立十分亲密的关系。到访的人们会保持自己的距离感，来这里喝咖啡也只是正常地想喝喝这里的好咖啡。有不想和孩子一起喝咖啡，甚至可能也有讨厌托儿所和咖啡馆离得太近的人。所以，我们也考虑了人们由于不同的原因所感受到的气氛。如果有人想看看托儿所的孩子们的话，就可以从靠托儿所这一侧的门进来。

考虑到托儿所本身的开放性保育和教育，如果围墙太高会产生视线不通透的距离感，大家其实都想看看托儿所里面的样子。但与此同时，也不能过分暴露私人的空间。因此，我们将地基下移1m，让外面的人刚好看不到里面的人在做些什么。

咖啡馆也是这样的。让路上的人看见谁在里面吃什么的话感觉会有点不适，所以咖啡馆也下移了1m。但是因为道路和庭院之间的距离，庭院的地基没有下移。相比起单调的平面形式的空间，立体的空间更富有趣味，所以建筑体都是立体的建造形式。在确保了安全的情况下，我们修建了这样让人愉悦的立体建筑。

——最后，在建造托儿所的问题上，你对于建筑师有什么期待吗?

松本：我们既然建立托儿所，必然是会深刻分析这个问题。我们一开始就否定了采用高大建筑的想法，最好是随着年龄增长接触越来越高的建筑。因此，建筑不应该是光鲜亮丽的样子，要充满年代感，最好要和小孩子们的手相称。就这样，我们通过设计来表现想法，而能够充分理解这样的想法是一个建筑师所必备的素质。我们被认为是麻烦的艺术家，总是很傲慢，但外表光鲜却没有内涵的建筑我们是不会接受的。在和建筑师这样的博弈中，我们渐渐互相理解了对方的想法，共同期待着这个建筑的诞生。

松本理寿辉，街道的托儿所代表、自然微笑日本株式会社董事长

1980年生，毕业于一桥大学商学部，曾任博报堂、不动产风投公司经理，2010年创办自然微笑日本。从街道的托儿所小竹向原开始，已在东京都内开设运营了3家街道托儿所，开展了以孩子为主的整个街区的保育实践。

星之谷小区

蓝工作室（Blue Studio）

主要功能	餐饮	种植	活动	商谈
睡觉	学习	游戏	买卖	展示
休闲	工作	运动	租赁	医疗
阅读	手工	监护	交换	住宿

［关键词］

· 为孩子们打造的站前广场
· 模糊街区的边界
· 提升地区价值

这是四栋日本昭和40年代（1964—1973）小田急电铁株式会社在小田急线座间站站前建造的住宅楼，现将此地改造为集租赁住宅和市营住宅为一体的“星之谷小区”。用地内设有市营儿童养育支援中心和民营咖啡厅，并对相邻两楼间空地的停车场进行绿地公园化改造，修建可供出租的菜园。公园场地内不允许机动车进入，保证场地是“让孩子们安全玩耍的站前广场、街道的广场”。设计者希望将此地打造成不仅面向小区住户，也面向街区里的人们的开放性场所，使人们能够进行跨越年龄层的交流。

另外，考虑到私营铁路沿线郊区的未来，设计者希望打造一个属于座间和小田急电铁的专属地区品牌，将这个品牌作为资产活用，以此打造出可持续性的地区价值。

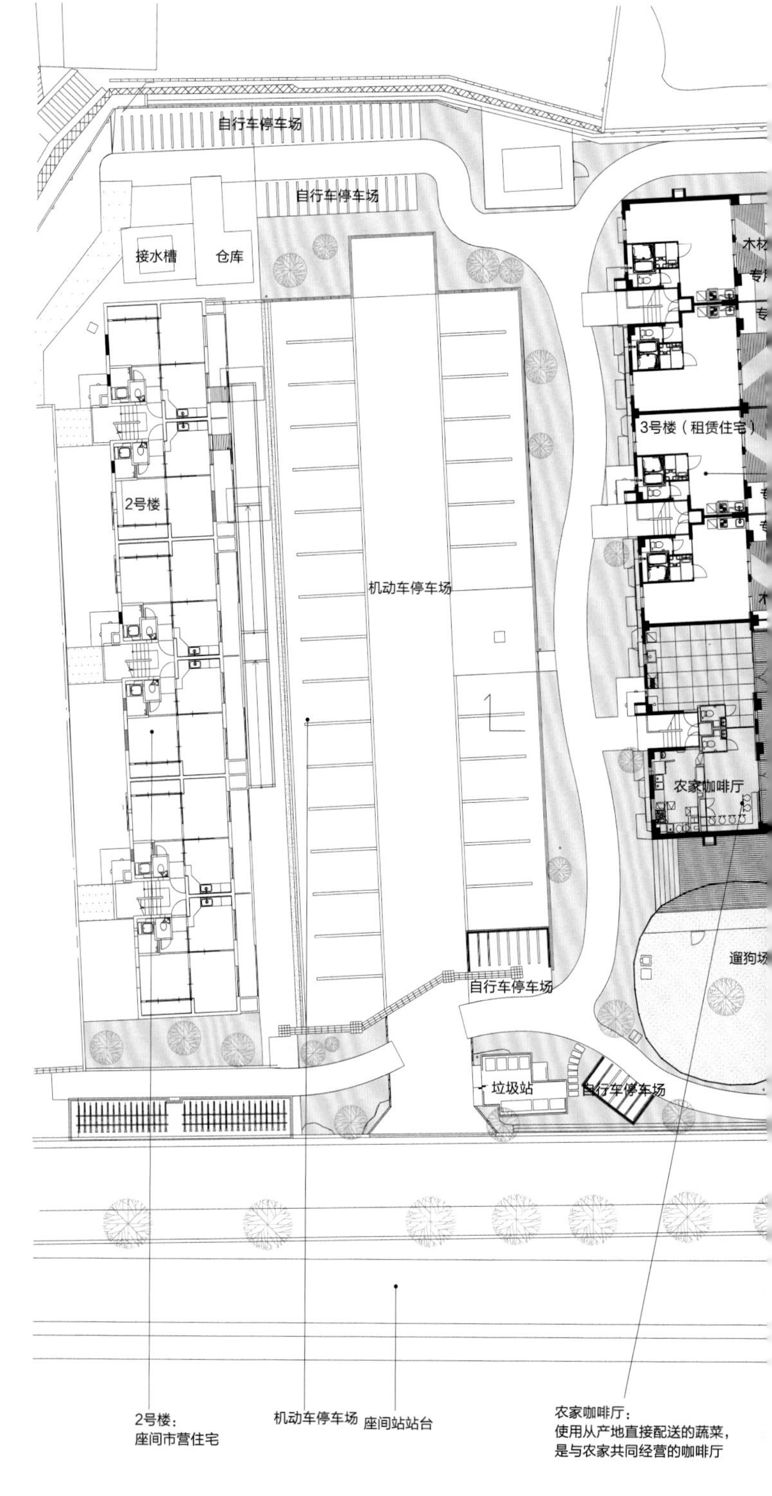
自行车停车场
自行车停车场
接水槽
仓库
2号楼
机动车停车场
3号楼（租赁住宅）
农家咖啡厅
遛狗场
自行车停车场
垃圾站
自行车停车场
2号楼：
座间市营住宅
机动车停车场
座间站站台
农家咖啡厅：
使用从产地直接配送的蔬菜，
是与农家共同经营的咖啡厅

提升地区价值

这是铁路公司自发进行的站前环境革新。这个项目的意义在于，不仅充分利用了本身的不动产，也使周边地区的价值可持续地提升。因此，本项目着眼于打造“孩子们的站前广场”，以儿童为中心带动各个年龄段的人们聚集于此并辐射周边地区，让居住在这个街区的人们对此产生认同感及自主性，希望他们的生活在此地产生交集。

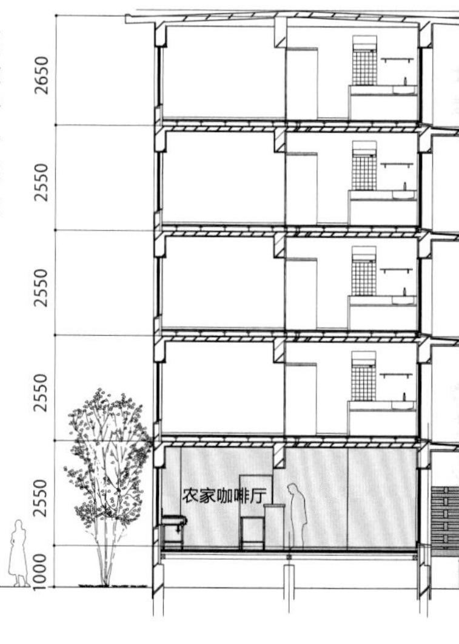
2650
2550
2550
2550
2550
1000
停车场
农家咖啡厅

［基本资料］

项目地点：神奈川县座间市入谷5-1591-2
建成时间：2015年
基本设计、设计、监理、监修：蓝工作室
业主：小田急电铁株式会社
策划：蓝工作室
管理：小田急不动产
施工：藤田建设（原大和小田急建设）
审核性质：共同住宅
用地面积：5068.92 m²
建筑占地面积：493.2 m²
总建筑面积：2466 m²
专用空间：2055.9 m²（每户37.38 m²）
公共空间：410.1 m²
结构及施工方法：钢结构，部分钢筋混凝土结构
建筑层数：5层
用地类型：第一类低层居住专用地、第一类居住用地

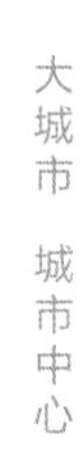

大城市 城市中心

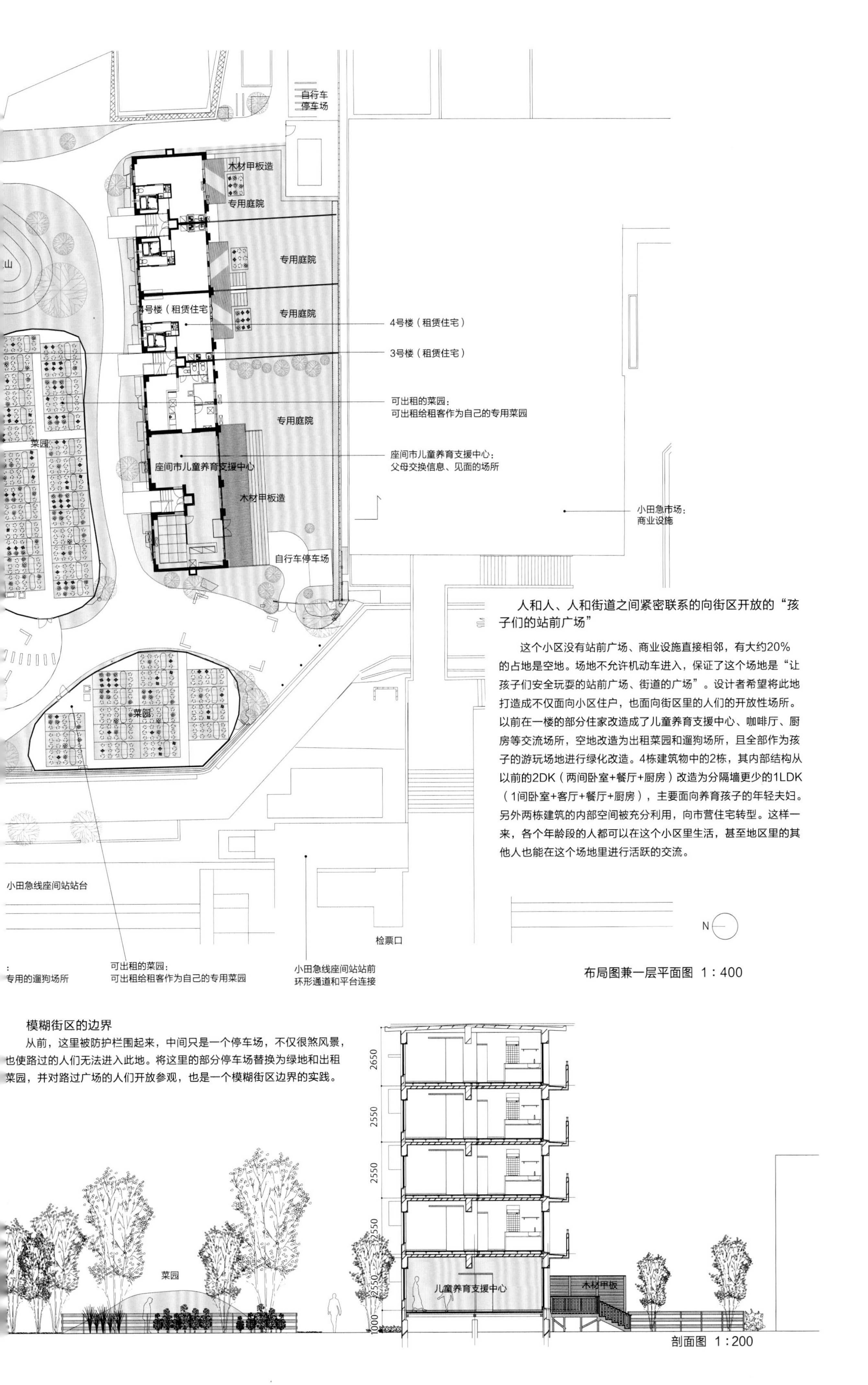

自行车停车场
木材甲板造
专用庭院
专用庭院
专用庭院
山
号楼（租赁住宅）
4号楼（租赁住宅）
3号楼（租赁住宅）
可出租的菜园：
可出租给租客作为自己的专用菜园
专用庭院
菜园
座间市儿童养育支援中心
座间市儿童养育支援中心：
父母交换信息、见面的场所
木材甲板造
小田急市场：
商业设施
自行车停车场
菜园
小田急线座间站站台
检票口
N
：
专用的遛狗场所
可出租的菜园：
可出租给租客作为自己的专用菜园
小田急线座间站站前
环形通道和平台连接
2650
2550
2550
2550
2550
1000
菜园
儿童养育支援中心
木材甲板

布局图兼一层平面图 1：400

剖面图 1：200

人和人、人和街道之间紧密联系的向街区开放的“孩子们的站前广场”

这个小区没有站前广场、商业设施直接相邻，有大约20%的占地是空地。场地不允许机动车进入，保证了这个场地是“让孩子们安全玩耍的站前广场、街道的广场”。设计者希望将此地打造成不仅面向小区住户，也面向街区里的人们的开放性场所。以前在一楼的部分住家改造成了儿童养育支援中心、咖啡厅、厨房等交流场所，空地改造为出租菜园和遛狗场所，且全部作为孩子的游玩场地进行绿化改造。4栋建筑物中的2栋，其内部结构从以前的2DK（两间卧室+餐厅+厨房）改造为分隔墙更少的1LDK（1间卧室+客厅+餐厅+厨房），主要面向养育孩子的年轻夫妇。另外两栋建筑的内部空间被充分利用，向市营住宅转型。这样一来，各个年龄段的人都可以在这个小区里生活，甚至地区里的其他人也能在这个场地里进行活跃的交流。

模糊街区的边界

从前，这里被防护栏围起来，中间只是一个停车场，不仅很煞风景，也使路过的人们无法进入此地。将这里的部分停车场替换为绿地和出租菜园，并对路过广场的人们开放参观，也是一个模糊街区边界的实践。

14 带有广场的木结构租赁式公寓

横滨公寓

西田司、中川绘里佳/正在设计（On Design）

主要功能	餐饮	种植	活动	商谈
睡觉	学习	游戏	买卖	展示
休闲	工作	运动	租赁	医疗
阅读	手工	监护	交换	住宿

［关键词］

· 促进机械化的半室外公共空间
· 向外部人员开放的建造方法
· 模糊与木结构建筑群之间的边界

本项目为全四户的集合住宅，场地原有交通不便，搬来的人很少，使这里逐渐成为一个老龄化街区。此外，场地和周围的地面有比较大的高差，木质结构建筑密集。本项目正是在这样一个场所里为年轻人设计一个集生活、居住、创作、展示于一体的木制租赁式公寓。4个由三角形墙柱支撑的单间群落建筑下面是被称为“广场”的小型半室外公共空间，使用了向四个方向开放的建造方法，保证了和街道之间的空气流通。通往各住户房间的专用楼梯环绕着外墙面，壁柱里有储藏空间，各种设施延伸至广场。住户可在小广场中举办活动，进行商务谈话等。同时，也可以在一定范围内允许住户以外的人举办一些小型活动。建筑由一个小型自治体进行管理，活动可以自由安排。

［基本资料］

项目地点：神奈川县横滨市西区西户部2-234
建成时间：2009年
设计：西田司、中川绘里佳/正在设计
业主：个人
策划：自治
施工：伸荣
审核性质：户建住宅（单间出租）
用地面积：140.61 m^2
建筑占地面积：83.44 m^2
总建筑面积：152.05 m^2
专属空间：68.61 m^2（每户17.15 m^2）
共享空间：82.44 m^2
结构及施工方法：木结构
建筑层数：2层
用地类型：第二类中高层居住专用地

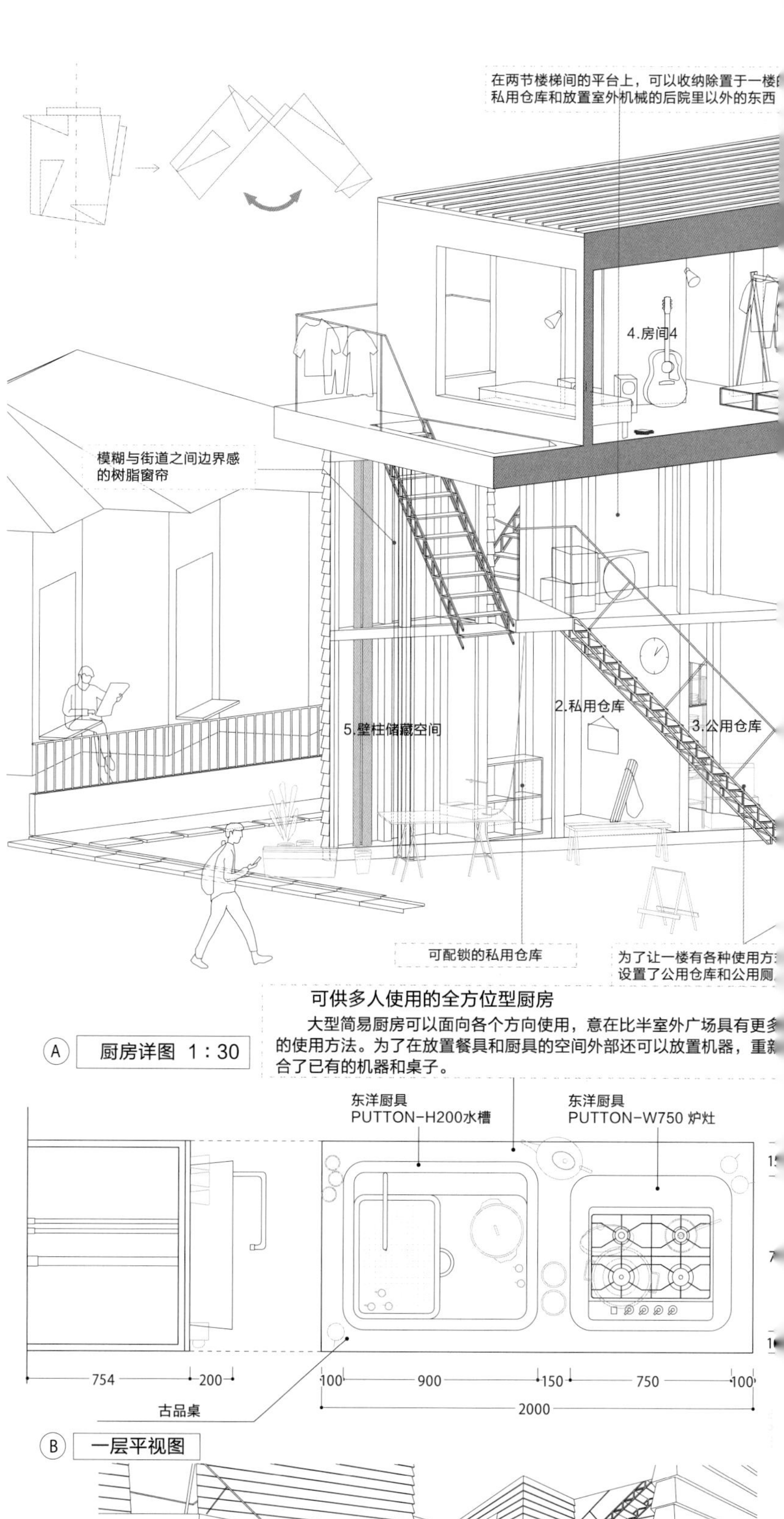

在两节楼梯间的平台上，可以收纳除置于一楼的私用仓库和放置室外机械的后院里以外的东西
4.房间4
模糊与街道之间边界感的树脂窗帘
5.壁柱储藏空间
2.私用仓库
3.公用仓库
可配锁的私用仓库
为了让一楼有各种使用方法，设置了公用仓库和公用厕
可供多人使用的全方位型厨房
大型简易厨房可以面向各个方向使用，意在比半室外广场具有更多的使用方法。为了在放置餐具和厨具的空间外部还可以放置机器，重新组合了已有的机器和桌子。
A 厨房详图 1：30
东洋厨具 PUTTON-H200水槽
东洋厨具 PUTTON-W750 炉灶
754
200
100
900
150
750
100
2000
古品桌
B 一层平视图

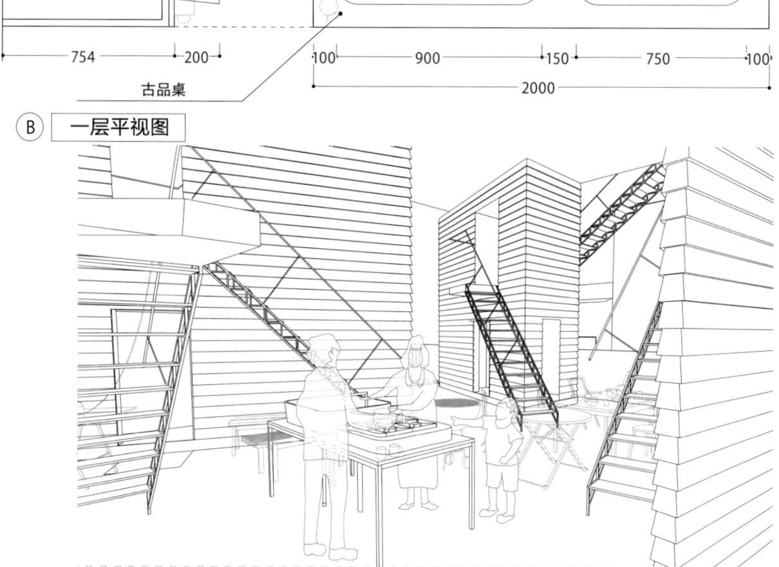

开放的小广场
半室外小广场有四个方向的大开口，是可对外部人员开放的建造形式。

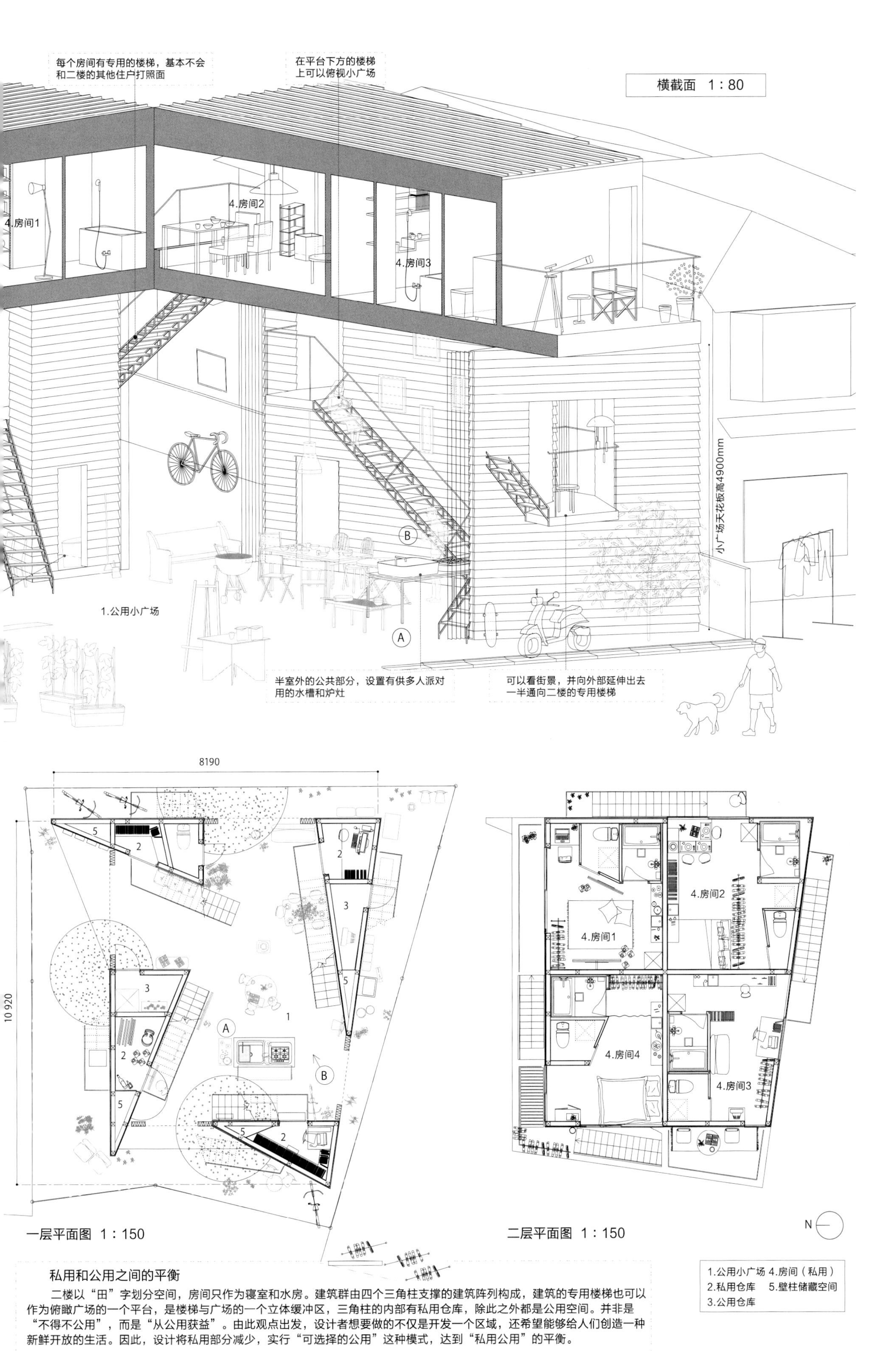
每个房间有专用的楼梯，基本不会和二楼的其他住户打照面
在平台下方的楼梯上可以俯视小广场
横截面 1：80
4.房间1
4.房间2
4.房间3
B
A
1.公用小广场
小广场天花板高4900mm
半室外的公共部分，设置有供多人派对用的水槽和炉灶
可以看街景，并向外部延伸出去一半通向二楼的专用楼梯
8190
10 920
4.房间1
4.房间2
4.房间3
4.房间4
N
一层平面图 1：150
二层平面图 1：150

私用和公用之间的平衡

二楼以“田”字划分空间，房间只作为寝室和水房。建筑群由四个三角柱支撑的建筑阵列构成，建筑的专用楼梯也可以作为俯瞰广场的一个平台，是楼梯与广场的一个立体缓冲区，三角柱的内部有私用仓库，除此之外都是公用空间。并非是“不得不公用”，而是“从公用获益”。由此观点出发，设计者想要做的不仅是开发一个区域，还希望能够给人们创造一种新鲜开放的生活。因此，设计将私用部分减少，实行“可选择的公用”这种模式，达到“私用公用”的平衡。

1.公用小广场 4.房间（私用）
2.私用仓库 5.壁柱储藏空间
3.公用仓库

高岛平老年活动中心兼居酒屋

燕（Tsubame）建筑师事务所

主要功能	餐饮	种植	活动	商谈
睡觉	学习	游戏	买卖	展示
休闲	工作	运动	租赁	医疗
阅读	手工	监护	交换	住宿

[关键词]

· 共享时间
· 根据天花板高差划分空间
· 包围型的平面构成

高岛平养老活动中心兼居酒屋的设计，是为了改善不断高龄化的高岛平小区居民的生活场所而进行的。客户希望将自己老公的居酒屋白天闭店的时间也利用起来，为社区的老人打造一个老年活动中心，故事就从这里开始了。为了满足各种必要的功能，设计区别开左右两边的墙壁，随着天花板高度的变化分隔空间，产生了养老活动中心和居酒屋两种功能。同时，居酒屋的吧台和养老活动中心的窗边吧台成对角设置，形成一个整体围合的平面构成，因为有不同的空间存在，就会有不同年龄段的人扩张属于自己的空间，最终各种空间融为一体。动员大家共享时间，使这个可以开展不同活动的场所，逐渐成为一个将平时不会见面的居民们联系起来的地方。

[基本资料]

项目地点：东京都板桥区高岛平8-4-8
建成时间：2014年
设计：燕建筑师事务所
业主：炭火烧JO、让叶
策划：炭火烧JO、让叶、燕建筑师事务所
运营：炭火烧JO、让叶
施工：角屋工务店
审核性质：餐厅
用地面积：253 m^2
建筑占地面积：193 m^2
规格面积：57 m^2
结构及施工方法：钢筋混凝土结构
用地类型：商业用地

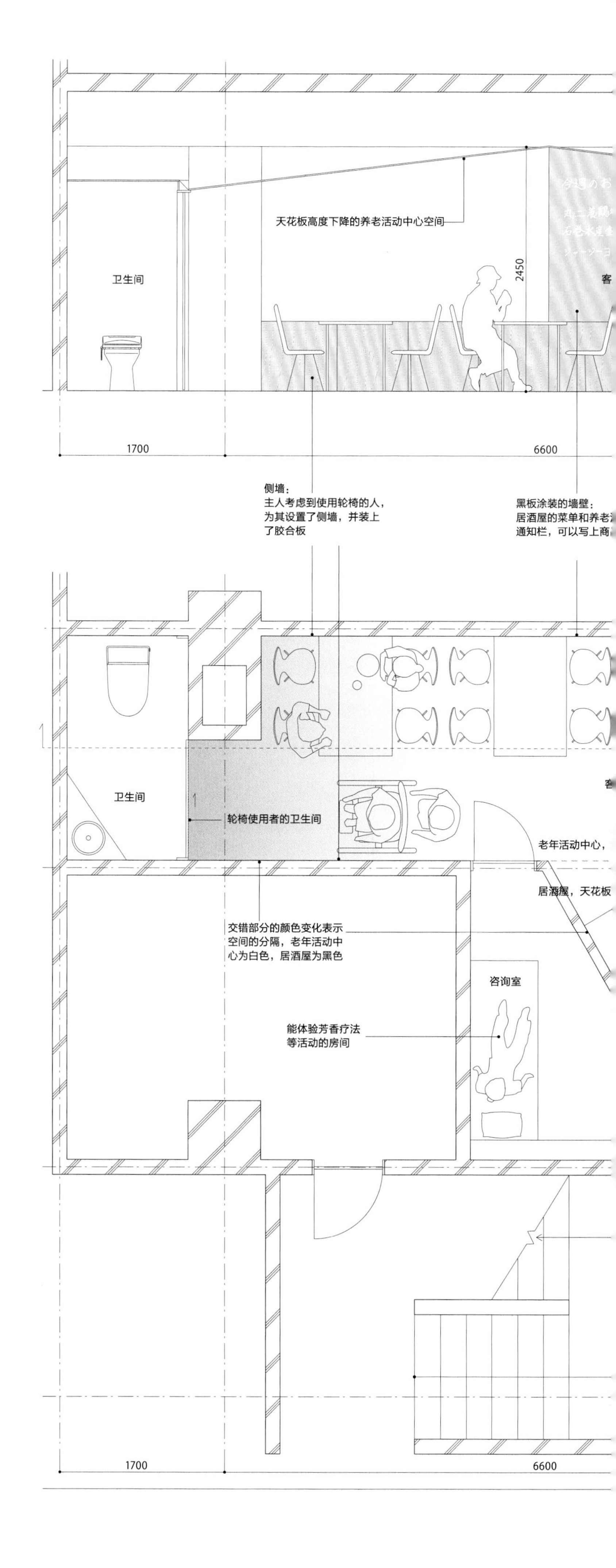
天花板高度下降的养老活动中心空间
卫生间
2450
1700
6600
侧墙：
主人考虑到使用轮椅的人，
为其设置了侧墙，并装上
了胶合板
黑板涂装的墙壁：
卫生间
轮椅使用者的卫生间
老年活动中心，
居酒屋，天花板
交错部分的颜色变化表示
空间的分隔，老年活动中
心为白色，居酒屋为黑色
咨询室
能体验芳香疗法
等活动的房间
1700
6600

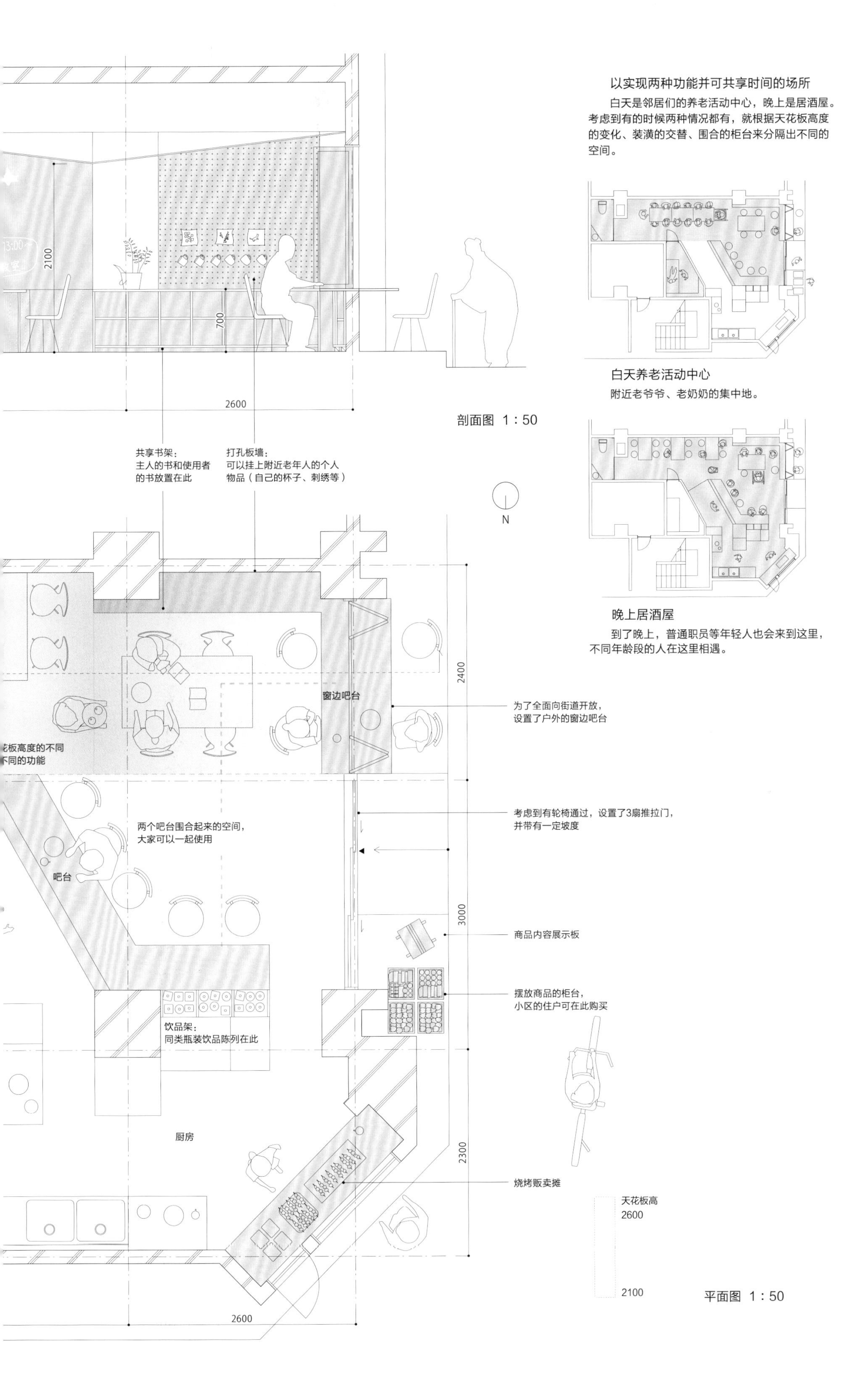

2100
700
2600
剖面图 1：50
共享书架：
主人的书和使用者
的书放置在此
打孔板墙：
可以挂上附近老年人的个人
物品（自己的杯子、刺绣等）
N
2400
窗边吧台
为了全面向街道开放，
设置了户外的窗边吧台
花板高度的不同
两个吧台围合起来的空间，
大家可以一起使用
吧台
考虑到有轮椅通过，设置了3扇推拉门，
并带有一定坡度
3000
商品内容展示板
摆放商品的柜台，
小区的住户可在此购买
饮品架：
同类瓶装饮品陈列在此
厨房
2300
烧烤贩卖摊
天花板高
2600
2100
2600
平面图 1：50

以实现两种功能并可共享时间的场所

白天是邻居们的养老活动中心，晚上是居酒屋。考虑到有的时候两种情况都有，就根据天花板高度的变化、装潢的交替、围合的柜台来分隔出不同的空间。

白天养老活动中心

附近老爷爷、老奶奶的集中地。

晚上居酒屋

到了晚上，普通职员等年轻人也会来到这里，不同年龄段的人在这里相遇。

大学餐厅

工藤和美、堀场弘/ K&H 建筑（Coelacanth K&H）

主要功能	餐饮	种植	活动	商谈
睡觉	学习	游戏	买卖	展示
休闲	工作	运动	租赁	医疗
阅读	手工	监护	交换	住宿

［关键词］

· 通往各种空间的灵活性
· 和外部联系的空间
· 木梁支撑起来的单个房屋

本项目是千叶商科大学附近修建的一个学生食堂，意在使之成为校园内无论何时学生们都能自然集中，并不断创造出新想法的一个新的大学生活根据地。透明玻璃让内外空间连续，使人们能感受到周边的绿意。同时，为了再现自然界中使人感到愉悦的“1/f波动”而排布了木梁结构。木梁排列的幅度就像波浪一样，营造出了一个柔和的环境。不仅是就餐，场地还可以举办研讨会和各种活动，在大径深的檐下廊道里可以度过一段自由的时光。除了学生、教职员工，外校的教师、企业职员、附近的人也能在这个场所里轻松地休憩。

［基本资料］

项目地点：千叶县市川市国府台1-3-1千叶商科大学
建成时间：2015年
设计：工藤和美、堀场弘/ K&H 建筑
业主：学校法人千叶学园
策划：K&H 建筑、学园整修委员会
生产、运营：转机通用办事处
室内装修、家具设计：Line
图表设计：Ciagram
糕点屋菜单监督：自由之丘烘焙店
制服设计：Futuring（numerous）
解说图：关根正悟
项目顾问：Paragraph
施工：竹中工务店
室内装修施工：乃村工艺社
审核性质：大学（食堂）
用地面积：75 994 m^2
建筑占地面积：1213 m^2
总建筑面积：1120 m^2
结构及施工方法：钢结构，部分木结构
用地类型：第一类中高层居住专用地

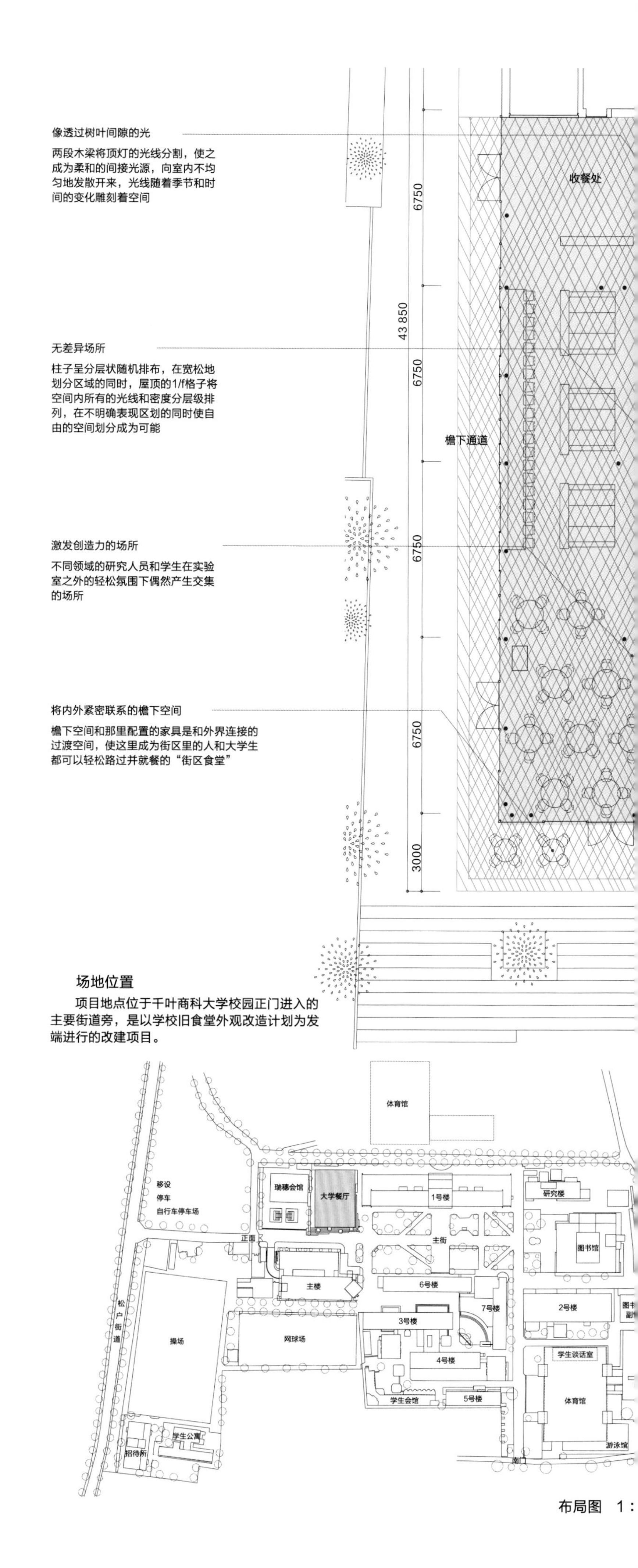
像透过树叶间隙的光
两段木梁将顶灯的光线分割，使之成为柔和的间接光源，向室内不均匀地发散开来，光线随着季节和时间的变化雕刻着空间
无差异场所
柱子呈分层状随机排布，在宽松地划分区域的同时，屋顶的1/f格子将空间内所有的光线和密度分层级排列，在不明确表现区划的同时使自由的空间划分成为可能
激发创造力的场所
不同领域的研究人员和学生在实验室之外的轻松氛围下偶然产生交集的场所
将内外紧密联系的檐下空间
檐下空间和那里配置的家具是和外界连接的过渡空间，使这里成为街区里的人和大学生都可以轻松路过并就餐的“街区食堂”
收餐处
檐下通道
6750
43 850
6750
6750
6750
3000
体育馆
移设
停车
自行车停车场
瑞穗会馆
大学餐厅
1号楼
研究楼
正面
主街
图书馆
主楼
6号楼
松户街道
7号楼
2号楼
3号楼
操场
网球场
4号楼
学生谈话室
体育馆
学生会馆
5号楼
学生公寓
招待所
南门
游泳馆

场地位置

项目地点位于千叶商科大学校园正门进入的主要街道旁，是以学校旧食堂外观改造计划为发端进行的改建项目。

布局图 1:

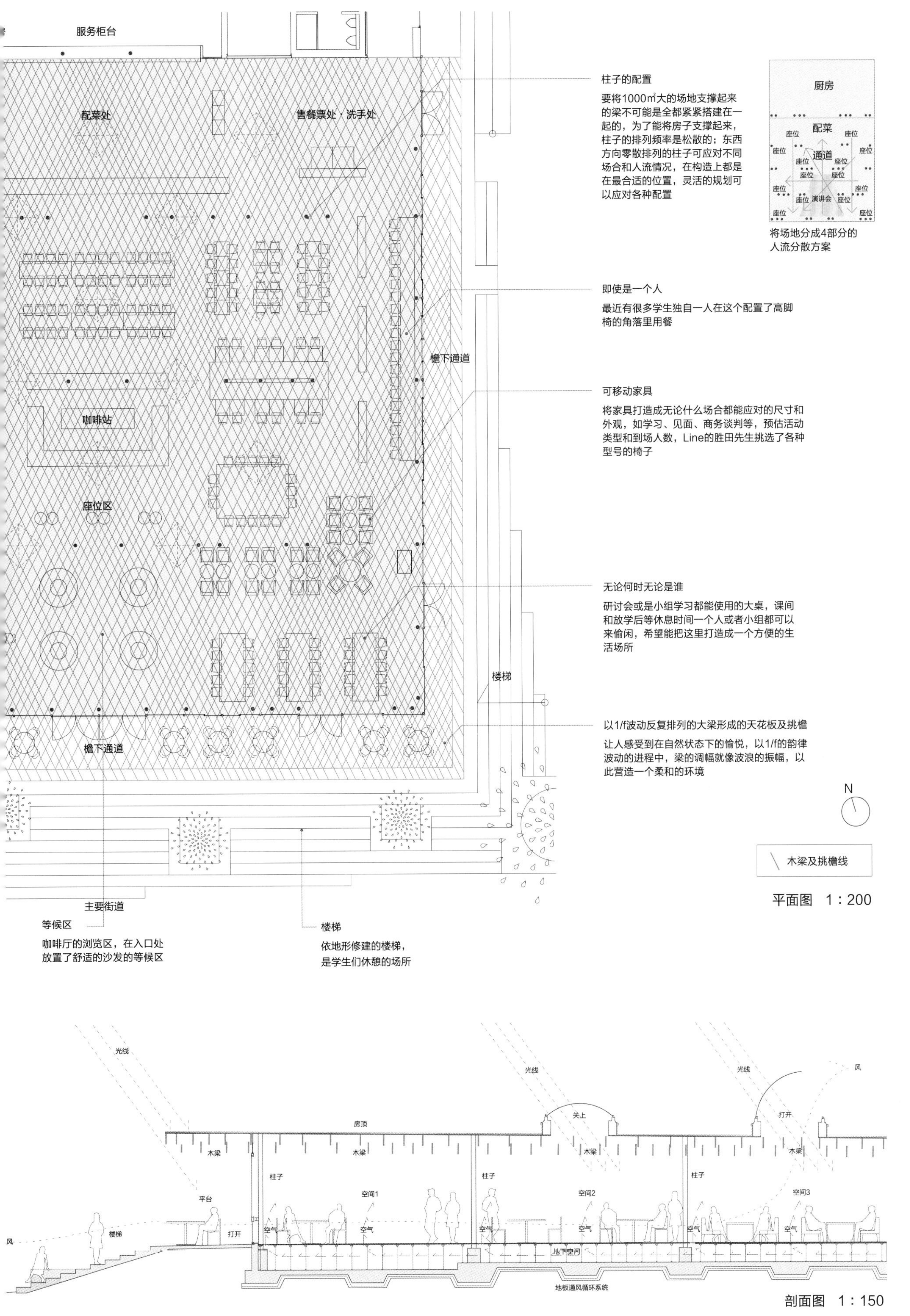
服务柜台
配菜处
售餐票处 · 洗手处
咖啡站
座位区
檐下通道
檐下通道
楼梯
主要街道
柱子的配置
要将1000㎡大的场地支撑起来的梁不可能是全都紧紧搭建在一起的，为了能将房子支撑起来，柱子的排列频率是松散的；东西方向零散排列的柱子可应对不同场合和人流情况，在构造上都是在最合适的位置，灵活的规划可以应对各种配置
厨房
配菜
通道
座位
演讲会
将场地分成4部分的人流分散方案
即使是一个人
最近有很多学生独自一人在这个配置了高脚椅的角落里用餐
可移动家具
将家具打造成无论什么场合都能应对的尺寸和外观，如学习、见面、商务谈判等，预估活动类型和到场人数，Line的胜田先生挑选了各种型号的椅子
无论何时无论是谁
研讨会或是小组学习都能使用的大桌，课间和放学后等休息时间一个人或者小组都可以来偷闲，希望能把这里打造成一个方便的生活场所
以1/f波动反复排列的大梁形成的天花板及挑檐
让人感受到在自然状态下的愉悦，以1/f的韵律波动的进程中，梁的调幅就像波浪的振幅，以此营造一个柔和的环境
N
木梁及挑檐线
平面图　1：200
等候区
咖啡厅的浏览区，在入口处放置了舒适的沙发的等候区
楼梯
依地形修建的楼梯，是学生们休憩的场所
光线
光线
光线
风
风
房顶
关上
打开
木梁
木梁
木梁
木梁
柱子
柱子
柱子
平台
楼梯
打开
空间1
空间2
空间3
空气
空气
空气
空气
空气
空气
地下空间
地板通风循环系统
剖面图　1：150

1/f波动的房顶

用大约1000块木结构的LVL材料（单层压合板）组成上下两段，用细钢筋支起来，根据视线方向和座位的不同营造各种各样的情景。

武藏野公共图书馆

KW+HG 建筑师事务所

主要功能	餐饮	种植	活动	商谈
睡觉	学习	游戏	买卖	展示
休闲	工作	运动	租赁	医疗
阅读	手工	监护	交换	住宿

[关键词]

· 包围使用者的柔和空间
· 相互协调的组合空间
· 独立性与关联性共存的空间

建筑位于武藏野车站附近，是一个拥有四种功能（图书馆、终身学习、市民活动、青少年活动）的复合公共设施。整个建筑像是由宝盖一样的小空间重复组合起来的。由墙壁和天花板的连续曲面形成各种空间，拥有变化丰富的光影和色彩以及恰到好处的声响，将使用者柔和地环绕于其中。这样的组合空间就像是相互关联的复杂器官，既能独立进行各项活动，又能够很好地融合在一起使用。所有年龄的人都可以在这里找到适合自己不同使用目的的空间，并且能够自然而然地产生舒畅的感觉。这座建筑最终成为一种新型的公共空间。

[基本资料]

项目地点：东京都武藏野市境南町2-3-18
建成时间：2011年
设计：KW+HG 建筑师事务所
业主：武藏野市
策划：KW+HG 建筑师事务所、武藏野市
运营：公益财团法人武藏野终身学习振兴事业团体
施工：藤田-白石-清本建设共同企业体
审核性质：图书馆
用地面积：2166.2 m²
建筑占地面积：1571.47 m²
总建筑面积：9809.76 m²
结构及施工方法：地上：钢筋混凝土结构
地下：钢筋混凝土结构
建筑层数：地上4层，地下3层
用地类型：商业用地

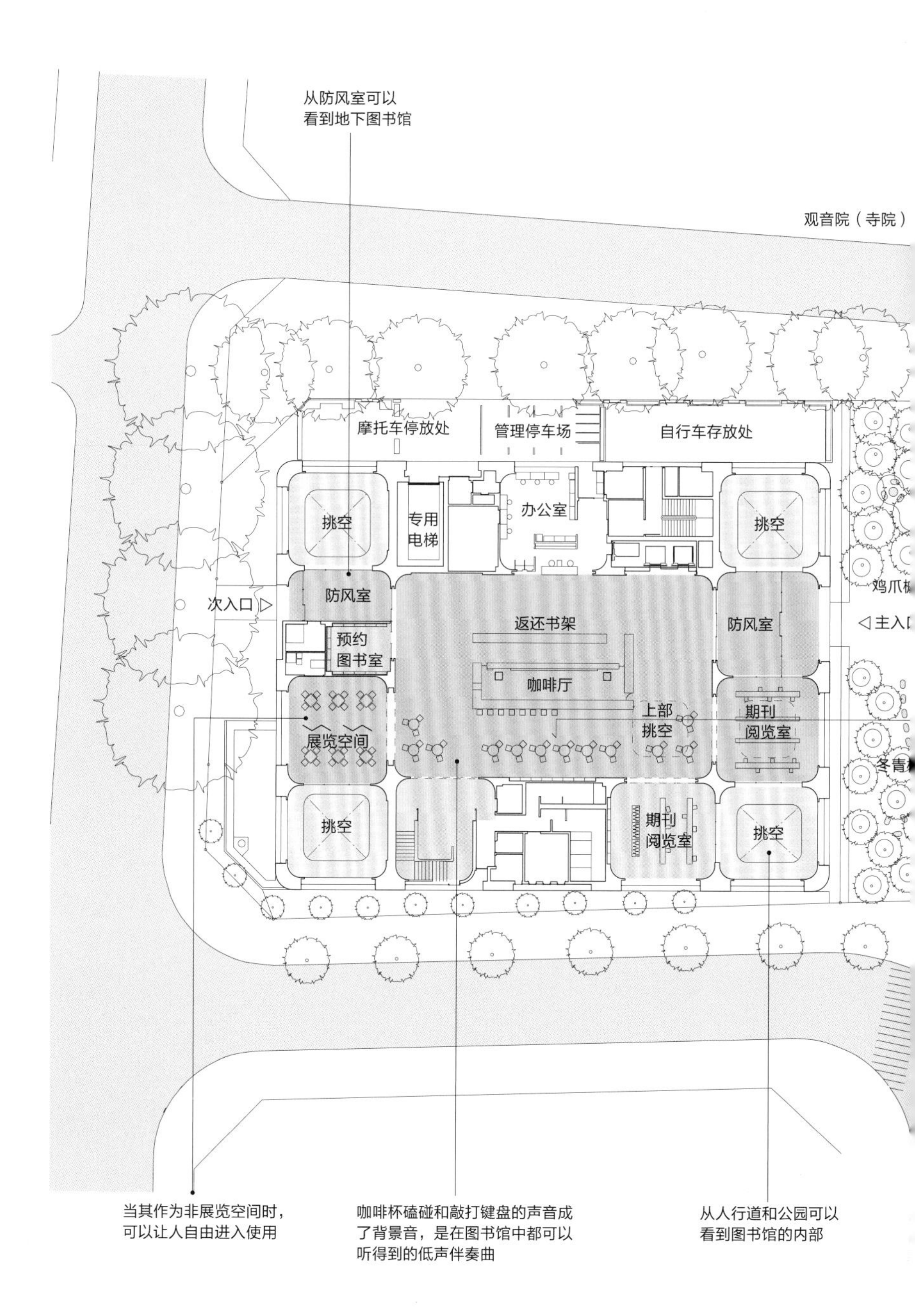

从防风室可以
看到地下图书馆
观音院（寺院）
摩托车停放处
管理停车场
自行车存放处
挑空
专用
电梯
办公室
挑空
次入口
防风室
返还书架
防风室
主入口
预约
图书室
咖啡厅
上部
挑空
期刊
阅览室
展览空间
挑空
期刊
阅览室
挑空
当其作为非展览空间时，
可以让人自由进入使用
咖啡杯磕碰和敲打键盘的声音成了背景音，是在图书馆中都可以听得到的低声伴奏曲
从人行道和公园可以
看到图书馆的内部

主阅览室位于B1层，
是一个被书籍环绕起来的阅读空间

上部
挑空
办公室
上部
挑空
主阅览室
上部
挑空
上部
挑空

B1层主阅览室平面图 1：600

沿着外围的空间行走，
就形成了一个声音渐变的空间

在地下空间中，从挑空的四周向外看
可以感受到被阳光和绿树包围的开阔

地的椭圆形草坪广场，周围围绕着一圈休闲长椅和桌子，
识的人可以轻松地在一起，看护在草地上玩耍的孩子，
一种似乎大家是一体的感觉

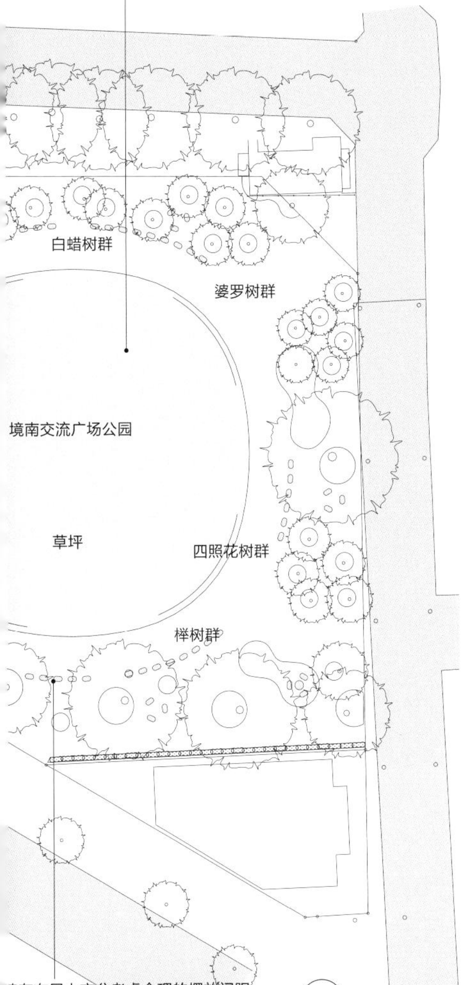

白蜡树群
婆罗树群
境南交流广场公园
草坪
四照花树群
榉树群

奇在布局上充分考虑合理的摆放间距，
仑是一个人还是两个人以上共同使用
与舒适的感觉

N

一层公园休息区平面图及公园布局图 1：600

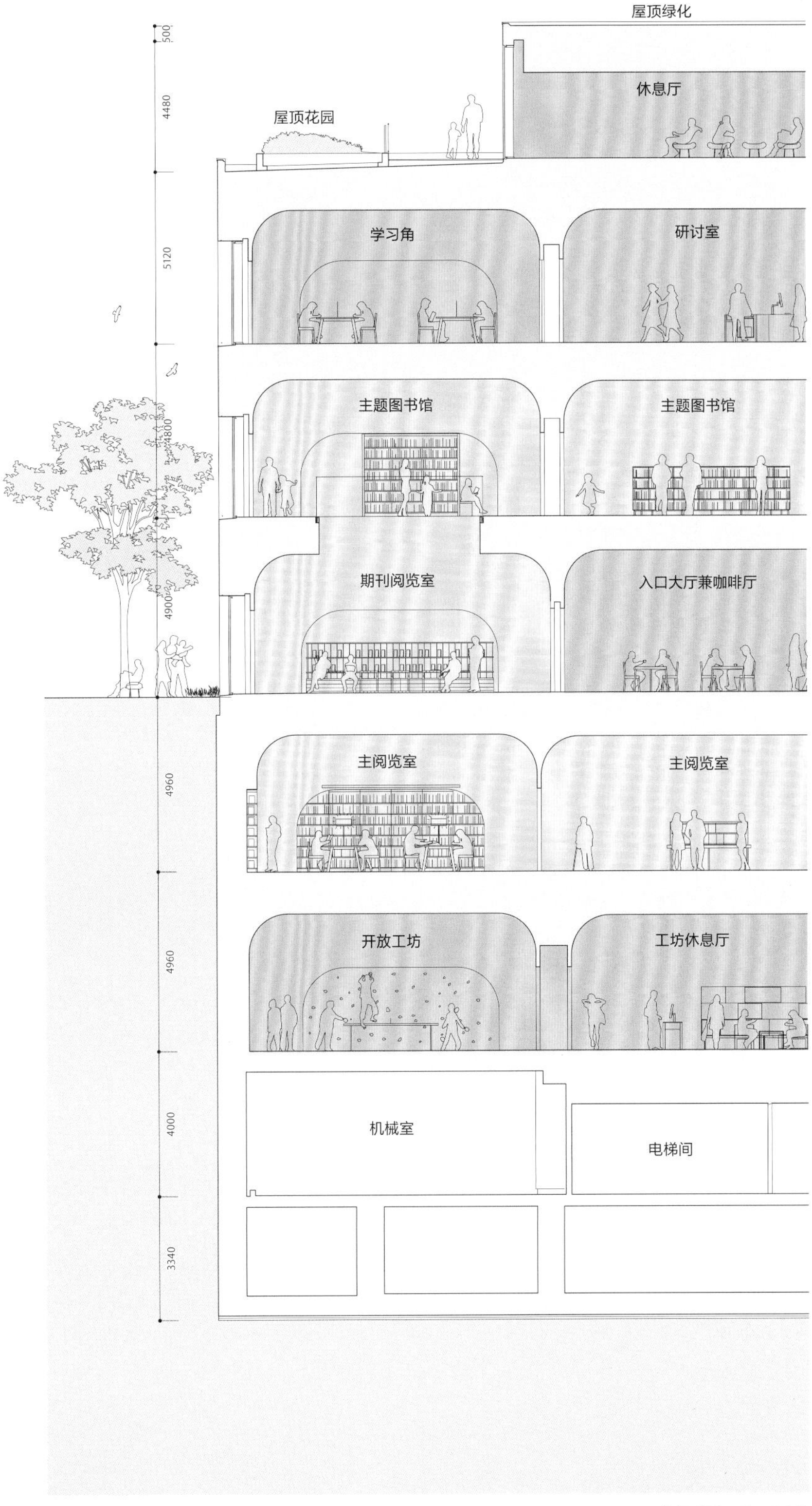

氐龄儿童的空间，营造了
出声音并自由活动和玩耍

考虑到武藏地区的地域特征，在这个
图书馆内挑选了能够让父母和孩子共
同阅读的书籍

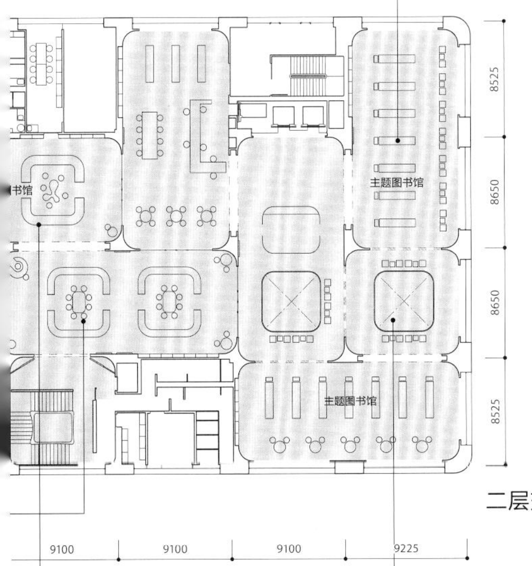

书馆
主题图书馆
主题图书馆

8525 8650 8650 8525

9100 9100 9100 9225

二层交流阅览室平面图 1：600

空间相互联系，形成了超
空间单元的连续活动空间

通过挑空能够感受到
树木沙沙作响的声音

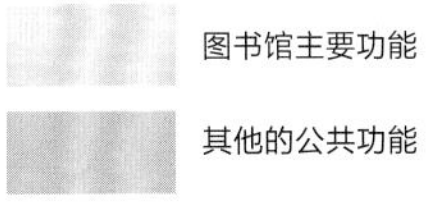

屋顶绿化
休息厅
屋顶花园
学习角
研讨室
主题图书馆
主题图书馆
期刊阅览室
入口大厅兼咖啡厅
主阅览室
主阅览室
开放工坊
工坊休息厅
机械室
电梯间

500 4480 5120 4800 4900 4960 4960 4000 3340

剖面图 1：200

图书馆主要功能
其他的公共功能

18 共享公寓

LT城西

成濑·猪熊建筑设计事务所

主要功能	餐饮	种植	活动	商谈
睡觉	学习	游戏	买卖	展示
休闲	工作	运动	租赁	医疗
阅读	手工	监护	交换	住宿

[关键词]

· 立体的构成
· 没有单独的走廊空间
· 100 m²的共享空间

这座建筑是为了满足13个人共同居住而建造的共享公寓。共享公寓通常情况下是由既有建筑改造而成，但是这座建筑是完全新建的，因此可以自由地创造一种具有全新空间模式的共享公寓。

具体而言，建筑在建造过程中，采用木结构常用的模块构成手法，通过两种模块空间进行立体组合之后，形成13个房间，并且根据2.5层的划分方式调整建筑物的高度，最终形成了凹凸复杂的立体空间。共享的空间兼有走廊功能，这样就合理地创造出宽敞空间，使得共用的起居室、餐厅、壁龛能够各自独立地分布在空间之中，让聚集在这里生活的没有血缘关系的人，既能像在家里一样自由使用各种空间，也能够拥有一定的距离感。

[基本资料]

项目地点：爱知县名古屋市西区城西3
建成时间：2013年
设计：成濑·猪熊建筑设计事务所
业主：个人
策划：成濑·猪熊建筑设计事务所
运营：Decoon
施工：Zaiso House
审核性质：公寓
用地面积：629.06 m²
建筑占地面积：169.95 m²
总建筑面积：321.58 m²
专属空间：172.24 m²（一户面积为13.24 m²）
共享空间：149.34 m²
结构及施工方法：木结构
建筑层数：2.5层
用地类型：第一类居住用地

将房间入口降低半层，使得个人空间和公共空间能够恰好保持使人感觉舒适的距离
在空间的中心部分布置供大家使用的餐桌
中庭
1号房间
厨房
餐厅
盥洗室
2号房间
玄关
起居室1
3号房间
4号房间
5号房间
自行车停车位
自行车停车位
N
前方道路
通过在起居室的三面墙上装饰壁龛，营造出令人安心舒适的空间

布局图兼一层平面图 1：2

模式图

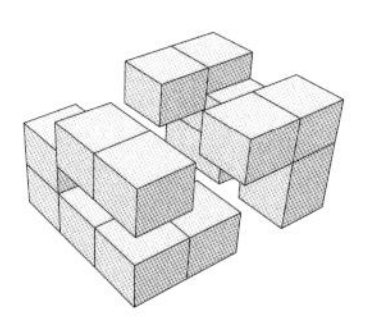

个人空间

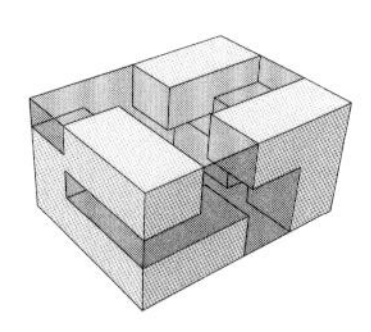

共享空间

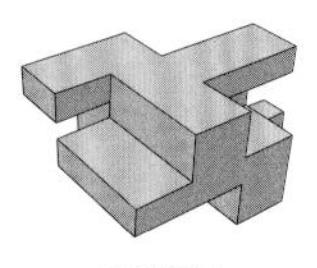

公共空间

专属空间与共享空间的关系

在图中，灰色表示个人房间，橙色为共享空间。将私密的个人空间进行立体组合，进而将剩余的空间作为共享空间。因此最终形成了形状凹凸、结构复杂的共享空间。

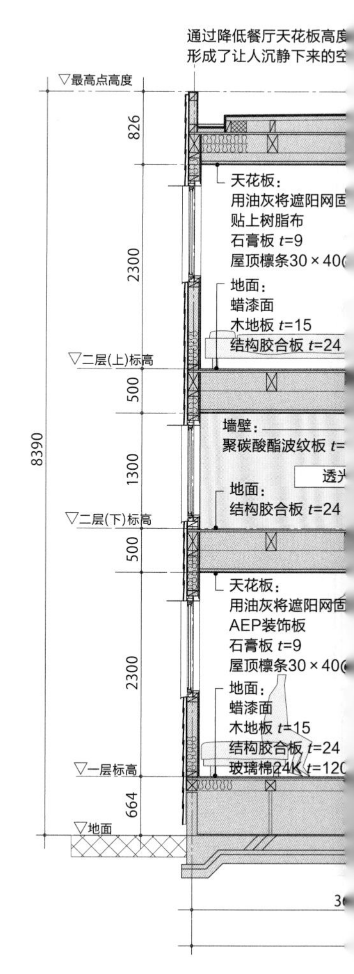
通过降低餐厅天花板高度
形成了让人沉静下来的空
▽最高点高度
826
天花板：
用油灰将遮阳网固
贴上树脂布
石膏板 t=9
屋顶檩条30×40
2300
地面：
蜡漆面
木地板 t=15
结构胶合板 t=24
▽二层(上)标高
500
墙壁：
聚碳酸酯波纹板 t=
1300
8390
地面：
结构胶合板 t=24
▽二层(下)标高
500
天花板：
用油灰将遮阳网固
AEP装饰板
石膏板 t=9
屋顶檩条30×40
2300
地面：
蜡漆面
木地板 t=15
结构胶合板 t=24
玻璃棉24K t=120
▽一层标高
664
▽地面

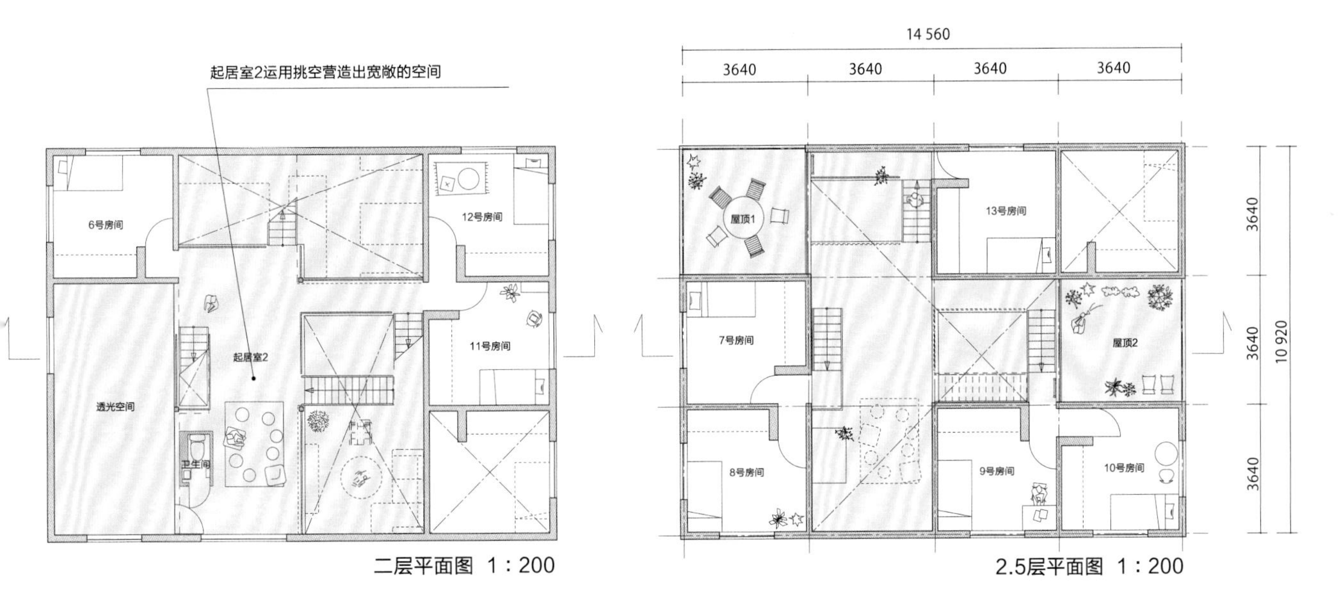
起居室2运用挑空营造出宽敞的空间
6号房间
12号房间
起居室2
11号房间
透光空间
卫生间
14 560
3640
3640
3640
3640
屋顶1
13号房间
7号房间
屋顶2
8号房间
9号房间
10号房间
3640
3640
3640
10 920

二层平面图 1：200

2.5层平面图 1：200

收益性和空间丰富性的并存

在这个建筑中，所有的房间都能够保证7.5张榻榻米的大小，建筑面积按照人数划分的话，则相当于每个人的专有面积约为23m²，与周边新建的单身公寓面积相当，甚至于超过其面积。因为没有单独设置走廊空间，而是将其融入共享空间的营造中，因此实现了建筑面积的高效利用。

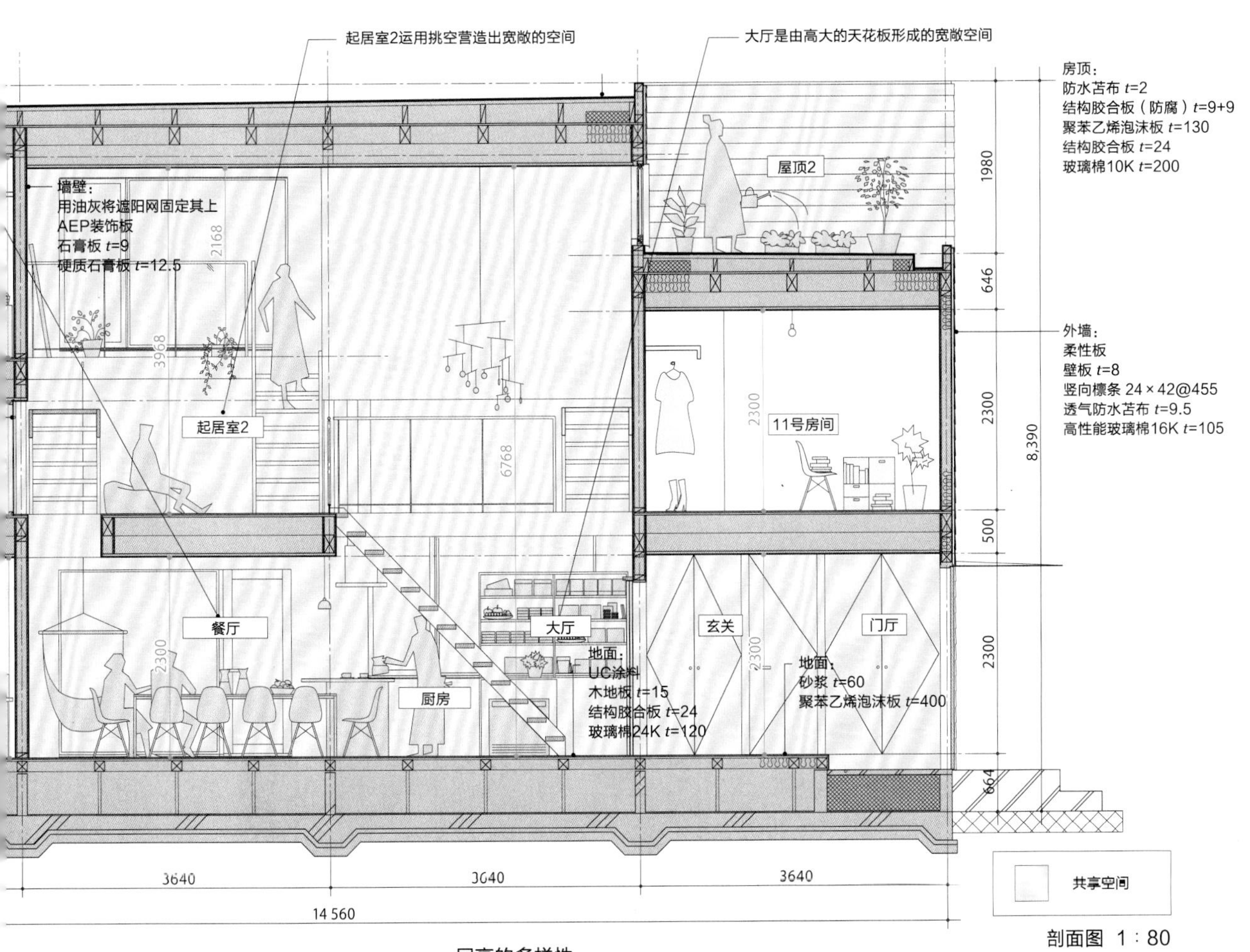
起居室2运用挑空营造出宽敞的空间
大厅是由高大的天花板形成的宽敞空间
房顶：
防水苫布 t=2
结构胶合板（防腐）t=9+9
聚苯乙烯泡沫板 t=130
结构胶合板 t=24
玻璃棉10K t=200
墙壁：
用油灰将遮阳网固定其上
AEP装饰板
石膏板 t=9
硬质石膏板 t=12.5
屋顶2
外墙：
柔性板
壁板 t=8
竖向檩条 24×42@455
透气防水苫布 t=9.5
高性能玻璃棉16K t=105
起居室2
11号房间
餐厅
大厅
厨房
玄关
门厅
地面：
UC涂料
木地板 t=15
结构胶合板 t=24
玻璃棉24K t=120
地面：
砂浆 t=60
聚苯乙烯泡沫板 t=400
1980
646
2300
500
2300
664
8,390
2168
3968
6768
2300
2300
2300
3640
3640
3640
14 560
共享空间

剖面图 1：80

层高的多样性

建筑层高设计为2.5层，因而形成了多种多样的空间。例如，玄关、餐厅、房间的层高为1层，而起居室的层高为1.5层，厨房和大厅的层高为2.5层，如此形成了有机多样的场所。具有不同功能与性质的空间组合变化，使得居住在这里的人可以选择各自喜爱的地方，自由自在地生活。

柏之叶开放创新实验室（31 Ventures Koil）

成濑·猪熊建筑设计事务所

主要功能	餐饮	种植	活动	商谈
睡觉	学习	游戏	买卖	展示
休闲	工作	运动	租赁	医疗
阅读	手工	监护	交换	住宿

［关键词］

· 贯通的公共空间
· 多样化的天花板高度、光源色温、装饰、家具
· 留有可调节的空间

创新中心超越了以往企业和个人的组织结构，创造了协同工作的办公空间平台。为了能够在Koil中协调与促进各个部门的交流，既设计了多样化的天花板高度、光源色温、装饰、家具，又围绕着中心设置了功能多样的公共空间。使用者可以根据各自需要，自由选择工作空间，并在使用共享功能的过程中，增加与其他使用者接触交流的机会。

在设计整合多样空间的过程中，自然也增加了许多的制约性。通过使整体空间多样化，满足了使用功能与频率都不同的多种工作方式。因此，创造了与以往办公空间不同的场所，具有后期调节与改造的可能性。

［基本资料］

项目地点：千叶县柏市若柴178-4柏之叶园区148街区2号门广场商店&办公楼6层
建成时间：2014年
设计：成濑·猪熊建筑设计事务所
业主：三井不动产
策划：三井不动产、阁楼工作室（Loft Work）
运营：三井不动产
施工：乃村工艺社
审核性质：事务所
规划面积：2576 m^2
结构及施工方法：钢筋混凝土结构，部分钢结构
用地类型：商业用地

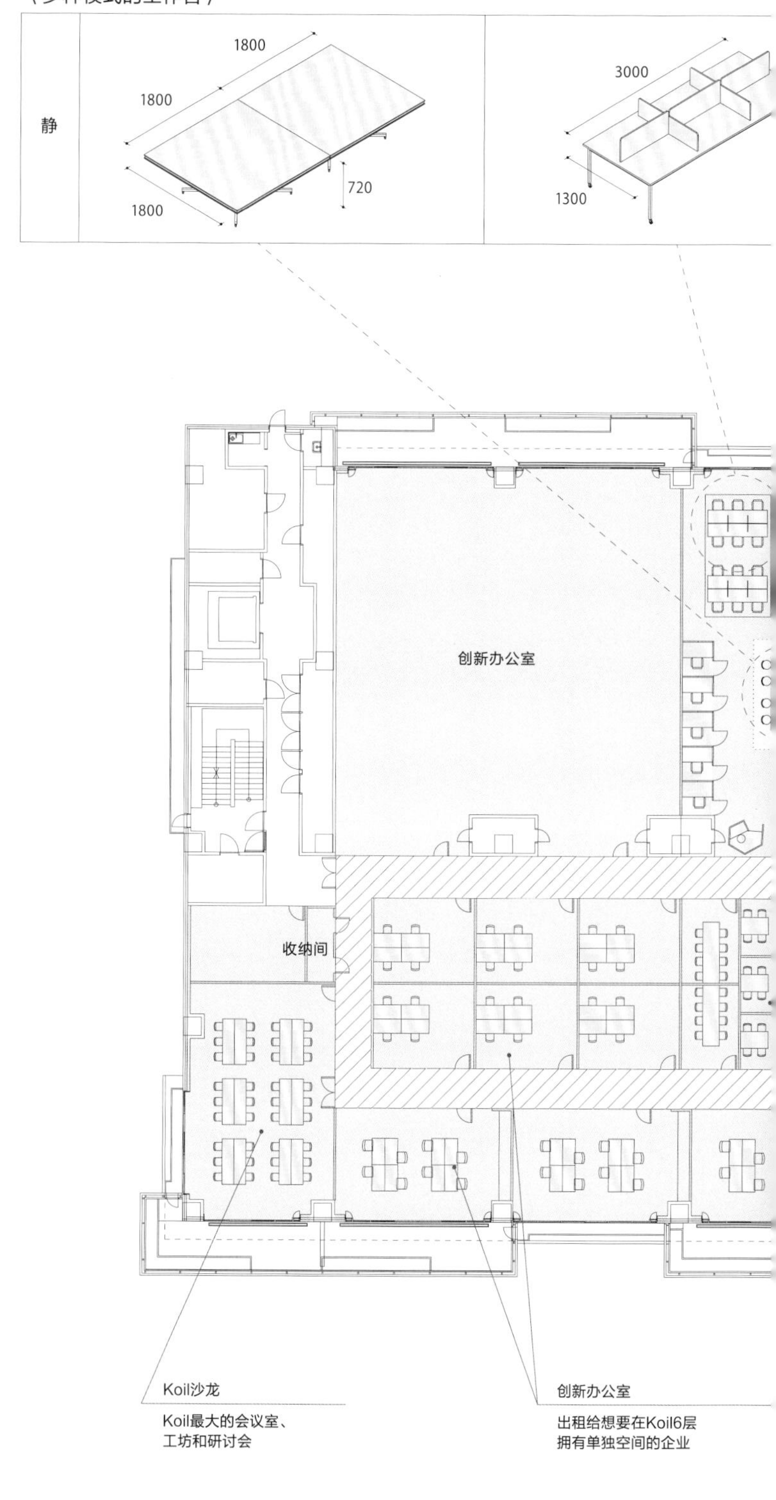
〈多种模式的工作台〉
静
1800
1800
1800
720
3000
1300
创新办公室
收纳间
Koil沙龙
Koil最大的会议室、工坊和研讨会
创新办公室
出租给想要在Koil6层拥有单独空间的企业

多样化使用的Koil工作室

可移动工作台可进行多种组合，支持各种各样的活动场景。

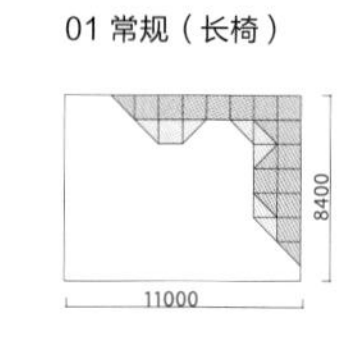
01 常规（长椅）
8400
11000

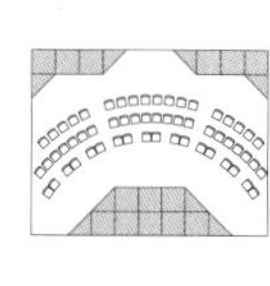
02 演讲

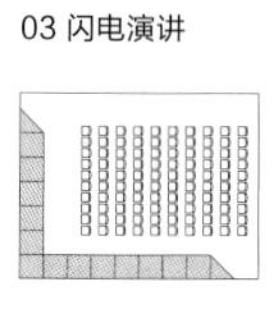
03 闪电演讲

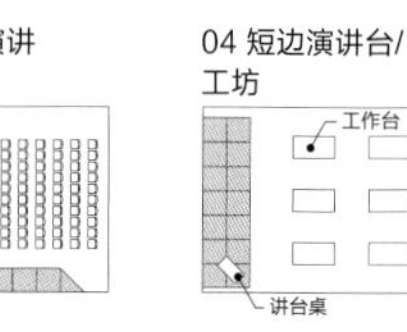
04 短边演讲台/工坊
工作台
讲台桌

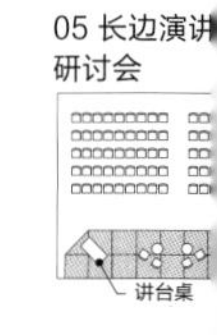
05 长边演讲/研讨会
讲台桌

06 中央演讲台

07 分为两部分使用

08 派对

饮品桌

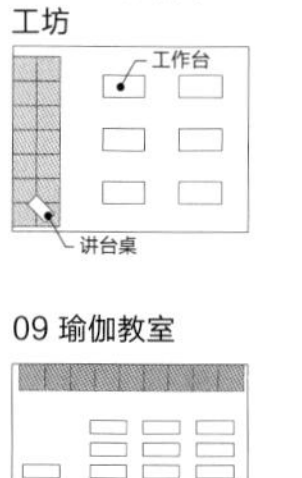
09 瑜伽教室
瑜伽垫

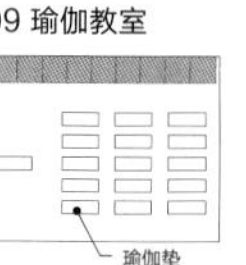
10 展示空间

可移动工作台 高200 高400 高800

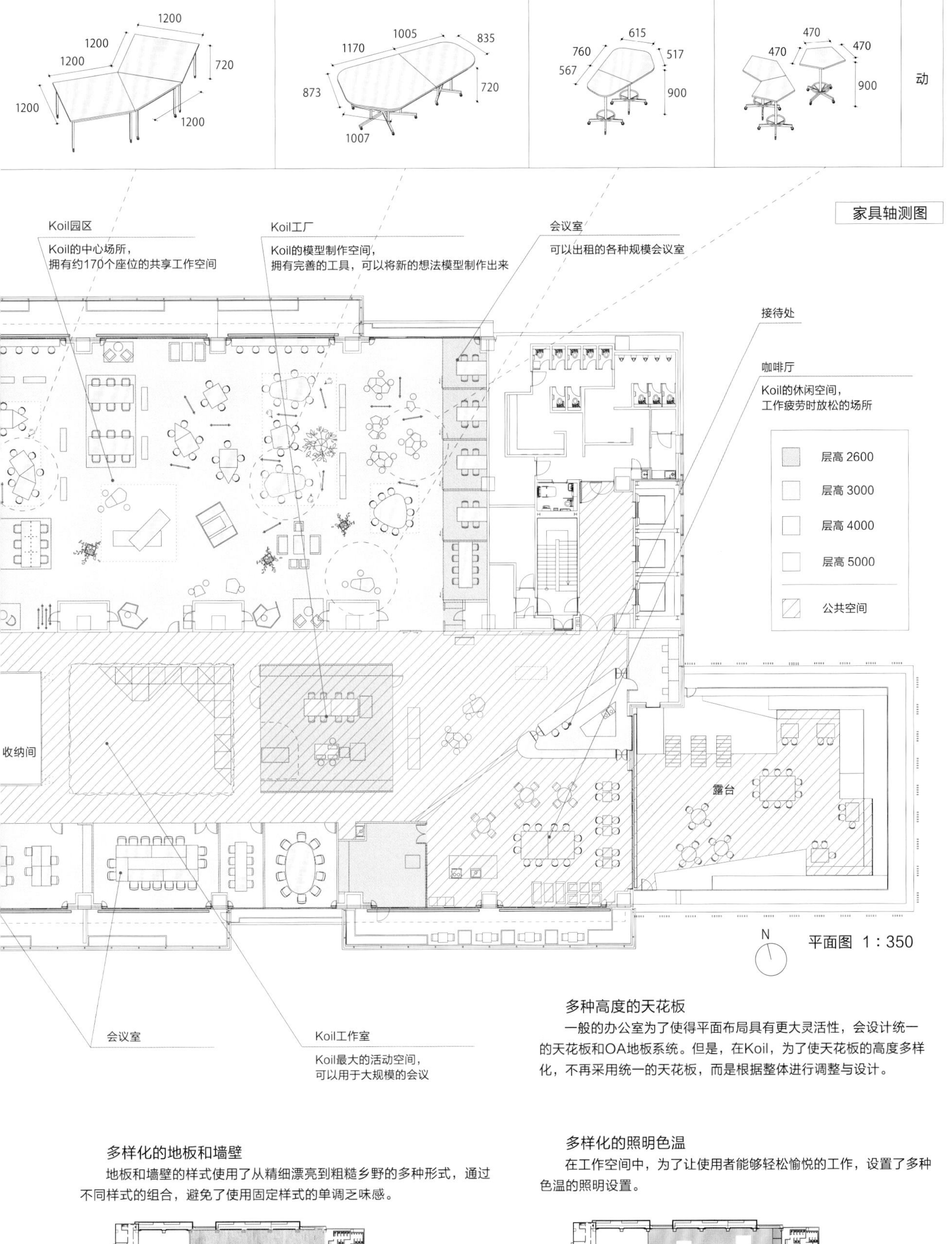
1200
1200
1200
720
1200
1200
1005
1170
835
873
720
1007
615
760
517
567
900
470
470
470
900
动
家具轴测图
Koil园区
Koil的中心场所，
拥有约170个座位的共享工作空间
Koil工厂
Koil的模型制作空间，
拥有完善的工具，可以将新的想法模型制作出来
会议室
可以出租的各种规模会议室
接待处
咖啡厅
Koil的休闲空间，
工作疲劳时放松的场所
层高 2600
层高 3000
层高 4000
层高 5000
公共空间
收纳间
露台
N
平面图 1：350
会议室
Koil工作室
Koil最大的活动空间，
可以用于大规模的会议

多种高度的天花板

一般的办公室为了使得平面布局具有更大灵活性，会设计统一的天花板和OA地板系统。但是，在Koil，为了使天花板的高度多样化，不再采用统一的天花板，而是根据整体进行调整与设计。

多样化的地板和墙壁

地板和墙壁的样式使用了从精细漂亮到粗糙乡野的多种形式，通过不同样式的组合，避免了使用固定样式的单调乏味感。

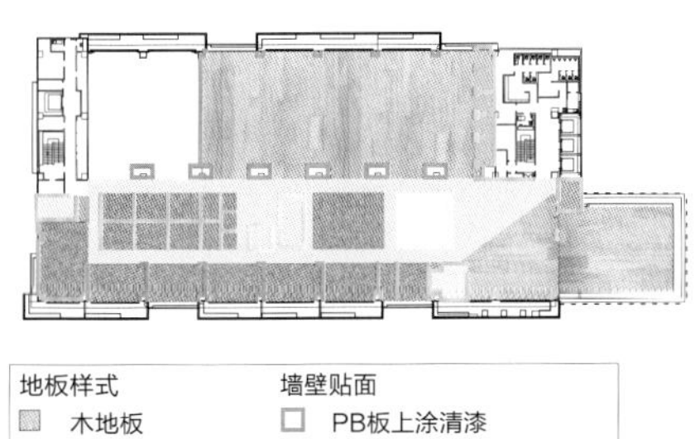
地板样式
木地板
拼合地毯
P瓷砖
橡胶地砖
墙壁贴面
PB板上涂清漆
柔性板贴面
AEP装饰板
菠萝木板材

多样化的照明色温

在工作空间中，为了让使用者能够轻松愉悦的工作，设置了多种色温的照明设置。

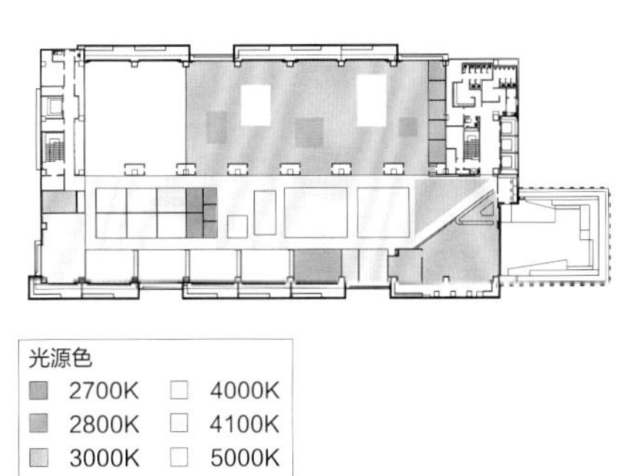
光源色
2700K
2800K
3000K
3500K
4000K
4100K
5000K

中央线高架桥下的空间改造项目——东小金井社区站及流动站

重写（Rewrite）建筑设计事务所

主要功能	餐饮	种植	活动	商谈
睡觉	学习	游戏	买卖	展示
休闲	工作	运动	租赁	医疗
阅读	手工	监护	交换	住宿

［关键词］

· 创造高架桥下的入口
· 局部与整体分离的构成形式
· 通过各式各样“留白”营造的高架桥下空间

伴随JR中央线的连续立体交通工程建设，高架桥下通过开发也形成了游憩空间。这个空间是充分利用具有地域性差异的餐饮店、杂货店、自行车租借设施等作为游览节点，从而达到地域共生的空间改造案例。该项目作为建筑中的商业设施，其平面和剖面上充满了多种形式的“留白”空间，只占用很小部分的建筑容积率，并且营造出了氛围轻松的活动场地。对于像这样性质特殊的空间改造项目，运营者不能只关注建筑设计本身，策划立项、工程计划、租赁协助等各方面的事务都需要参与。同时，作为今后的设施运营管理者，需要定期策划一些能够带动地域发展的活动，并且能够持续贯彻这种运营理念。此外，也需要考虑在商业设施的形象设计中，是否体现了地区特性。

［基本资料］

项目地点：东京都小金井市梶野町5
建成时间：2014年
设计：重写（Rewrite）建筑设计事务所
业主：JR中央线 Mall
策划：重写（Rewrite）株式会社、
重写建筑设计事务所
运营：JR中央线 Mall、重写株式会社
施工：菊池建设
审核性质：商品销售店、餐饮店
用地面积：2128.61 m²
建筑占地面积：693.22 m²
总建筑面积：693.22 m²
结构及施工方法：钢结构
建筑层数：1层
用地类型：第一类居住用地、第一类低层居住专用地

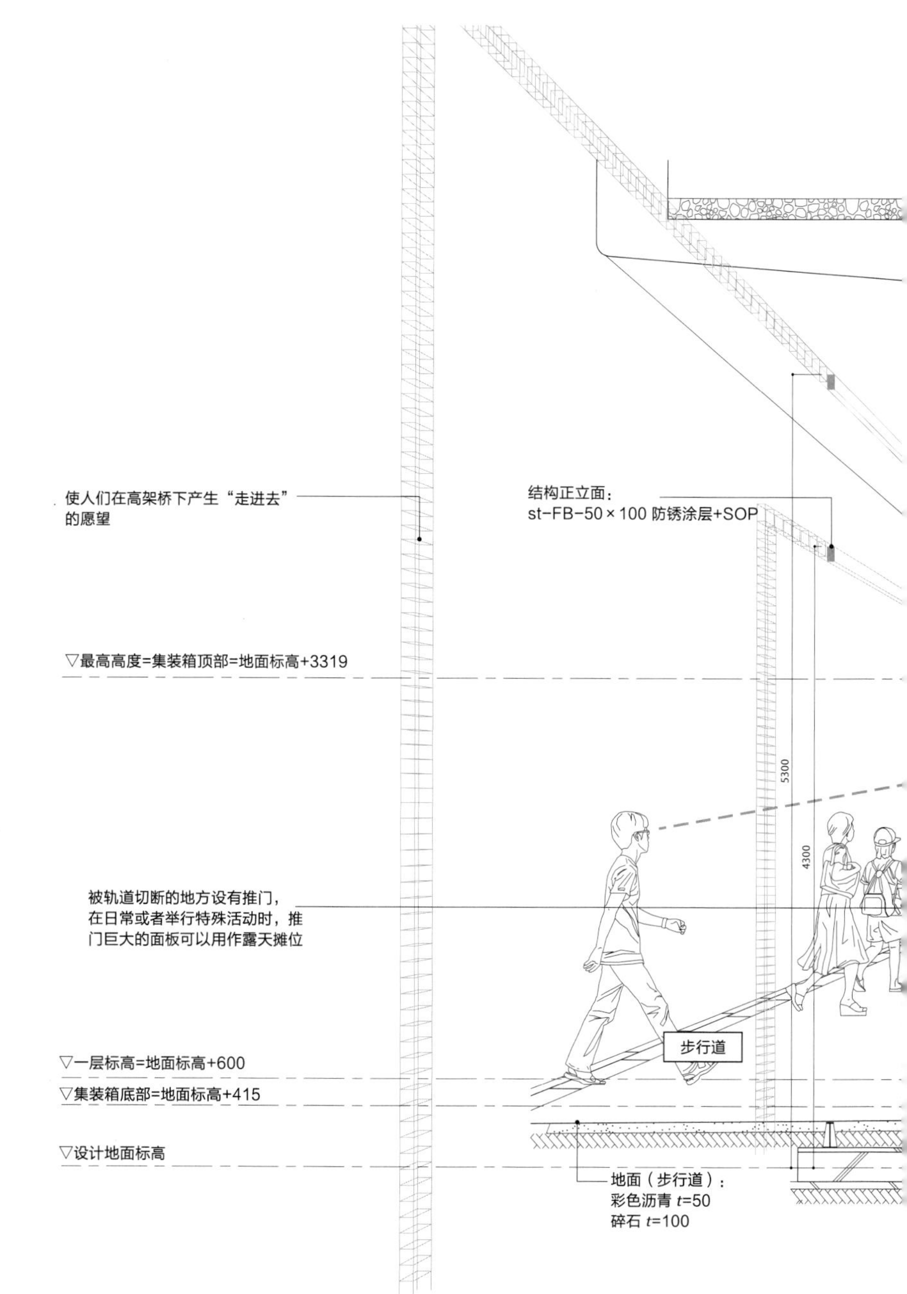
使人们在高架桥下产生“走进去”的愿望
结构正立面：
st-FB-50×100 防锈涂层+SOP
▽最高高度=集装箱顶部=地面标高+3319
5300
4300
被轨道切断的地方设有推门，在日常或者举行特殊活动时，推门巨大的面板可以用作露天摊位
步行道
▽一层标高=地面标高+600
▽集装箱底部=地面标高+415
▽设计地面标高
地面（步行道）：
彩色沥青 t=50
碎石 t=100

局部与整体分离的构建形式

建筑本身是由40个模数统一的6.096m海运集装箱组成。作为钢结构的建筑，在建筑审核申请时只需针对集装箱这一部分进行申请。因为建筑外部全部采用无装饰的不锈钢，墙面以及门扇也是不锈钢的，因此在审核时不需要作为建筑物申请。这种从施工、结构到适用法规都是将局部与整体分离处理的手段，使得项目在实施过程中的成本和工程管理可以随时根据大家的意见进行调整。

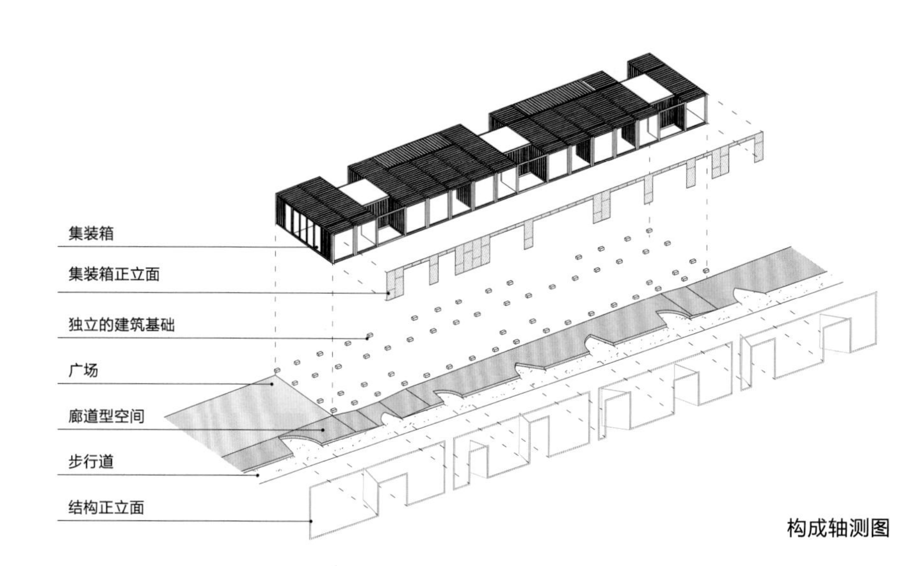
集装箱
集装箱正立面
独立的建筑基础
广场
廊道型空间
步行道
结构正立面

构成轴测图

通过“留白”营造的高架桥下空间

为了改变人们对高架桥下空间光线暗淡的印象，项目通过控制建筑物本身的高度，使人们能够在一侧的步行道上看到高架桥另一侧的天空，并且在中央地带设置了一个开阔的广场。同时，为了使高架桥下空间与室内空间具有整体感，在场地靠近道路一侧的立面上设置了白色的钢结构框架。

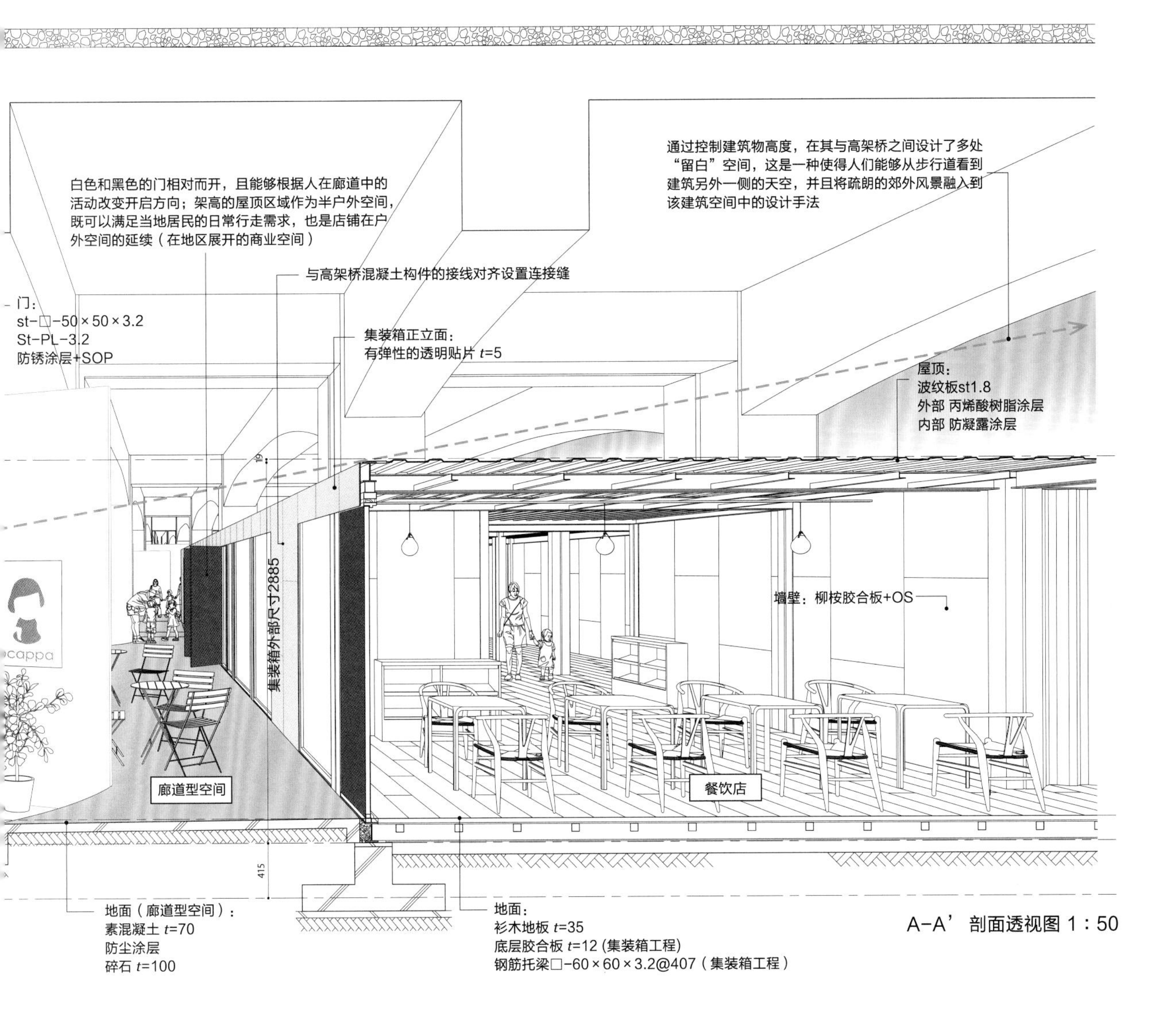
白色和黑色的门相对而开，且能够根据人在廊道中的活动改变开启方向；架高的屋顶区域作为半户外空间，既可以满足当地居民的日常行走需求，也是店铺在户外空间的延续（在地区展开的商业空间）
与高架桥混凝土构件的接线对齐设置连接缝
门：
st-□-50×50×3.2
St-PL-3.2
防锈涂层+SOP
集装箱正立面：
有弹性的透明贴片 t=5
通过控制建筑物高度，在其与高架桥之间设计了多处“留白”空间，这是一种使得人们能够从步行道看到建筑另外一侧的天空，并且将疏朗的郊外风景融入到该建筑空间中的设计手法
屋顶：
波纹板st1.8
外部 丙烯酸树脂涂层
内部 防凝露涂层
集装箱外部尺寸2885
墙壁：柳桉胶合板+OS
廊道型空间
餐饮店
415
地面（廊道型空间）：
素混凝土 t=70
防尘涂层
碎石 t=100
地面：
衫木地板 t=35
底层胶合板 t=12（集装箱工程）
钢筋托梁□-60×60×3.2@407（集装箱工程）

A-A’剖面透视图 1：50

创造通往高架桥下的入口

在白色结构正立面的门扇设计中，注重体现视觉开阔的效果，使行人在高架桥下行走时，能够产生“走进去”的愿望。同时建筑物本身的入口处有黑色向外开的门，通过黑与白的对比，形成了能够吸引人们行走于其中的廊道空间。

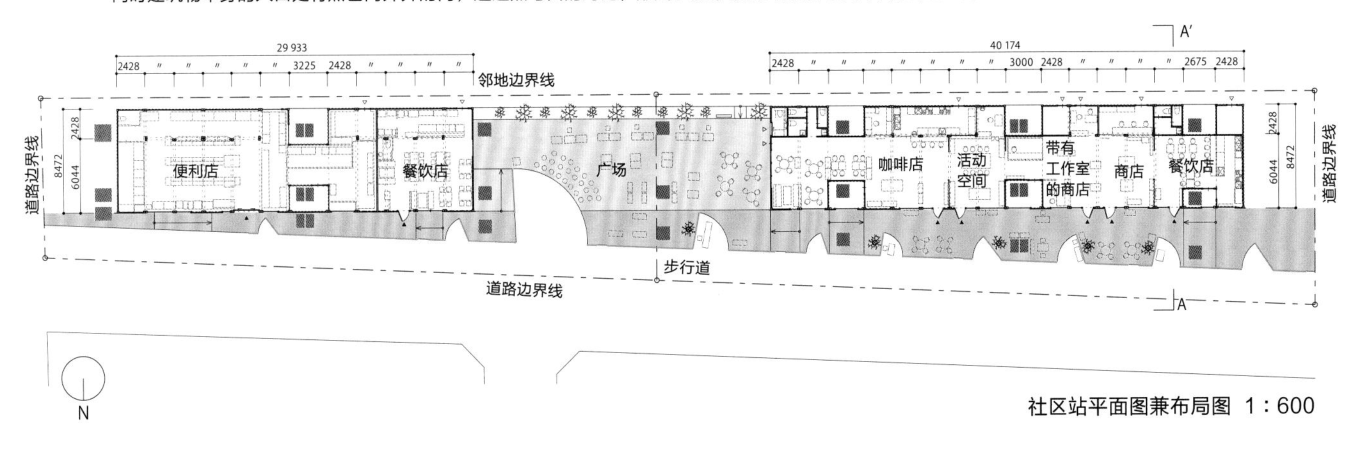
29 933
2428 3225 2428
40 174
2428 3000 2428 2675 2428
A'
邻地边界线
道路边界线
8472
6044
2428
便利店
餐饮店
广场
咖啡店
活动空间
带有工作室的商店
商店
餐饮店
步行道
道路边界线
A
N

社区站平面图兼布局图 1：600

社区站立面图 1：600

从项目前期开始
制定相关体系，
创造新的地域性场所

——关于中央线高架桥下的空间改造项目，想就几个主题跟您交流一下。首先可以请您给我们介绍一下这个项目开始的原委吗？

籾山：项目开始之前，中央线沿线就开展了相关活动。2009年，通过当地也就是立川的社区频道，以街道改造为主题开展了相关采访活动（东京Westside）。借着这个契机，2010年立川的电影院街等商店街，开始着手进行“活用空店铺”的项目。首先是向空店铺的主人借使用权，然后将其更新改造为社区咖啡店、共享办公室，同时开始运营。包括我在内的所有参与者，大家都有自己的工作，与本职工作相比，做这件事更像是一种进行“课外活动”的感觉。

随后，立川周边的人们相互联系，在中央线沿线进行相关工作的人逐渐增多，从而在2012年正式开始了这个项目。业主由中央线高架桥下空间改造开发组担当，JR中央线Mall则是作为JR的子公司。当时，JR刚刚完成了三鹰至立川的高架工程，形成了全长9km、面积70000m^{2}的全新空间。从以前就积极推进活用高架桥下空间相关项目的JR公司，一直都在考虑如何活用中央线沿线土地，提高其价值。

但是到那时为止，在市中心部分进行的高架桥下空间开发，一般都是以所谓的像车站商业设施这种国营连锁商店的介入为前提，设定了高额的租金，当然工程建设也很费钱。对于在郊区也采用这种开发方式究竟是否可行，以及是否具有可持续发展性等问题，大家都存在着疑虑。于是，我们大家在构想阶段，就在思考如何能够创造一种将高架桥下的空间充分利用起来，并且体现郊区空间魅力的开发方式。

在那个时期，我们讨论的关键词是“地方社区”，一直思考如何吸引地方居民参与进来，将这个公共空间的利用与经营作为自己事情来看待，共同创造富有魅力的场所。

——从那个阶段开始，为了使整个地区参与进来，都采取了什么措施呢？

籾山：在第一阶段，我们制作了“诺诺瓦（Nonowa）”这本地区杂志。制作这本杂志的目的是想要深入挖掘地区的隐含魅力。可以这样认为，我们之中大部分人，对于自己一直生活着的地区附近的车站，真的了解很少。人们拿到杂志，因为看到杂志上的内容，开始跟随上面的相关介绍或者提示在自己的街道，或者是乘坐电车去邻近的街道散步，这样就达到了增加街道可游览性的目的。

同时，杂志的编集原则不是以介绍现有的车站商业设施，也就是入驻的国有连锁商店为核心，而是以介绍具有地域魅力的个体店为主，从而将这本地区杂志赋予了更重要的价值。这种做法对于第二阶段以后项目深入地区开展起到了敲门砖的作用。

第二阶段，在发行地区杂志的同时，我们每个月还会招募嘉宾开展访谈活动，尝试与地区进行实际接触。对于嘉宾而言，因为参加了访谈活动，会把这件事当作自己的事来对待，渐渐地提高了对于本项目的兴趣。这样自然而然就达到了提高人们对于整条街道的关注度和兴趣点的目的。

最初，我们只是招募在当地生活的人作为嘉宾来参与每次大概20人左右的小规模活动。后来采取同知名人士对话的形式，扩大成每次100人的大规模活动。在谈话活动进行的同时，也逐渐增加了街道散步、品尝食物等参与性活动，促进了社区的建设。当然，杂志也会一起参与活动的策划，并且在每期杂志的刊头都会刊登活动的相关报道。

通过举办各种活动，项目援助者、参与者一点点增加，更多的志愿者被召集，并且由杂志自主运营“诺诺瓦网络（NonowaNetwork）”。尤其在地区官网上刊登的网络杂志上，大概会有100人以上查阅，每个月组织的学习会大概有20名左右的人参加，并且更新5-10篇记事。

就这样终于进行到项目的第三阶段。“我们需要像这样能够举办地区活动，以及作为社区中心的场所”这种呼声越来越高。同时，也有人提出这样的建议：这个场所不应该是完全盈利或者完全不盈利的空间，而是应该将其作为公共设施，由民间企业共同参与建设的场所。

在人群聚集的场所，很容易产生热闹繁华的场景，商业机会也就会随之在这里形成。因此，我们对于这里的定义就是“小商业”。同时也考虑到，如果地区的人们都参与这里的商业设施建设，就可以将场所建设所需要的资金筹措出来，作为这个社区空间今后可持续发展的保证。

因此，从考虑到种种前提条件的概念性规划阶段开始，整个项目的规划与收支、租户引领与建筑设计等都是通盘考虑的，也就是说这是一个将各种情况都综合考虑与权衡的项目。

——可以给我们讲一下，作为这个场所营造的前提条件，项目进行的过程中，都采取了什么样的措施吗？

籾山：从规划阶段开始，我们一边考虑预想的具体商户类型并进行听证会，一边收集相关的资料进行项目收入支出的计算，包括尽量减少作为建筑主体结构的集装箱的使用，以及设计时间和施工时间也要尽可能缩短。

我们将项目所需要建设的设施分为几大部分，包括社区公共部分（5个分区、7个租户）和一般店铺区（2个分区），在规划过程中控制各种资金的投入等事项，因此最终入驻的全国连锁商店只有罗森百货。

社区公共部分的规划中计划对商户采取分阶段收取租金、减少入驻初期费用的形式，目的是想让本地的租户也可以承担得起进驻的费用。其中包括工作室区域，40m^{2}的空间由三组民间艺术家共同分享，这样就可以减少每一组的租金费用。这些以个人名义活动的艺术家多是在全国各地的手工艺品市场开设店铺，像这样通过共享的方式开一个小

租户和社区团体定期在巷子里的半户外空间举行活动

店铺，具有与之前情况不同的优势。

还有，开业之后，为了长期参与这个地方的管理运营工作，我们承担了社区一部分（4个分区、6个租户）的委托租赁工作。在业务委托与运营管理的方法上，我们会站在同租户一样的立场上，一同见证这个地方的使用情况，思考在开业后如何使这里形成良好的业态，以及决定是否需要我们的干预。

——如果从业主的立场上考虑，肯定是希望能够获得最大限度的使用容积率，但是这次的情况并非如此，你们是怎么说服业主接受这种情况的呢？

籾山：通常情况下，为了使租赁空间的使用面积最大化，在场地内会充满各种过大的建筑设施。这种处理方式，并不是位于郊外的“与地区居民融合共处的场所”所追求的效果。

我们想要高架桥下的空间创造出能够弹性使用的半户外场所，使场所可以作为活动空间使用。这也就意味着，没有实际使用的空间并不是没有用的“留白空间”，而是要将其作为积极的多样化空间使用。为了达到这样的目的，就要最大化地压缩内部空间，使内部空间在规划时能够紧凑一些，达到使用效率最大化。

——为了创造“留白空间”，在规划过程中都采用了什么方法实现这种效果？

籾山：首先是在场所内设置了被称为“屏幕”的类似门板的白色框架构筑物，在建筑物和充满繁荣气息的店铺间形成了类似胡同的廊道状半户外空间（半公共性空间）。然后，在用地的中央区域，为了适应地区举办大型活动的需求，设置了大型广场（公共空间）。整个空间的隐喻是“屏幕”，不仅在内部空间如此，在半户外空间以及广场都有类似的设施。像这样的留白空间可以使得高架桥下成为承载地区各种活动的公共性空间。

同时，这种半公共性空间也是计入到租户合同中租赁面积上的，因此这些空间也是允许各个租户自由使用的。在店铺的营业时间内，可以利用这个空间摆放桌椅，提供咖啡，或者摆放一些商品。在活动的时候，也允许店铺在外面搭建一些临时的小房或者其他设施作为售卖的地点。

——在这个空间中举办活动的频率是怎样的？

籾山：“家族文化节”是一个涉及地区全体成员的活动，每半年举办一次。除此之外，租户还可以自行策划一些活动，与地区的相关团体一起，定期举办一些活动。

例如，在“家族文化节”的时候，店家要按照策划方案调整当天的运营活动，不仅全体入驻人员是活动主体，周边区域的一些小商户也会参与进来，共同举办活动。到现在为止，已经举办了三次这个活动，包括入驻商户在内的话大约有30个店铺参与活动，并且来参加活动的人逐渐增加。在开业两周年时（2016年11月）举办的活动中，每天有超过4900人参与，已经跟地区形成良好的互动关系，相互促进成长。

初期，举办这种活动是由活动组织者承担大部分的活动费用。随着活动的展开，运营主体向商户自身转移，活动组织者承担的费用减少，这样就增加了活动自身的可持续性。

——从策划开始，到沟通设计以及后期运营，在对于如何推动这个项目所进行的思考中，您对平衡经营团队和设计团队之间的关系有什么心得，或者说，从籾山先生的立场来看，这种项目需要怎样的建筑师？

籾山：首先，在我们的组织中，也就是所谓的开发者“经营团队”中是有明确责任划分的，包括以策划为中心的成员，他们都不是房地产方面的专家。

这个项目能够顺利运行有一个大的前提，那就是不仅是设计师，所有与项目相关的成员对于项目都有深刻的理解，并且对于场所如何使用持有自己的观点。还有，我们是可以和投资人直接对话的组织，所有事情的处理方式都是为了项目的顺利进行，因此制定相关制度是最重要的事情。不仅如此，在这个项目中，我们改变了以实体建造为设计核心的狭隘观念，我们需要的是“广义的设计”。

建筑师的工作，一方面拥有艺术家、作家的创造特征，另一方面也需要与客户充分沟通，因此建筑师所承担的责任与工作角色是多样、复杂的。在现今时代，建筑师不应该对“广义的设计”这个理念抱着怀疑的态度，而是要通过与客户诚恳的交流对话，使自己的作品能够与社会有效接轨，产生新的价值，为社会做出更大的贡献。作为建筑师必须要考虑的事情，就是为我们的生活提供更多丰富多彩的场所，这也是当前需要持续不断做下去的事情。

从右开始第六位是籾山先生 ©ryoma suzuki

籾山真人，重写（Rewrite）株式会社董事长

1976年出生于东京都立川市，2000年东京工业大学社会学本科毕业，2002年研究生院毕业。2002年进入埃森哲公司工作。2008年成立重写（Rewrite）株式会社。中央线高架桥下空间改造项目开始之后，注重从项目前期开始就使整个社区参与在内，从而创造出以前没有的新价值。2016年获得地区最佳设计奖（东小金井社区站）等。

盐尻市市民交流中心（Enpark）

柳泽润/当代建筑（Contemporaries）

主要功能	餐饮	种植	活动	商谈
睡觉	学习	游戏	买卖	展示
休闲	工作	运动	租赁	医疗
阅读	手工	监护	交换	住宿

［关键词］

·壁柱创造的“包围且开敞的”空间系统
·无中心的空间构成
·无走廊的共享空间

作为长野县盐尻市大门地区中心街道的活性化场所，这座建筑融合了图书馆、市民沙龙、会议室、多功能大厅、商工会议所、民间办公室等多种功能。盐尻市现在的人口约为68000人，为了振兴以前作为商业街的大门地区，使地区重获活力，需要解决一个最大的问题——如何增加人流量。97个薄预制混凝土壁柱随机分布在逐渐萧条的商业街空间中，使市民可以自发组织活动的开放空间成倍地增加了。壁柱创造的建筑空间密度适宜，无论市民在哪里活动，都能够对彼此隐约可见，也就是所谓的完全没有封闭空间的建筑。

［基本资料］

项目地点：长野县盐尻市大门一番町12-2
建成时间：2010年
设计：柳泽润/当代建筑
业主：大门中央地区街区再开发公会
策划：盐尻市
运营：盐尻市
施工：北野建设-松本土建特定建设工程共同企业体
审核性质：图书馆、市民交流中心、事务所、饮食商铺
用地面积：4937.45 m^2
建筑占地面积：3388.71 m^2
总建筑面积：11 901.64 m^2
结构及施工方法：钢筋混凝土结构、基础防震结构，部分钢结构
建筑层数：地下1层，地上5层
用地类型：商业用地

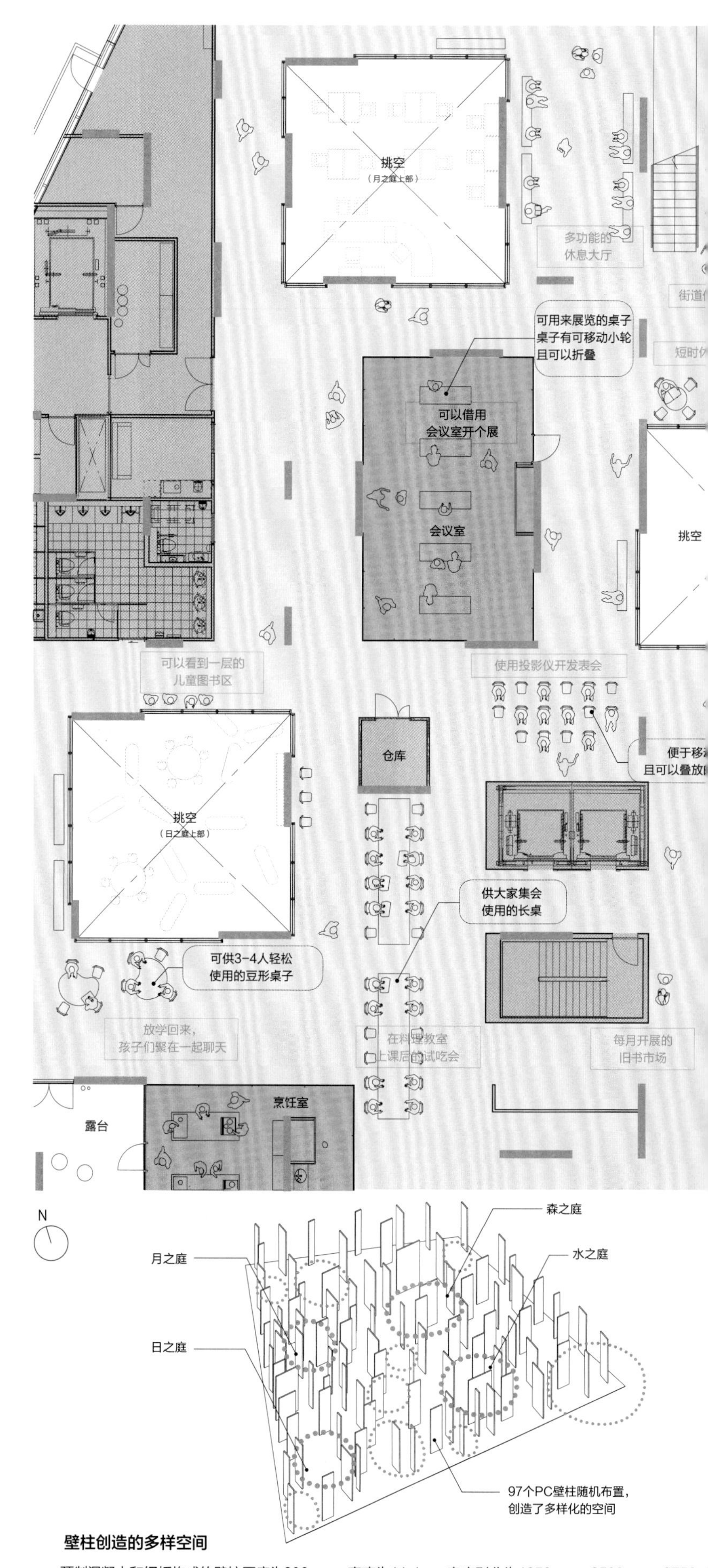

挑空
（月之庭上部）
多功能的
休息大厅
可用来展览的桌子
桌子有可移动小轮
且可以折叠
可以借用
会议室开个展
会议室
挑空
可以看到一层的
儿童图书区
使用投影仪开发表会
仓库
挑空
（日之庭上部）
供大家集会
使用的长桌
可供3-4人轻松
使用的豆形桌子
放学回来，
孩子们聚在一起聊天
在料理教室
上课后的试吃会
每月开展的
旧书市场
露台
烹饪室
N
森之庭
月之庭
水之庭
日之庭
97个PC壁柱随机布置，
创造了多样化的空间

壁柱创造的多样空间

预制混凝土和铜板构成的壁柱厚度为206mm，高度为11.4m，宽度则分为1250mm、2500mm、3750mm、5000mm四种类型。这些壁柱被精心布置在1250mm的网格中。这种壁柱设置，既确保了图书馆、市民沙龙、社区、会议室、多功能大厅等各项功能的实现，也促进了场所使用方式的多样化，并且增加了互动的空间。

市民沙龙

在三层的市民沙龙区域，使用者可以自由地在没有走廊的开放空间中自发组织活动。壁柱和5个高大的挑空将空间柔性分隔，使得空间中的视线通透，并且具有可以自由移动的300套桌椅，是一个可以满足不同规模的活动在此共同进行的场所。在这座建筑中，通过壁柱和家具的使用，人们可以找到并且使用功能多样的空间，最终营造出一个类似公园的公共性场所，大家可以于其中共同赏景。

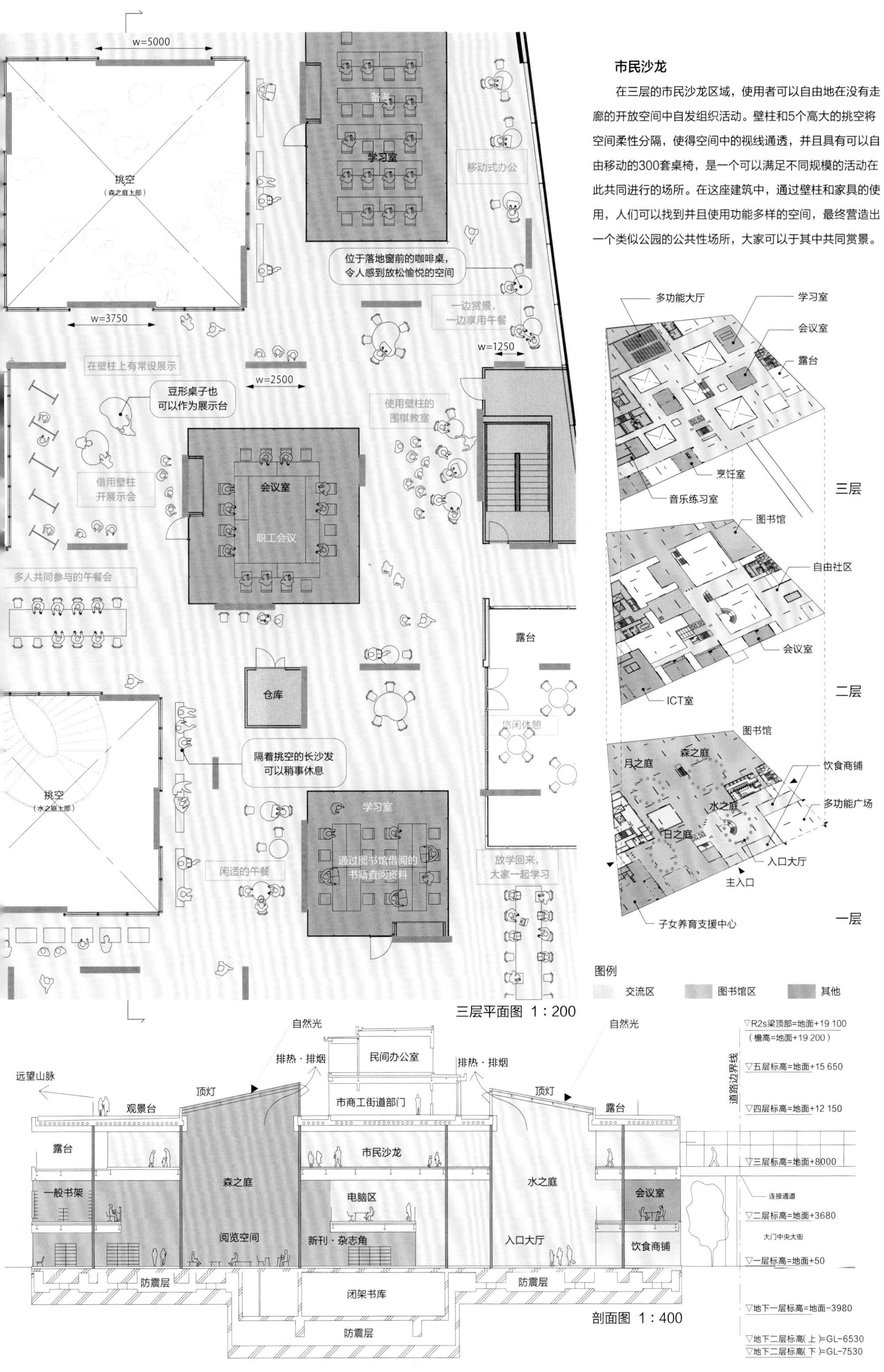
w=5000
挑空
(森之庭上部)
w=3750
学习室
移动式办公
位于落地窗前的咖啡桌，令人感到放松愉悦的空间
一边赏景，一边享用午餐
w=1250
在壁柱上有常设展示
w=2500
豆形桌子也可以作为展示台
使用壁柱的围棋教室
会议室
职工会议
借用壁柱开展示会
多人共同参与的午餐会
露台
仓库
悠闲休憩
隔着挑空的长沙发可以稍事休息
挑空
(水之庭上部)
学习室
通过图书馆借阅的书籍查阅资料
闲适的午餐
放学回来，大家一起学习
多功能大厅
学习室
会议室
露台
烹饪室
音乐练习室
三层
图书馆
自由社区
会议室
ICT室
二层
图书馆
月之庭
森之庭
饮食商铺
水之庭
多功能广场
日之庭
入口大厅
主入口
子女养育支援中心
一层
图例
交流区
图书馆区
其他
自然光
民间办公室
排热 · 排烟
远望山脉
顶灯
观景台
市商工街道部门
露台
市民沙龙
森之庭
水之庭
一般书架
电脑区
会议室
阅览空间
新刊 · 杂志角
入口大厅
饮食商铺
防震层
闭架书库
防震层
防震层
道路边界线
▽R2s梁顶部=地面+19 100
(檐高=地面+19 200)
▽五层标高=地面+15 650
▽四层标高=地面+12 150
▽三层标高=地面+8000
连接通道
▽二层标高=地面+3680
大门中央大街
▽一层标高=地面+50
▽地下一层标高=地面-3980
▽地下二层标高(上)=GL-6530
▽地下二层标高(下)=GL-7530

三层平面图 1：200

剖面图 1：400

图书馆、子女养育兼青少年援助、市民活动、老年活动及商业援助五个部门在平面和剖面中融洽地共存。

长冈市政厅

隈研吾建筑都市设计事务所

主要功能	餐饮	种植	活动	商谈
睡觉	学习	游戏	买卖	展示
休闲	工作	运动	租赁	医疗
阅读	手工	监护	交换	住宿

[关键词]

- 与街道互动的网络型市政厅
- 人群聚集在有顶棚的“中庭”广场
- 功能杂糅的马赛克式平面

长冈市原有市政厅位于长冈站前，无法满足抗震性要求。因此，2004年中越地震之后，为了替代作为防灾场所的原有市政厅，建设了长冈市政厅（Aore长冈），强化了其处理应对灾害的相关功能。

为了充分利用现有建筑和活用新建建筑，新市政厅在设计的时候，有意识地采用了分散式布局手法，与市中心街区的现有形态相融合，使之成为市民活动交流的场所。这座建筑建成后，周边建筑中超过1100名的工作人员迁移到此处办公，办公场所与市民活动设施共存的形态促进了工作人员和市民之间交流互动的自发产生，使得街道的互动性和整体魅力得以提升。

[基本资料]

项目地点：新潟县长冈市大手通1-4-10
建成时间：2012年
设计：隈研吾建筑都市设计事务所
业主：长冈市
运营：长冈市、NPO法人长冈未来创造联合组织、NPO法人市民联合组织长冈
施工：大成-福田-中越-池田市政厅建筑工事特别共同企业体
审核性质：市政厅建筑（事务所）、集会场所、汽车车库、商店及餐饮店、银行分行、带顶棚的广场
用地面积：14 938.81 m^2
建筑占地面积：12 073.44 m^2
总建筑面积：35 492.44 m^2
结构及施工方法：钢筋混凝土结构（部分钢结构、预制混凝土结构）
建筑层数：地下1层，地上4层
用地类型：商业用地

网络型市政厅

本案例不仅是一个市政厅建筑，同时也在市政厅周围融入了许多其他功能，也就是说这里不仅包括了办事窗口、会议厅、休息厅等场所，也包括为市民活动创造的中庭场所。建筑内的餐饮店和停车场所仅设计了最低限度的使用量，多余需求通过街区内的其他餐馆和自助停车场来解决，这样也使该建筑与周围环境产生了和谐的共享关系。

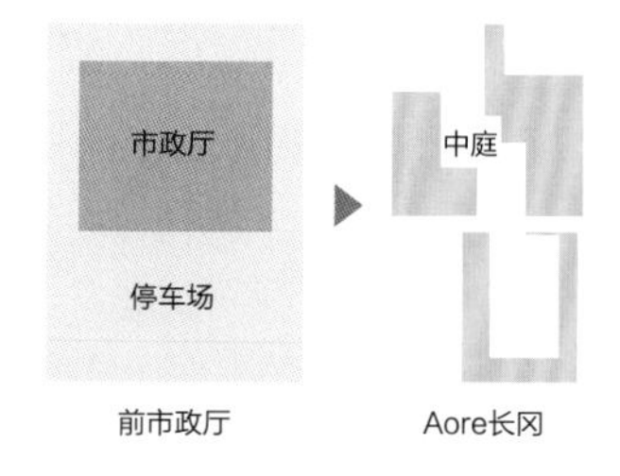
市政厅
停车场
中庭
前市政厅
Aore长冈

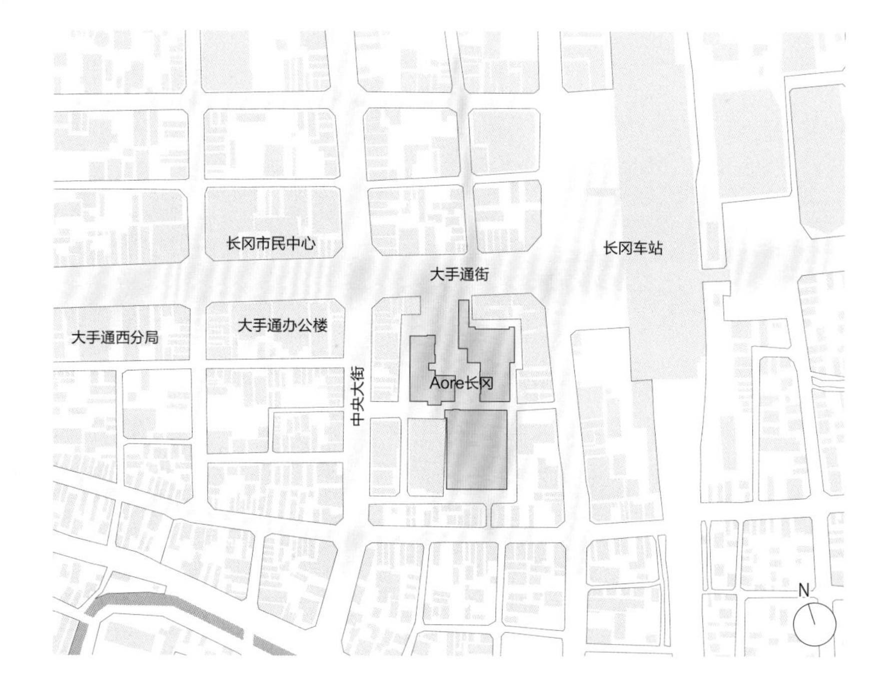
长冈市民中心
长冈车站
大手通街
大手通西分局
大手通办公楼
中央大街
Aore长冈
N

创造了一个立体的活动空间，为市民遮挡风雪的大屋顶

分布于多幢建筑的市民联合中心、休息厅、会场、剧场等为市民使用的空间，围绕着中庭以马赛克式的点状形式布置。同时，在建筑设计中，市政厅的功能通过中庭和天台相互连接，使得职员的往来空间同市民活动空间融合。而大屋顶能够将各幢建筑有机连接，在为市民遮挡风雪的同时，也增强了空间的整体感和繁荣度。

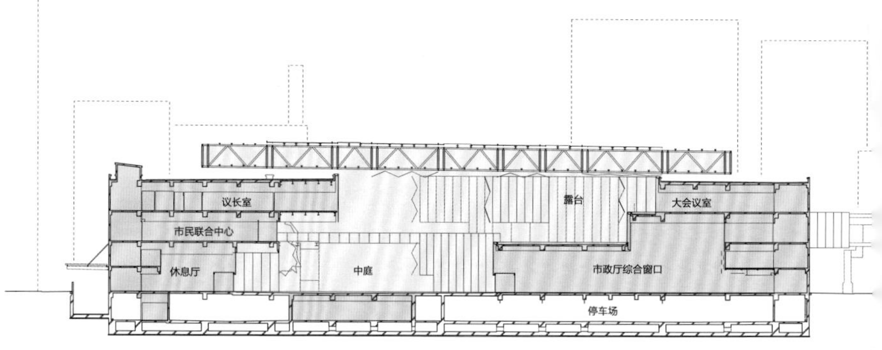
议长室
露台
大会议室
市民联合中心
休息厅
中庭
市政厅综合窗口
停车场

中庭剖面图 1：1000

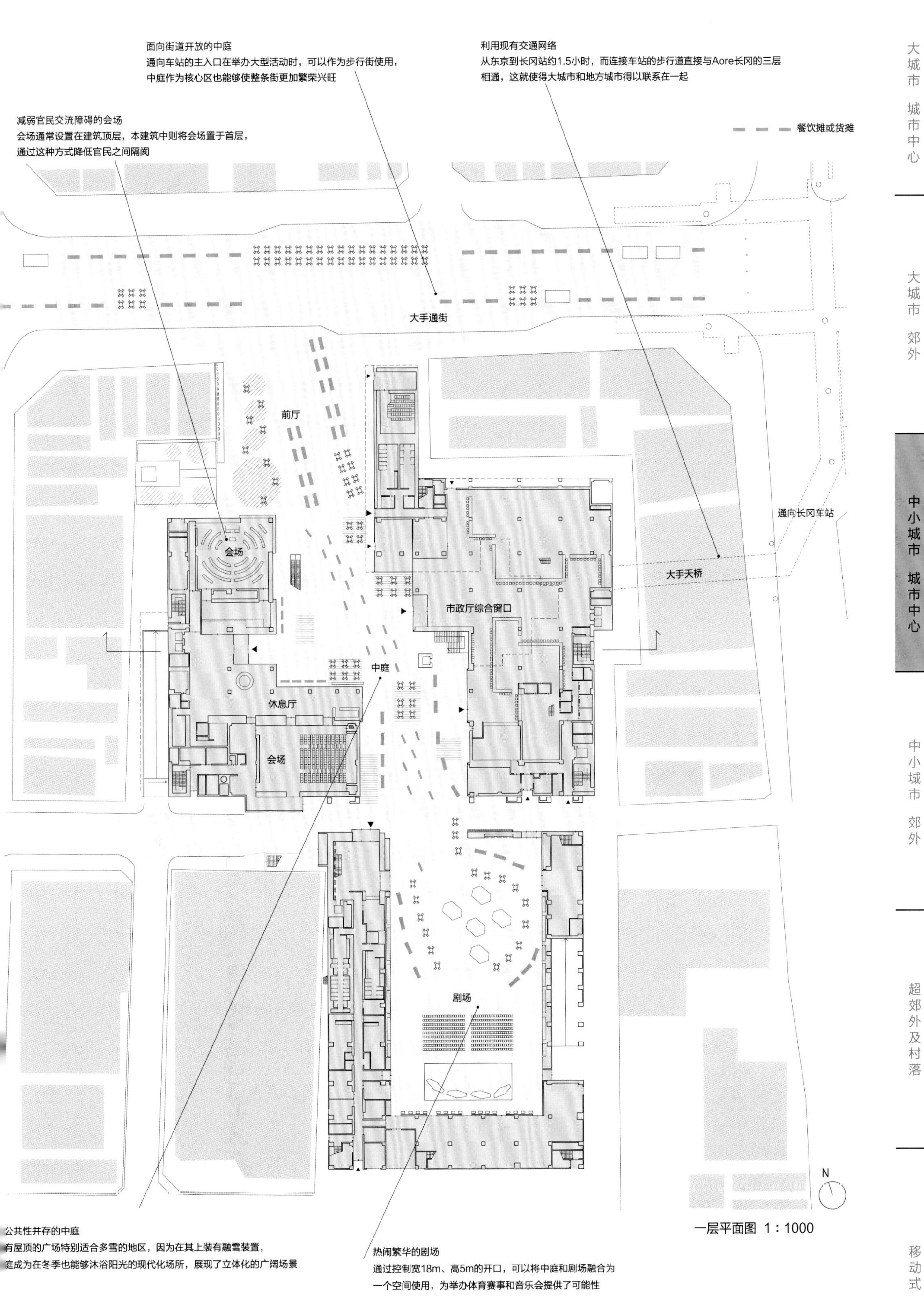
面向街道开放的中庭
通向车站的主入口在举办大型活动时，可以作为步行街使用，
中庭作为核心区也能够使整条街更加繁荣兴旺
利用现有交通网络
从东京到长冈站约1.5小时，而连接车站的步行道直接与Aore长冈的三层
相通，这就使得大城市和地方城市得以联系在一起
减弱官民交流障碍的会场
会场通常设置在建筑顶层，本建筑中则将会场置于首层，
通过这种方式降低官民之间隔阂
餐饮摊或货摊
大手通街
前厅
会场
通向长冈车站
大手天桥
市政厅综合窗口
中庭
休息厅
会场
剧场
N
公共性并存的中庭
有屋顶的广场特别适合多雪的地区，因为在其上装有融雪装置，
这成为在冬季也能够沐浴阳光的现代化场所，展现了立体化的广阔场景
热闹繁华的剧场
通过控制宽18m、高5m的开口，可以将中庭和剧场融合为
一个空间使用，为举办体育赛事和音乐会提供了可能性

一层平面图 1：1000

太田市美术馆·图书馆

平田晃久建筑设计事务所

主要功能	餐饮	种植	活动	商谈
睡觉	学习	游戏	买卖	展示
休闲	工作	运动	租赁	医疗
阅读	手工	监护	交换	住宿

[关键词]

· 设计工作室
· 美术馆和图书馆的融合共存
· 室外平台和绿植

这座建筑的规划目的是为了使处于衰败中的太田车站北口区域能够重新获得生机。

建筑本身包括了5个钢筋混凝土结构的“盒子”，以及被称为“树杈”的钢结构斜坡。在三层建筑物的屋顶上覆盖了茂盛的植物，类似于太田市北部金山上长满植物的山丘。美术馆和图书馆的融合方式是在各个阶段的规划设计中采用研讨会的形式，由市民和相关人员共同决定的。

开放式的玻璃正立面吸引人们进入连接街道的“盒子”之间的场地，参观美术馆的人在不知不觉间，就进入到了图书馆区域。无论是在阅览区还是露台，都可以一边喝茶，一边惬意地读书。

在这个场所中，以书和艺术品为媒介，人们可以期待与欣赏到以前未曾有过的多领域碰撞产生的灵感火花。

[基本资料]

项目地点：群马县太田市东本町16-30
建成时间：预计2016年
设计：平田晃久建筑设计事务所
业主：太田市
策划：太田市
运营：太田市
施工：石川建设
审核性质：美术馆、图书馆
用地面积：4641.33 m^2
建筑占地面积：1496.67 m^2
总建筑面积：3169.09 m^2
结构及施工方法：钢筋混凝土结构、钢结构
建筑层数：3层
用地类型：商业用地

3层的资料室与视听厅相连接

停车场

一边欣赏室外的植物，一边读书

防风林

美术馆的路线 展示室1（一层）→展示室2（二层）→展示室3（三层）

透过玻璃幕墙，可以看到书架和正在阅读的人

展示室2

在展示室2，恒温恒湿的环境可以保证展览有序开展

自然科学及工业技术

工作间

西入口

图鉴

图书馆柜台

道路在“盒子”间以类似于胡同的形式相互连接

复印机

在商业街，可以看到正在举行的艺术展的情况

日本绘本

母婴室

人文科学及社会科学

女卫生间

资料速览

根据每个区域藏书类型的不同，书架的设计样式也有所差异，馆内也拥有适合各个年龄段的人使用的空间

室外广场

哲学及艺术评论

在寻找书籍的过程中，不知不觉之间就会从一层进入二层

设计过程的共同参与

工程师、决策人、顾问共同进行了五次设计研讨会，与包括市民等相关人员在内的所有人共同决定建设计划。

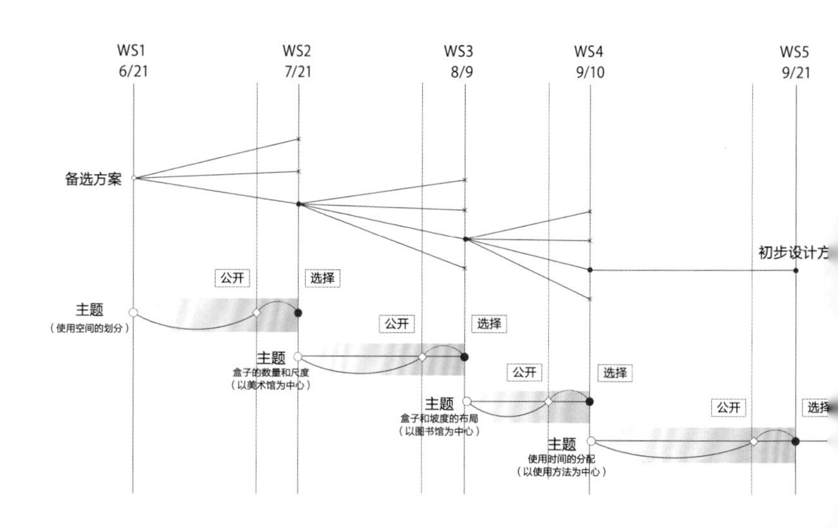
WS1 6/21
WS2 7/21
WS3 8/9
WS4 9/10
WS5 9/21
备选方案
初步设计方
公开
选择
主题
（使用空间的划分）
主题
盒子的数量和尺度
（以美术馆为中心）
主题
盒子和坡度的布局
（以图书馆为中心）
主题
使用时间的分配
（以使用方法为中心）

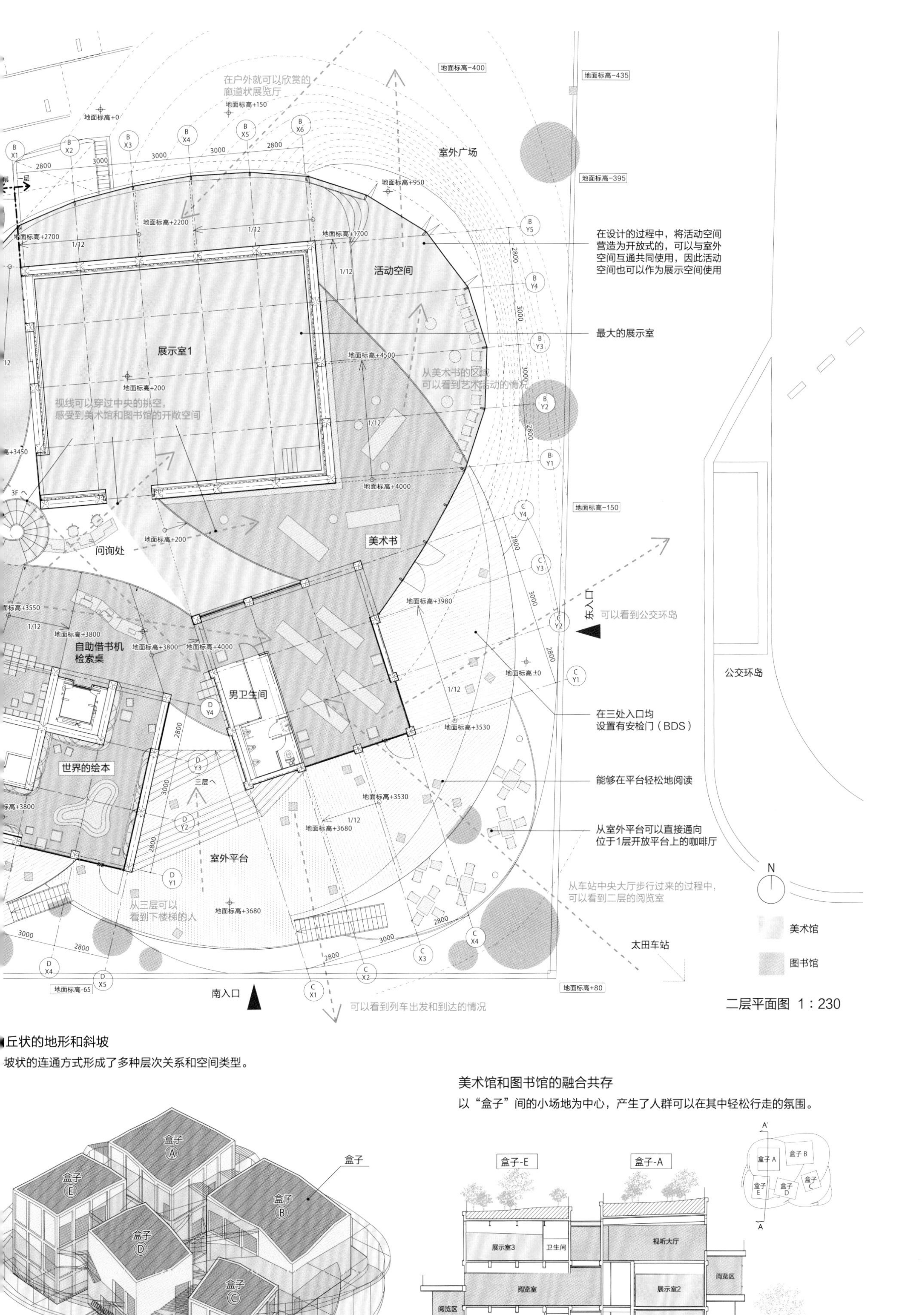
在户外就可以欣赏的
廊道状展览厅
室外广场
在设计的过程中，将活动空间
营造为开放式的，可以与室外
空间互通共同使用，因此活动
空间也可以作为展示空间使用
活动空间
最大的展示室
展示室1
从美术书的区域
可以看到艺术活动的情况
视线可以穿过中央的挑空，
感受到美术馆和图书馆的开敞空间
问询处
美术书
东入口
可以看到公交环岛
公交环岛
自助借书机
检索桌
男卫生间
在三处入口均
设置有安检门（BDS）
能够在平台轻松地阅读
世界的绘本
从室外平台可以直接通向
位于1层开放平台上的咖啡厅
室外平台
从三层可以
看到下楼梯的人
从车站中央大厅步行过来的过程中，
可以看到二层的阅览室
太田车站
美术馆
图书馆
南入口
可以看到列车出发和到达的情况
二层平面图 1：230
丘状的地形和斜坡
坡状的连通方式形成了多种层次关系和空间类型。
盒子
盒子 A
盒子 B
盒子 C
盒子 D
盒子 E
树杈
美术馆和图书馆的融合共存
以“盒子”间的小场地为中心，产生了人群可以在其中轻松行走的氛围。
盒子-E
盒子-A
展示室3
卫生间
视听大厅
阅览室
阅览区
展示室2
办公室
收藏库
仓库
A-A’ 剖面图 1：500

仙台媒体文化中心

伊东丰雄建筑设计事务所

主要功能	餐饮	种植	活动	商谈
睡觉	学习	游戏	买卖	展示
休闲	工作	运动	租赁	医疗
阅读	手工	监护	交换	住宿

［关键词］

- 边长50m的方形弹性空间
- 通过管状体创造的多样空间
- 男女老少共同活动的场所

仙台媒体文化中心是一处融合了图书馆、展览厅、活动空间、工作室等功能的仙台市公共文化设施。与以前单独的图书馆或美术馆不同，在这座建筑中，人们可以进行书籍阅读、艺术欣赏、内容制作、会议等多种多样的活动。在边长为50m的方形平面上，建筑地上部分的每一层都没有墙壁的阻隔，形成了可以应对多种使用方式的可变空间。贯穿建筑各层的水草型管状结构，使得空间平面均质化，并且赋予了空间多样变化的自然光、空气、能量和活动路线。

在这个空间中，拥有不同思想观念的各年龄段的人充分地共享了空间，可以按照各自的喜好参与活动。

［基本资料］

项目地点：宫城县仙台市青叶区春日町2-1
建成时间：2000年8月
设计：伊东丰雄建筑设计事务所
业主：仙台市
策划：仙台市、项目研究委员会
运营：公益财团法人仙台市市民文化事业团
施工：熊谷组-竹中工务店-安藤建设-桥本共同企业体
审核性质：图书馆、美术馆、电影院
用地面积：3948.72 m^2
建筑占地面积：2933.12 m^2
总建筑面积：21 682.15 m^2
结构及施工方法：钢结构（B1层-R层）、
钢筋混凝土结构（B2层）
建筑层数：地下2层，地上8层
用地类型：商业用地

3655
4700
5490
4200
3295
2710
3970
7460
4270
5400
35 480
31 825
层高3565
▼七层标高=地面标高+27 145
层高4225
▼六层标高=地面标高+21 855
层高3205
▼五层标高=地面标高+17 455
2390
▼四层标高=地面标高+14 160
层高5100
2203.5
▼三层标高=地面标高+11 450
层高2906
▼二层标高=地面标高+7480
层高6700
▼一层标高=地面标高+20
层高3600
▼地下一层标高=地面标高-4250
层高4900
▼地下二层标高=地面标高-9850
1000
12 000
6000
X1
X2
X3
开放空间中的展品搬入
丰富多样的活动、展示和表演
咖啡厅
仓库
搬入口
开放广场
电梯间
介绍台
媒体文化中心的综合介绍
商店
N
儿童书籍
插花室
电影、音
欣赏和借
报纸、新刊杂志的阅览
信息速览

一层广场平面图 1：1000

二层问询处平面图 1：1000

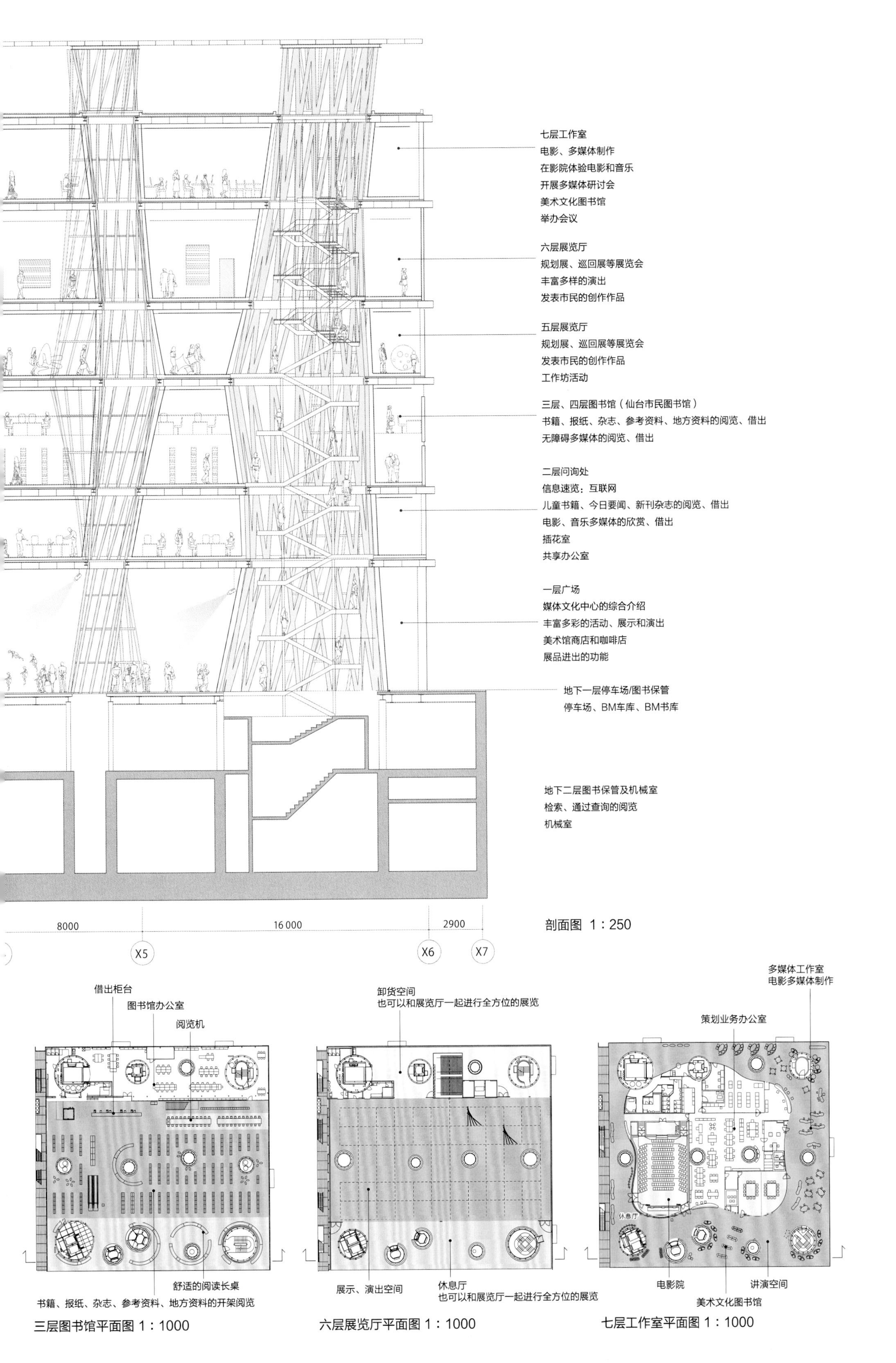
七层工作室
电影、多媒体制作
在影院体验电影和音乐
开展多媒体研讨会
美术文化图书馆
举办会议
六层展览厅
规划展、巡回展等展览会
丰富多样的演出
发表市民的创作作品
五层展览厅
规划展、巡回展等展览会
发表市民的创作作品
工作坊活动
三层、四层图书馆（仙台市民图书馆）
书籍、报纸、杂志、参考资料、地方资料的阅览、借出
无障碍多媒体的阅览、借出
二层问询处
信息速览：互联网
儿童书籍、今日要闻、新刊杂志的阅览、借出
电影、音乐多媒体的欣赏、借出
插花室
共享办公室
一层广场
媒体文化中心的综合介绍
丰富多彩的活动、展示和演出
美术馆商店和咖啡店
展品进出的功能
地下一层停车场/图书保管
停车场、BM车库、BM书库
地下二层图书保管及机械室
检索、通过查询的阅览
机械室
8000
16 000
2900
X5
X6
X7

剖面图 1：250

借出柜台
图书馆办公室
阅览机
舒适的阅读长桌
书籍、报纸、杂志、参考资料、地方资料的开架阅览

三层图书馆平面图 1：1000

卸货空间
也可以和展览厅一起进行全方位的展览
展示、演出空间
休息厅
也可以和展览厅一起进行全方位的展览

六层展览厅平面图 1：1000

多媒体工作室
电影多媒体制作
策划业务办公室
休息厅
电影院
讲演空间
美术文化图书馆

七层工作室平面图 1：1000

旦过青年旅馆（Tanga Table）

SPEAC株式会社

主要功能	**餐饮**	种植	**活动**	商谈
睡觉	学习	**游戏**	买卖	展示
休闲	工作	运动	租赁	医疗
阅读	手工	监护	交换	**住宿**

［关键词］

- 为街道的闲置资产融入新的功能
- 交流空间和私密空间的共存
- 通过可调节空间保证使用的多样化

从JR小仓站步行十分钟的地方，是被称为“北九的厨房”的旦过市场。在这里摆放着各种各样的当地食材，人们穿行于其中的场景十分富有生活气息。朝向河流方向的建筑四层经过修复，成为青年旅馆和餐厅融合的空间，人们能够在其中享用到小仓的美食。在设计过程中，通过设置作为缓冲空间的休息厅，保证住宿区私密性的同时，也提供了具备公共性的餐饮区。为了促进当地食客和留宿客的交流，在设计过程中使用了可移动的拉门进行空间分隔，使得空间能够在举办活动的时候作为整体进行使用。这个项目成功地利用了租户长期忽略的优势——地理位置的优越性，将这个闲置资产充分开发起来，与现有商店形成良好的互动关系。同时，项目的建设是以激活街道为最终目标，因此从策划、设计到经营都是一个持续的过程。

［基本资料］

项目地点：福冈县北九州市小仓北区马借1-5-25 Horaya大楼4层
建成时间：2015年
设计：SPEAC株式会社
业主：旦过市场
策划：旦过市场
运营：旦过市场
施工：犬童建设
审核性质：简易旅馆、餐饮店
用地面积：829.06 m^2
建筑占地面积：725.48 m^2
规划面积：725.48 m^2
结构及施工方法：钢筋混凝土结构
建筑层数：地下2层，地上8层
用地类型：商业用地
内装修合作：Nibroll工作室：矢内原充
Republica:石桥铁志
鲁维斯：福井信行、黑田基实、荒井良太

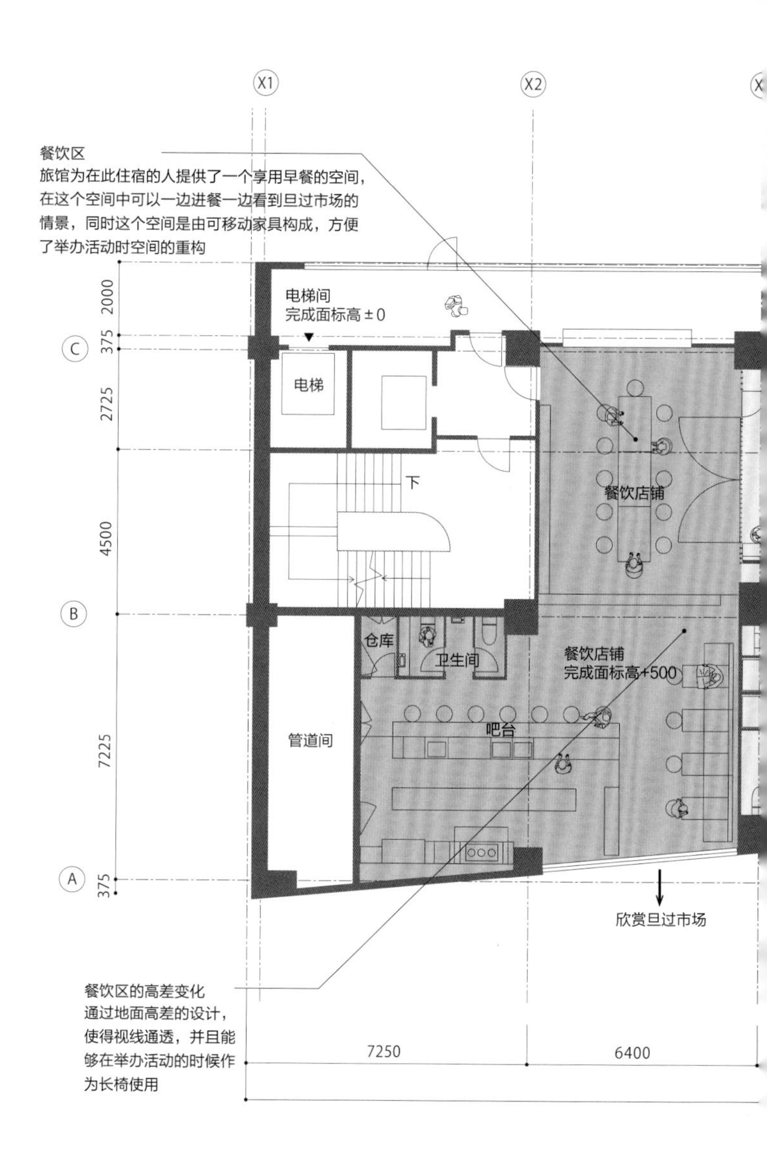
X1
X2
餐饮区
旅馆为在此住宿的人提供了一个享用早餐的空间，在这个空间中可以一边进餐一边看到旦过市场的情景，同时这个空间是由可移动家具构成，方便了举办活动时空间的重构
电梯间
完成面标高±0
电梯
下
餐饮店铺
仓库
卫生间
餐饮店铺
完成面标高+500
吧台
管道间
欣赏旦过市场
餐饮区的高差变化
通过地面高差的设计，使得视线通透，并且能够在举办活动的时候作为长椅使用
2000
375
2725
4500
7225
375
C
B
A
7250
6400

根据场景整合调整空间

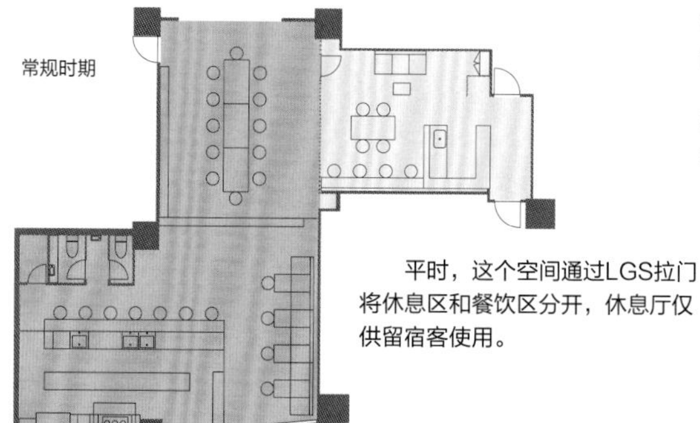
常规时期

平时，这个空间通过LGS拉门将休息区和餐饮区分开，休息厅仅供留宿客使用。

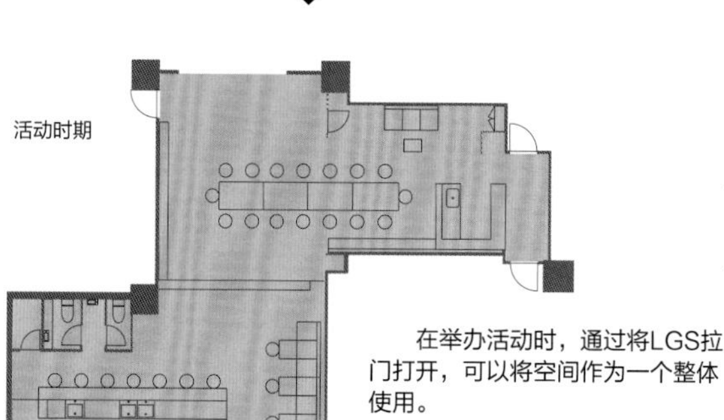
活动时期

在举办活动时，通过将LGS拉门打开，可以将空间作为一个整体使用。

根据住宿需求调整空间

对于带有钩子拉门的两个和式房间可以作为为个人提供住宿的多人间使用，也可以作为大房间，供小规模的团体使用。考虑较高的私密性和经营效率的关系，在供大规模的团体使用时，可以将两个和式房间合为一个大房间使用。

考虑私密性的寝室

通过将上下铺床位的出入口分开设置，使得住宿的人可以保留私密性。对于背包客的大件行李也有所考虑，在床下设置了相应的收纳空间。

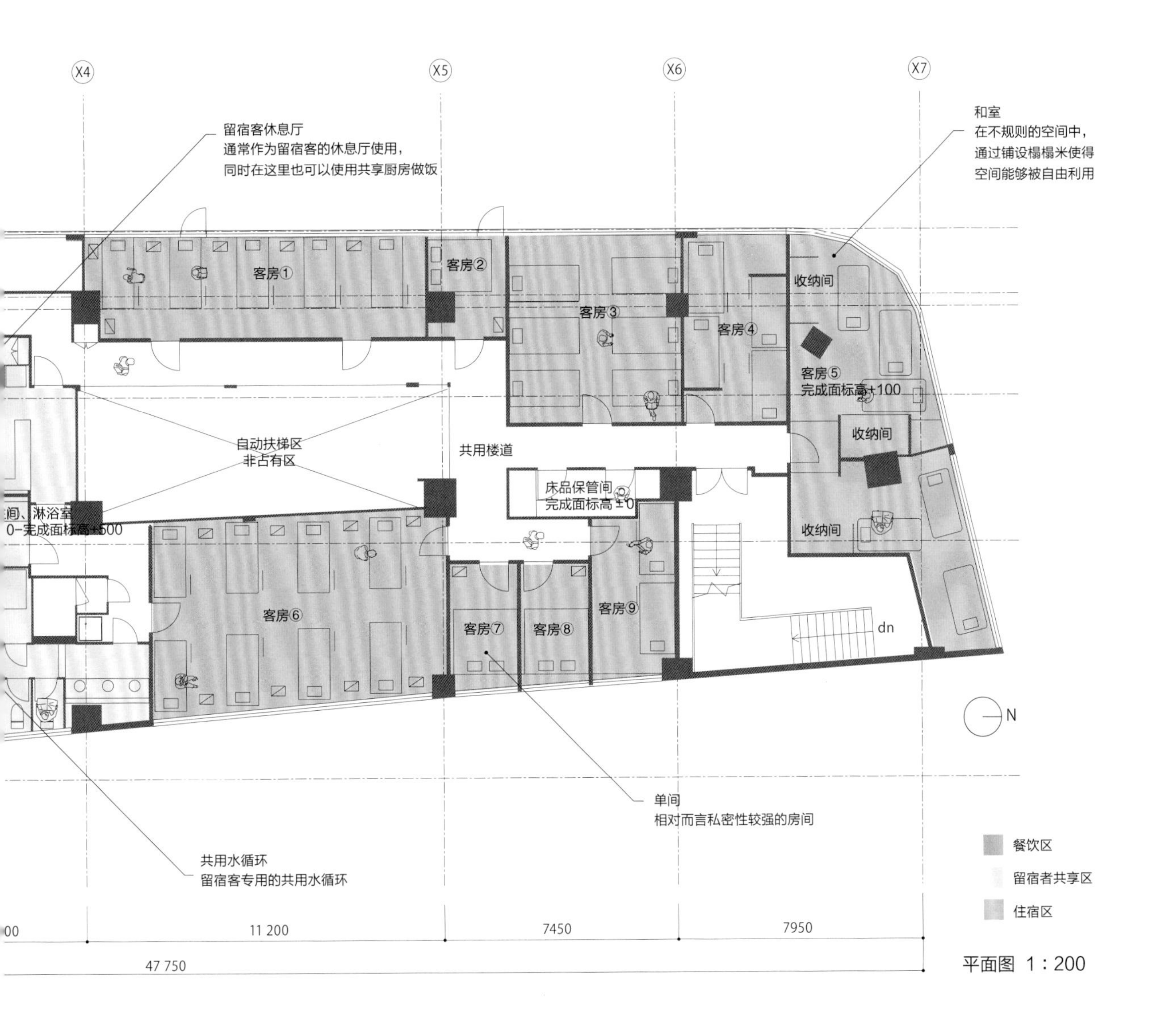
X4
X5
X6
X7
留宿客休息厅
通常作为留宿客的休息厅使用，
同时在这里也可以使用共享厨房做饭
和室
在不规则的空间中，
通过铺设榻榻米使得
空间能够被自由利用
客房①
客房②
客房③
客房④
收纳间
客房⑤
完成面标高+100
收纳间
自动扶梯区
非占有区
共用楼道
床品保管间
完成面标高±0
收纳间
间、淋浴室
0-完成面标高+500
客房⑥
客房⑦
客房⑧
客房⑨
dn
N
单间
相对而言私密性较强的房间
共用水循环
留宿客专用的共用水循环
餐饮区
留宿者共享区
住宿区
00
11 200
7450
7950
47 750

平面图 1：200

根据男女比例调节空间的分隔

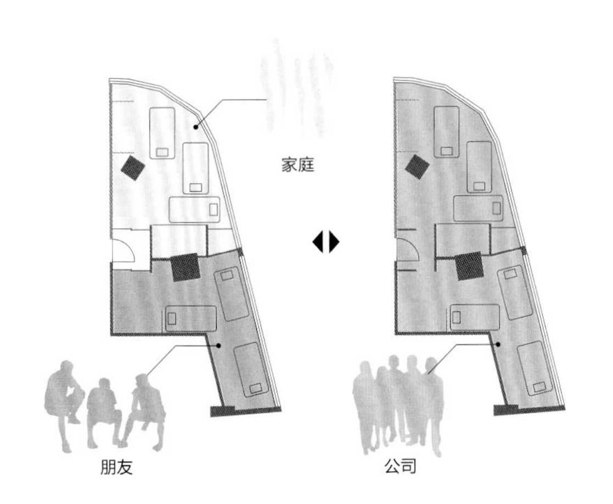
家庭
朋友
公司

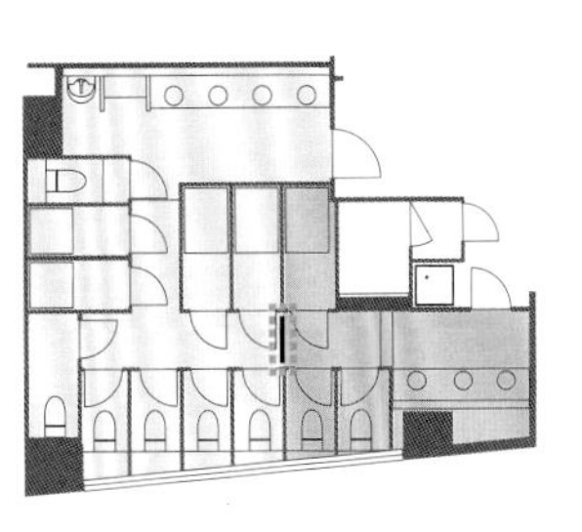

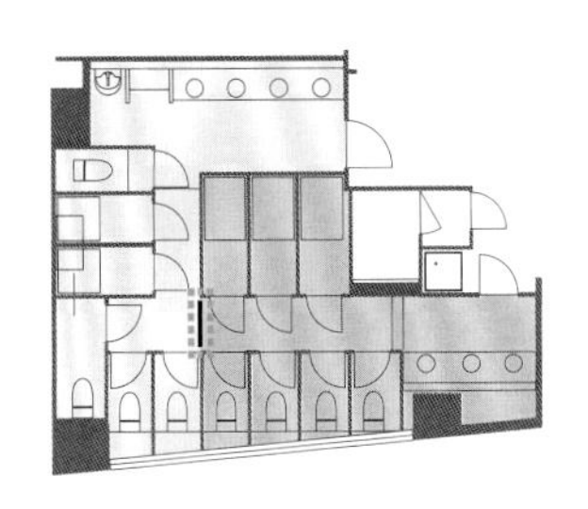

围绕着共用水循环点分别设置了男女盥洗室出入口。因为每天住宿者中男女比例会有所不同，淋浴间和卫生间内部设置了可以移动的分隔板，使得男女淋浴间和卫生间的数量可以根据具体的男女比例进行灵活的调整。

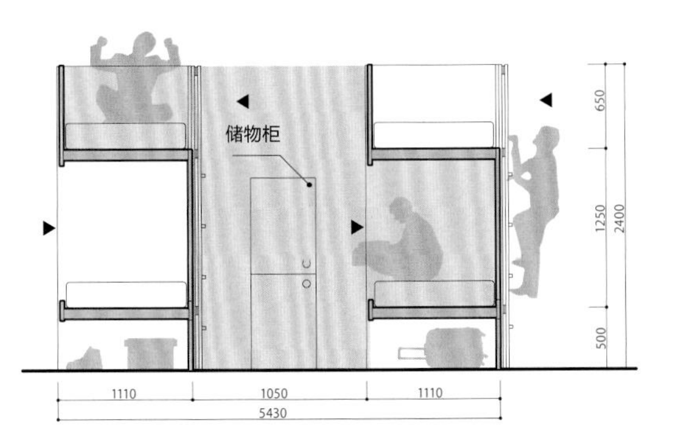
储物柜
650
1250
2400
500
1110
1050
1110
5430

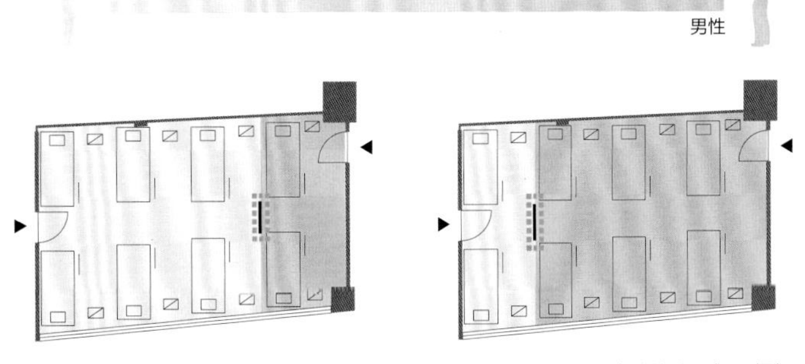
女性
男性

每一个多人间设置了两个出入口，在房间内部设计了可以移动的分隔板。根据每天男女入住比例的不同，可以对男女床位数量进行适当的调整。

前桥美术馆

水谷俊博、水谷玲子/水谷俊博建筑设计事务所

主要功能	餐饮	种植	活动	商谈
睡觉	学习	游戏	买卖	展示
休闲	工作	运动	租赁	医疗
阅读	手工	监护	交换	住宿

［关键词］

· 融合了特性各异的空间的场所

· 设置对街道开放的交流空间

· 满足多种使用需求的弹性化设计

这座建筑是通过对位于前桥中心繁华街道中闲置商场的改造，创造出的一个充满生机的美术馆。因为这个美术馆距离街道很近，所以在设计过程中采用了多种手法使得美术馆与街道形成合理的互动关系。

建筑一层与外部道路是相互连通的，可以允许使用者直接进入到建筑内部，并且在其中设置了让使用者能够产生“顺便来看展览”这种感觉的设施，例如咖啡厅、商店、资料室（图书角）等。在设计的过程中，注重不同规模与尺度空间的连接构成与质感的差异，保留建筑原有的特质，同时使内部空间具有连续性与尺度上的多样化，最终形成与街道相互融合的复合型美术馆。

这座崭新的美术馆，通过一些面对街道开放的店铺，达到了与街道互通的目的。

［基本资料］

项目地点：群马县前桥市千代田町5-1-16
建成时间：2012年
设计：水谷俊博、水谷玲子/水谷俊博建筑设计事务所
业主：前桥市
策划、运营：前桥市
施工：佐田-�川-桥诘特别建筑工程共同企业体（建筑）
雅马拓-三洋特别建筑工程共同企业体（机械）
利根-群电特别建筑工程共同企业体（电气）
审核性质：美术馆
用地面积：2629.69 m²
建筑占地面积：1932.89 m²
总建筑面积：5517.38 m²
结构及施工方法：钢筋混凝土结构，部分钢结构
建筑层数：地下1层，地上部分1层、部分2层（改造部分）
用地类型：商业用地

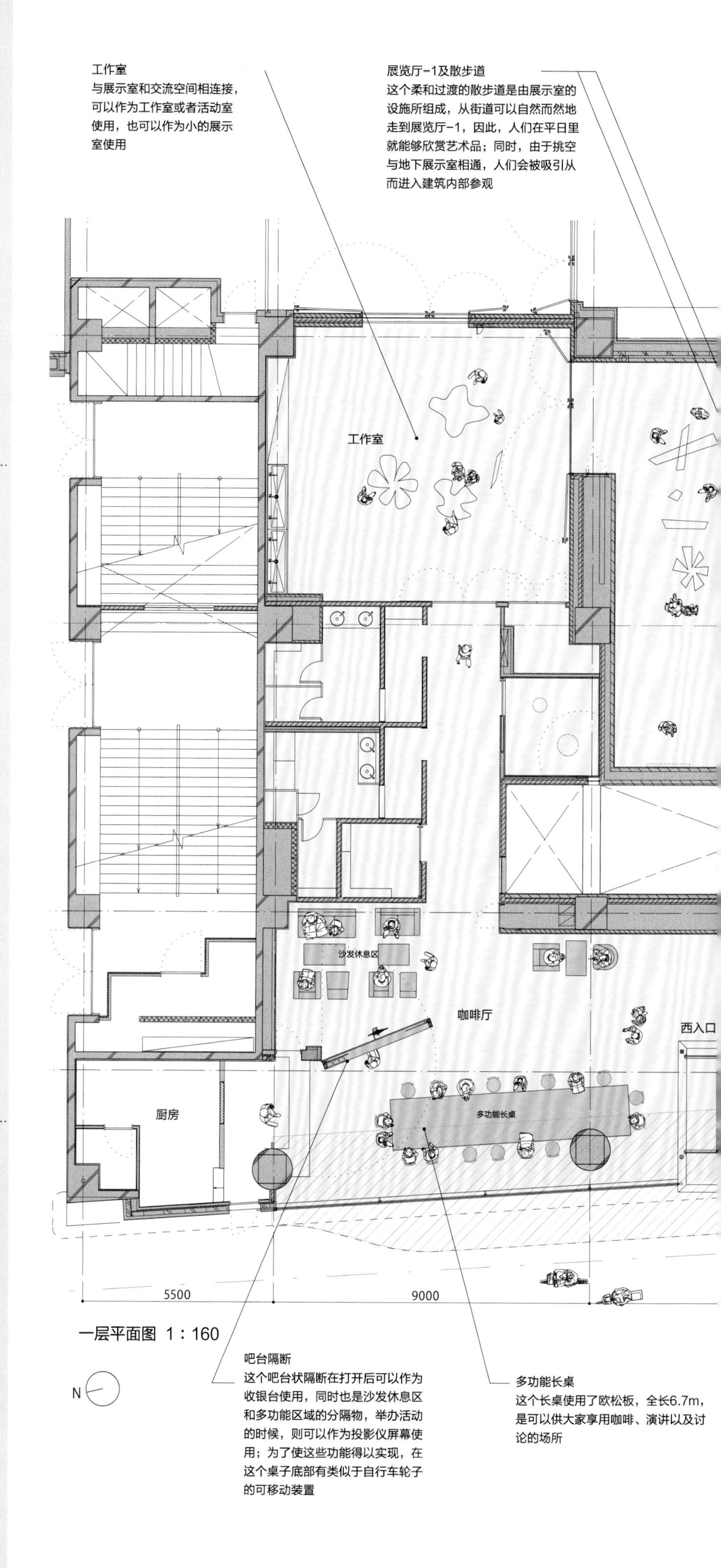

工作室
与展示室和交流空间相连接，可以作为工作室或者活动室使用，也可以作为小的展示室使用

展览厅-1及散步道
这个柔和过渡的散步道是由展示室的设施所组成，从街道可以自然而然地走到展览厅-1，因此，人们在平日里就能够欣赏艺术品；同时，由于挑空与地下展示室相通，人们会被吸引从而进入建筑内部参观

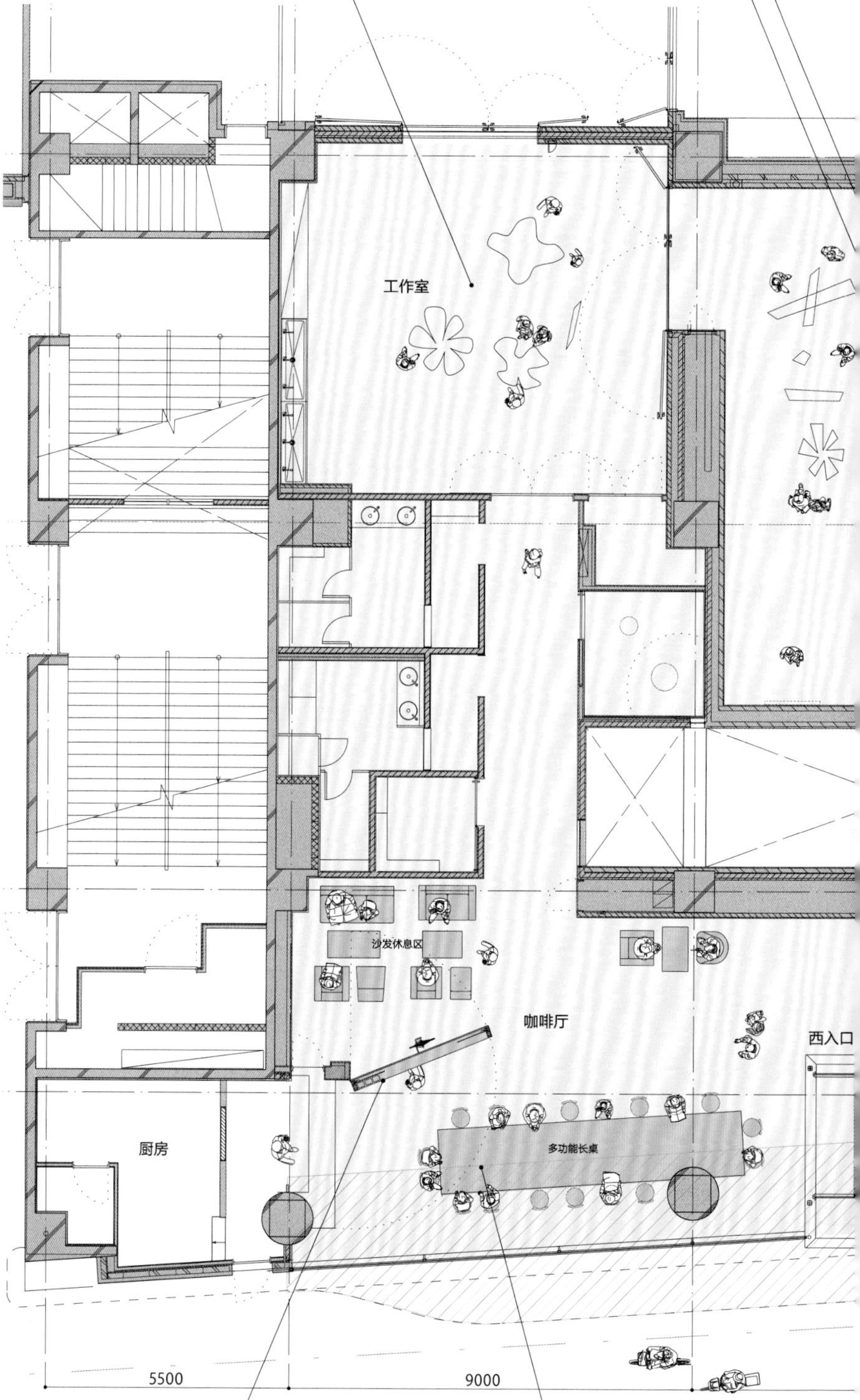
工作室
沙发休息区
咖啡厅
西入口
厨房
多功能长桌
5500
9000

一层平面图 1：160

N

吧台隔断
这个吧台状隔断在打开后可以作为收银台使用，同时也是沙发休息区和多功能区域的分隔物，举办活动的时候，则可以作为投影仪屏幕使用；为了使这些功能得以实现，在这个桌子底部有类似于自行车轮子的可移动装置

多功能长桌
这个长桌使用了欧松板，全长6.7m，是可以供大家享用咖啡、演讲以及讨论的场所

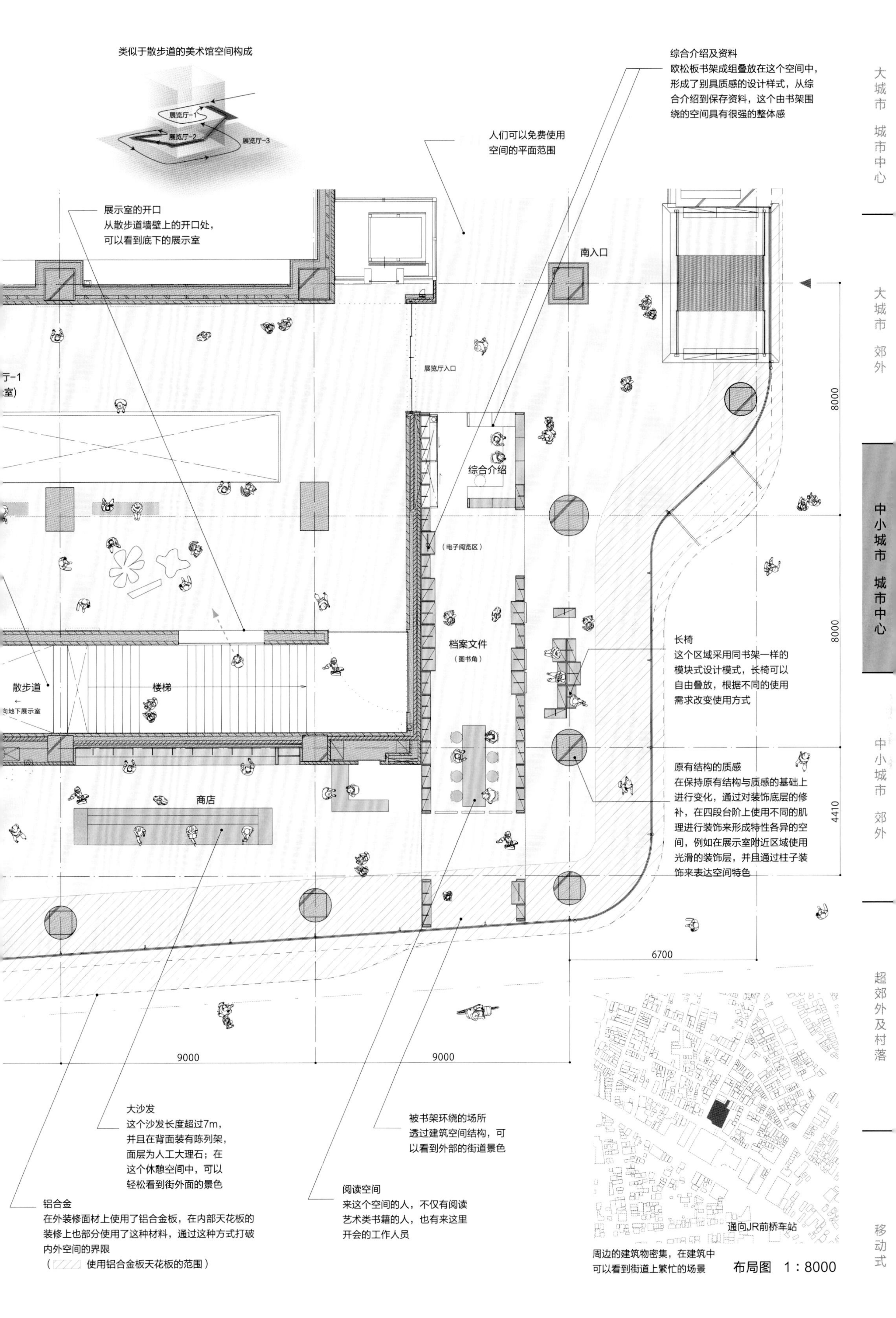

类似于散步道的美术馆空间构成
展览厅-1
展览厅-2
展览厅-3
综合介绍及资料
欧松板书架成组叠放在这个空间中，形成了别具质感的设计样式，从综合介绍到保存资料，这个由书架围绕的空间具有很强的整体感
人们可以免费使用空间的平面范围
展示室的开口
从散步道墙壁上的开口处，可以看到底下的展示室
南入口
展览厅入口
综合介绍
（电子阅览区）
档案文件
（图书角）
散步道
向地下展示室
楼梯
商店
长椅
这个区域采用同书架一样的模块式设计模式，长椅可以自由叠放，根据不同的使用需求改变使用方式
原有结构的质感
在保持原有结构与质感的基础上进行变化，通过对装饰底层的修补，在四段台阶上使用不同的肌理进行装饰来形成特性各异的空间，例如在展示室附近区域使用光滑的装饰层，并且通过柱子装饰来表达空间特色
8000
8000
4410
6700
9000
9000
大沙发
这个沙发长度超过7m，并且在背面装有陈列架，面层为人工大理石；在这个休憩空间中，可以轻松看到街外面的景色
被书架环绕的场所
透过建筑空间结构，可以看到外部的街道景色
阅读空间
来这个空间的人，不仅有阅读艺术类书籍的人，也有来这里开会的工作人员
铝合金
在外装修面材上使用了铝合金板，在内部天花板的装修上也部分使用了这种材料，通过这种方式打破内外空间的界限
（ 使用铝合金板天花板的范围）
通向JR前桥车站
周边的建筑物密集，在建筑中可以看到街道上繁忙的场景
布局图 1：8000

龙阁村

尤里卡(Eureka)建筑设计与工程

主要功能	餐饮	种植	活动	商谈
睡觉	学习	游戏	买卖	展示
休闲	工作	运动	租赁	医疗
阅读	手工	监护	交换	住宿

［关键词］

- **风吹过洒满阳光的檐下空间**
- **住户共同享用的附属空间**
- **由结构和基础创造出的暧昧场所**

龙阁村是一个位于郊外的拥有九户出租房的住区。这个住区既满足了每户两个停车位且低密度的规划需求，又拥有大的檐下空间和附属空间（不属于住户，具有经商可能性的小屋子）。在半户外空间中，由居民主导开展每月一次的集市活动，使得这里成了面向整个地区开放的住区。

在现今时代，这种半户外空间是响应规划具有可持续发展可能性的居住空间而形成的。首先是可以通过自然通风来减少能量消耗，形成舒适的户外空间；第二是为了应对多样化的生活方式，考虑了住户使用时的多种需求，给予了其更大的自由度。对于后者，通过这种共有附属空间的调节使用，可以使得住户面积根据家庭成员的变化进行扩大和缩小，实现中长期的租赁居住。

［基本资料］

项目地点：爱知县冈崎市
建成时间：2013年
设计：尤里卡(Eureka)建筑设计与工程
业主：博大房地产（Yutaka）
策划：博大房地产、尤里卡建筑设计与工程
运营：博大房地产
施工：太启建设
审核性质：联排住房
用地面积：1177 m²
建筑占地面积：360 m²
总建筑面积：508 m²
专属空间：一户面积为39~60 m²（共计9户）
共享空间：1006 m²
结构及施工方法：木结构，部分钢结构
建筑层数：2层
用地类型：第一类中高层居住用地

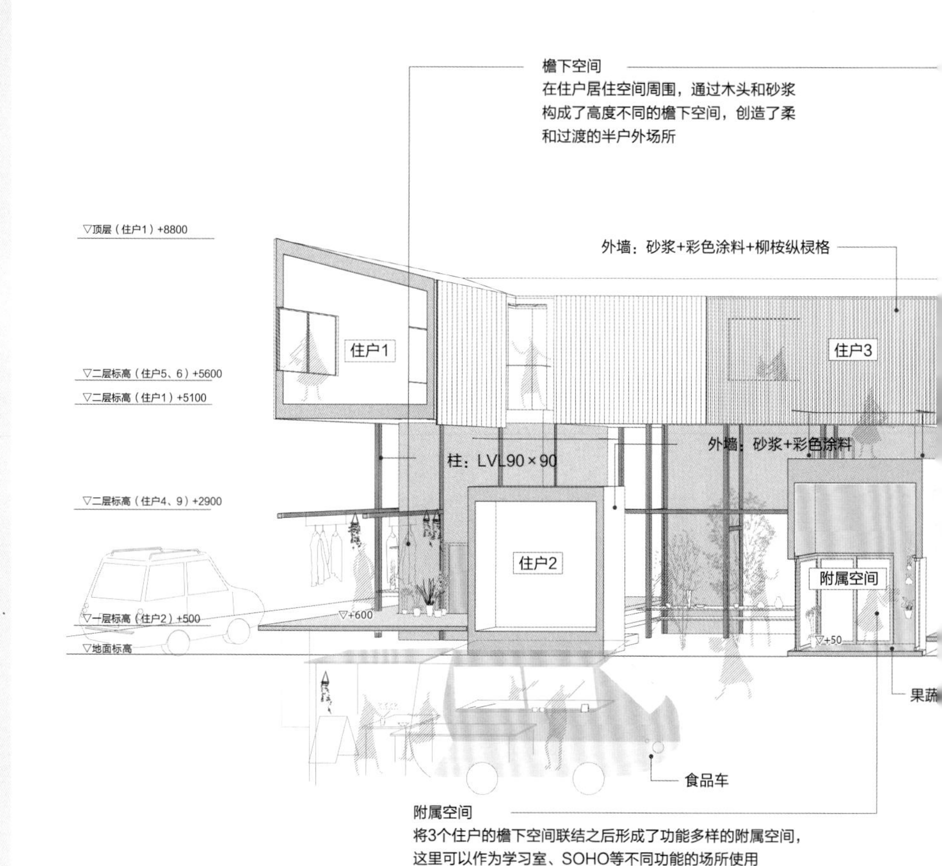
檐下空间
在住户居住空间周围，通过木头和砂浆构成了高度不同的檐下空间，创造了柔和过渡的半户外场所
▽顶层（住户1）+8800
外墙：砂浆+彩色涂料+柳桉纵棱格
住户1
住户3
▽二层标高（住户5、6）+5600
▽二层标高（住户1）+5100
外墙：砂浆+彩色涂料
柱：LVL90×90
▽二层标高（住户4、9）+2900
住户2
附属空间
▽一层标高（住户2）+500
▽+600
▽+50
▽地面标高
果蔬
食品车
附属空间
将3个住户的檐下空间联结之后形成了功能多样的附属空间，这里可以作为学习室、SOHO等不同功能的场所使用

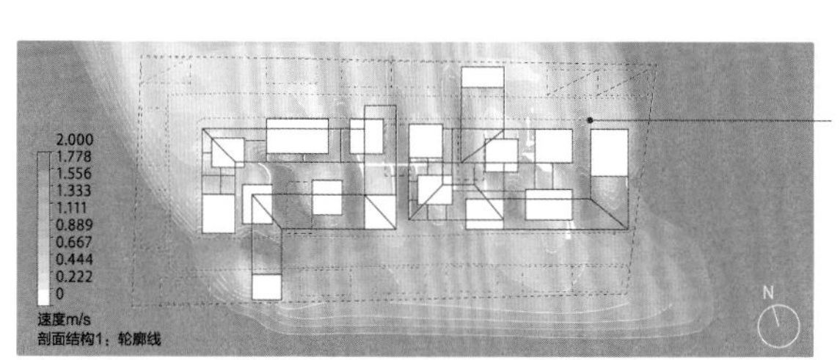
2.000
1.778
1.556
1.333
1.111
0.889
0.667
0.444
0.222
0
速度m/s
剖面结构1：轮廓线
N

场地在规划过程中，形成了较为分散的住宅群，并且为每一租户在住宅周围设计了两台车的停车位；同时，场地的这种设计也有利于自然风在檐下和中庭流动

通过计算流体力学模拟夏季的盛行风

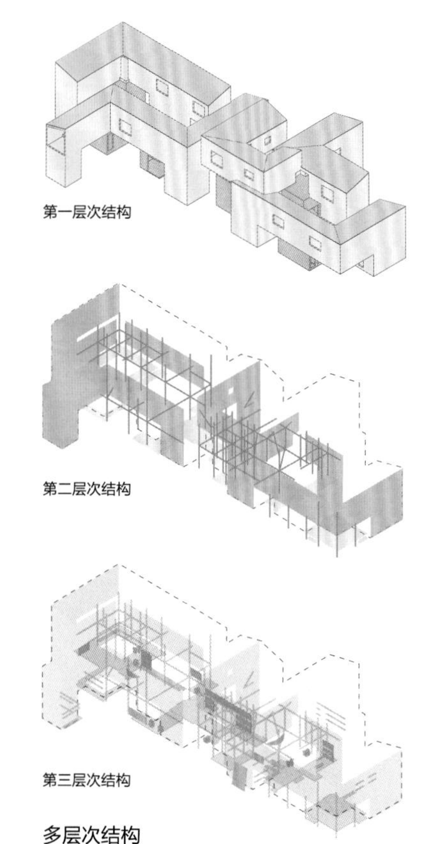
第一层次结构
第二层次结构
第三层次结构

多层次结构

基于多层次结构的规划

针对不同建筑要素单独进行分析，在规划设计过程中采用分阶段的方式进行实践，这就是所谓的“多层次结构”理念的内涵。

因为生活方式的多样化，不可能通过单一的绝对手段一次性解决所有问题，所以在设计的过程中，采用层次化结构对建筑整体进行组合和建构。

首先是具有整齐断面的第一层结构建筑物疏朗、高低错落地布置于场地内，形成了多样的檐下空间。在第一层次结构的基础上，根据不同环境条件形成变化的空间，由梁柱、基础、木板（外墙・搁板）等形成第二层结构。

檐下空间的丰富性使得习惯蜗居在屋子里生活的人们产生将生活扩展到户外的动力。

最后，由户外家具、搁板、晾衣架、商铺的广告牌、植物等形成第三层次结构。这些物品可以根据住户的习惯和需求轻松移动和重组，使得户外空间成为兼具主动性和公共性的生活空间。

附属空间
这个由两个房间构成的空间在最初规划时，并不属于任何一户，随着入住人家庭组成的变化，借用的频率也有所增加，因此也就产生了多种使用方式

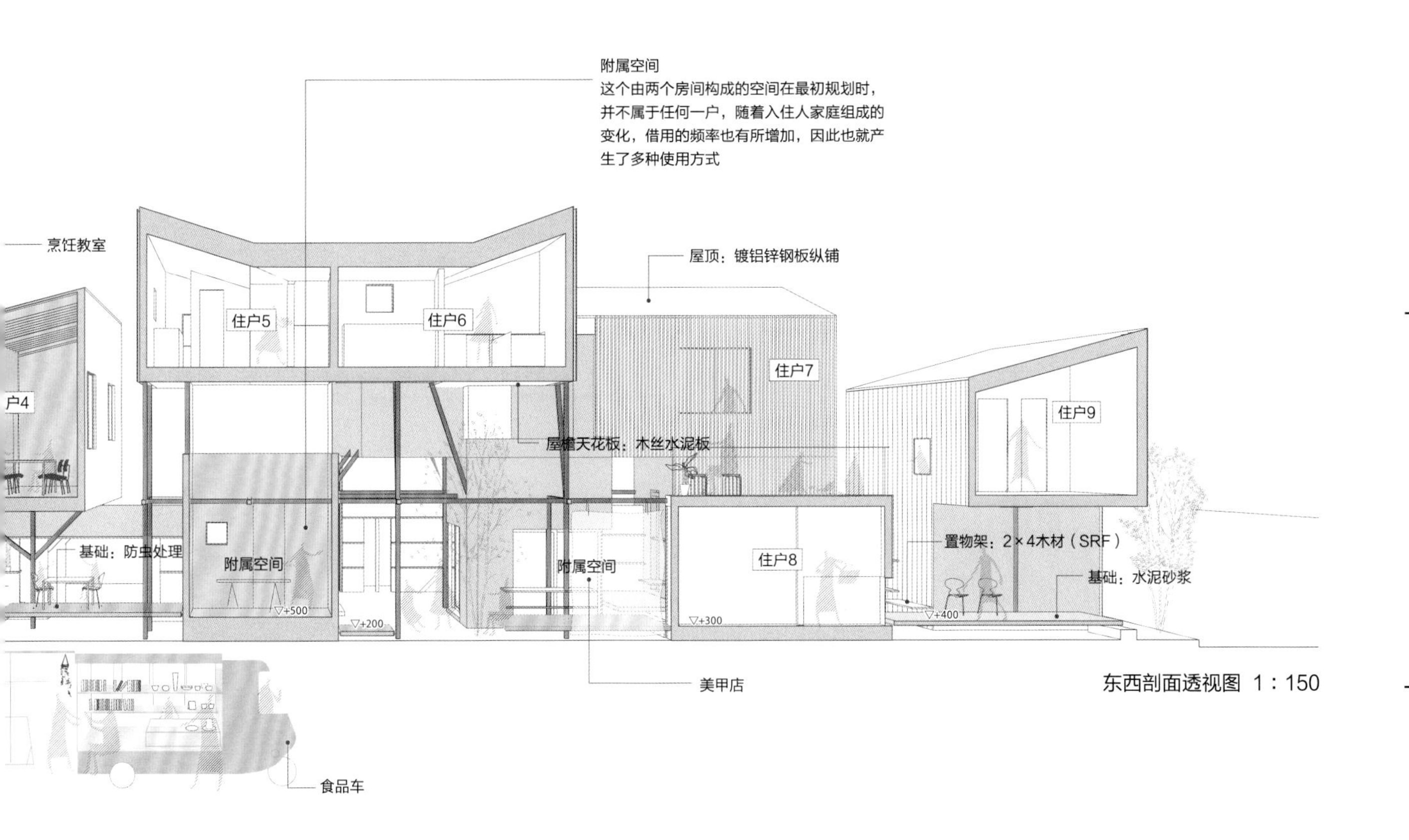
烹饪教室
屋顶：镀铝锌钢板纵铺
住户5
住户6
住户7
住户9
户4
屋檐天花板：木丝水泥板
基础：防虫处理
附属空间
附属空间
住户8
置物架：2×4木材（SRF）
基础：水泥砂浆
▽+500
▽+200
▽+300
▽+400
美甲店
食品车

东西剖面透视图 1：150

在墙壁上设置置物板的时候，将LVL板材柱以接近于90° 的角度安装，使人们可以在上面挂上竹帘或者吊床，促进了居住者安排自己生活空间的主动性

在规划中，通过使每一住户的2层高度在地面标高+2900-5600mm范围内变化的方式，使得门对向而开的两家视线高度也能够错开，同时可以让北侧住户获得更多的阳光

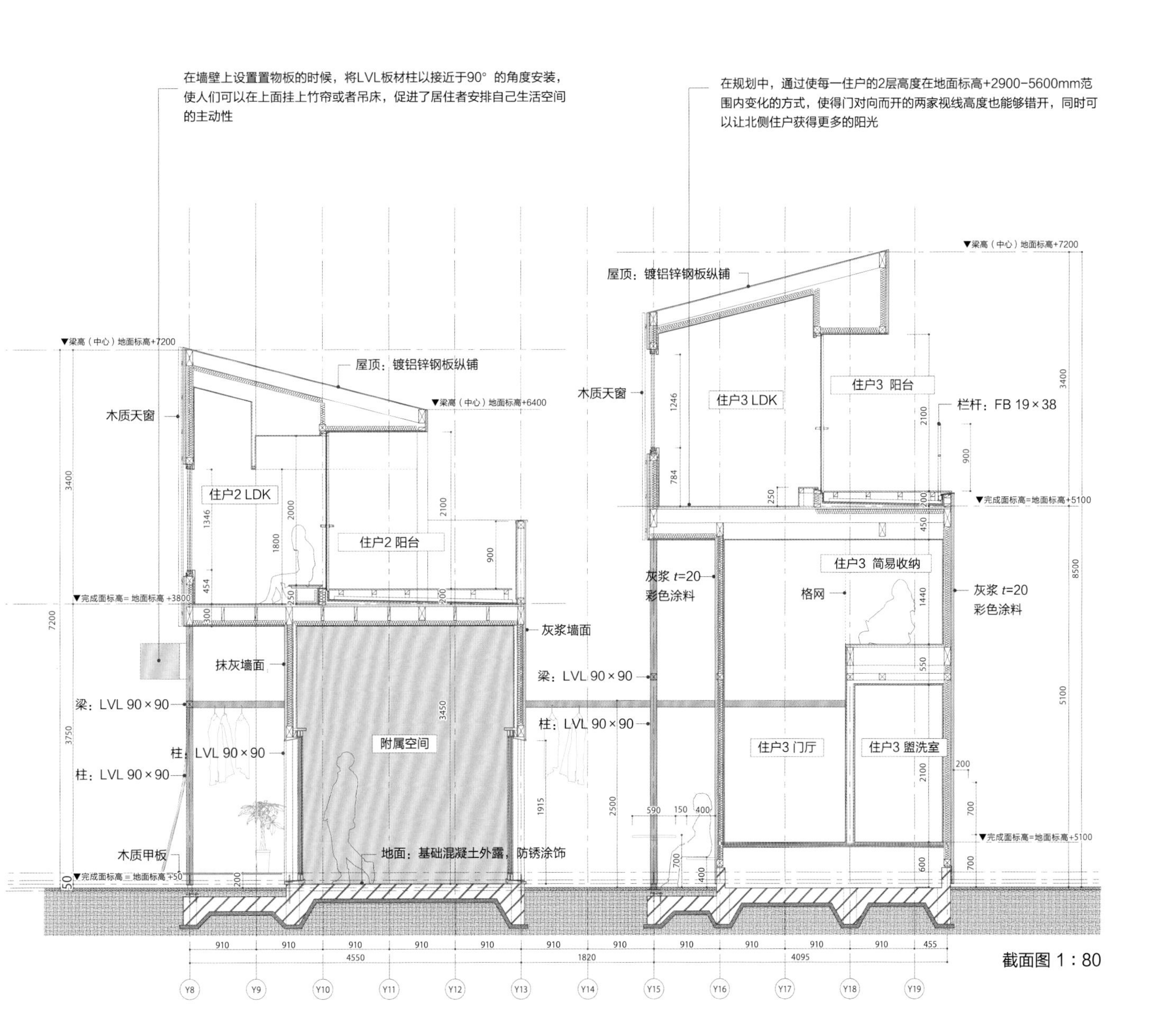
▼梁高（中心）地面标高+7200
屋顶：镀铝锌钢板纵铺
▼梁高（中心）地面标高+6400
木质天窗
住户2 LDK
住户2 阳台
▼完成面标高＝地面标高+3800
抹灰墙面
灰浆墙面
梁：LVL 90×90
柱：LVL 90×90
柱：LVL 90×90
附属空间
木质甲板
地面：基础混凝土外露，防锈涂饰
▼完成面标高＝地面标高+50
▼梁高（中心）地面标高+7200
屋顶：镀铝锌钢板纵铺
木质天窗
住户3 LDK
住户3 阳台
栏杆：FB 19×38
▼完成面标高＝地面标高+5100
住户3 简易收纳
灰浆 t=20
彩色涂料
格网
灰浆 t=20
彩色涂料
梁：LVL 90×90
柱：LVL 90×90
住户3 门厅
住户3 盥洗室
▼完成面标高＝地面标高+5100
910
4550
1820
4095
455
Y8
Y9
Y10
Y11
Y12
Y13
Y14
Y15
Y16
Y17
Y18
Y19

截面图 1：80

吉川地区护理服务中心

金野千惠/今野建设株式会社

主要功能	餐饮	种植	活动	商谈
睡觉	学习	游戏	买卖	展示
休闲	工作	运动	租赁	医疗
阅读	手工	监护	交换	住宿

［关键词］

· 位于团地商业街的护理中心
· 在建筑物正面的活动空间内设有窗边椅
· 可以容纳许多人同时进餐的桌椅区

埼玉县吉川市的吉川团地，是一个建于1970年左右，约有1900个家庭居住的商业街。在这条商业街中，将一户大小的空间改造为护理服务中心，同时作为地区居民聚集的空间使用。在改造过程中，遵循以下三个原则。

1. 为了使事务所正立面具有朝向街道开放的感觉，在改造过程中采用沿着玻璃窗设置座椅的方式，并且将座椅延伸到室内，形成内外连续的感觉。

2. 在建筑内部中心设置由边长2m的正方形桌子构成的方桌广场，具有餐厅功能，可以让许多人同时在这里进餐。

3. 在天花板高度为3.6m的空间中，尤其注意在人手或皮肤能够触摸到的高度上，调整装饰材料和家具的面材，形成触感良好的空间。

2014年4月开业不久之后，这个场所也成为了孩子们放学后的活动场所和地区居民集会的地方。现在这里也是每周三次的儿童食堂活动定期举办的场所。

［基本资料］

项目地点：埼玉县吉川市吉川团地1街区7号楼107
建成时间：2014年
设计：金野千惠/今野建设株式会社
配合：高木俊/根建筑师事务所
业主：社会福利法人福利乐团
策划：社会福利法人福利乐团、地区居民
运营：社会福利法人福利乐团
建筑管理：UR都市机构
施工：蓬特（Ponte）工作室
规划面积：54.47 m^2（改造部分）
结构及施工方法：钢筋混凝土结构
用地类型：第二类中高层居住用地

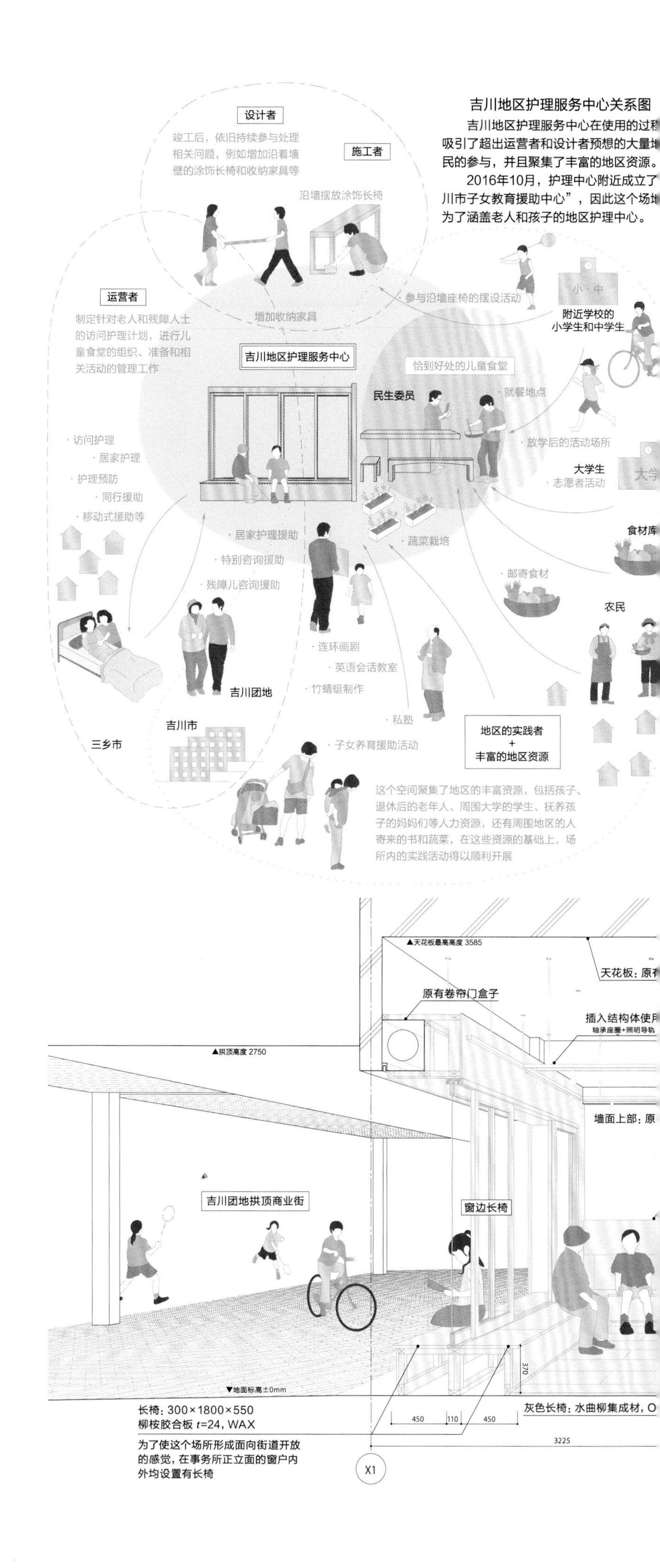
吉川地区护理服务中心关系图
吉川地区护理服务中心在使用的过程
吸引了超出运营者和设计者预想的大量
民的参与，并且聚集了丰富的地区资源。
2016年10月，护理中心附近成立了
川市子女教育援助中心”，因此这个场
为了涵盖老人和孩子的地区护理中心。
设计者
竣工后，依旧持续参与处理相关问题，例如增加沿着墙壁的涂饰长椅和收纳家具等
施工者
沿墙摆放涂饰长椅
增加收纳家具
参与沿墙座椅的摆设活动
附近学校的小学生和中学生
运营者
制定针对老人和残障人士的访问护理计划，进行儿童食堂的组织、准备和相关活动的管理工作
吉川地区护理服务中心
恰到好处的儿童食堂
民生委员
就餐地点
放学后的活动场所
大学生
志愿者活动
访问护理
居家护理
护理预防
同行援助
移动式援助等
居家护理援助
特别咨询援助
残障儿咨询援助
蔬菜栽培
食材库
邮寄食材
农民
连环画剧
英语会话教室
竹蜻蜓制作
私塾
子女养育援助活动
吉川团地
吉川市
三乡市
地区的实践者
+
丰富的地区资源
这个空间聚集了地区的丰富资源，包括孩子、退休后的老年人、周围大学的学生、抚养孩子的妈妈们等人力资源，还有周围地区的人寄来的书和蔬菜，在这些资源的基础上，场所内的实践活动得以顺利开展
▲天花板最高高度 3585
天花板：原
原有卷帘门盒子
插入结构体使
▲拱顶高度 2750
墙面上部：原
吉川团地拱顶商业街
窗边长椅
370
▼地面标高±0mm
长椅：300×1800×550
柳桉胶合板 t=24，WAX
灰色长椅：水曲柳集成材，O
450
110
450
3225
为了使这个场所形成面向街道开放的感觉，在事务所正立面的窗户内外均设置有长椅
X1

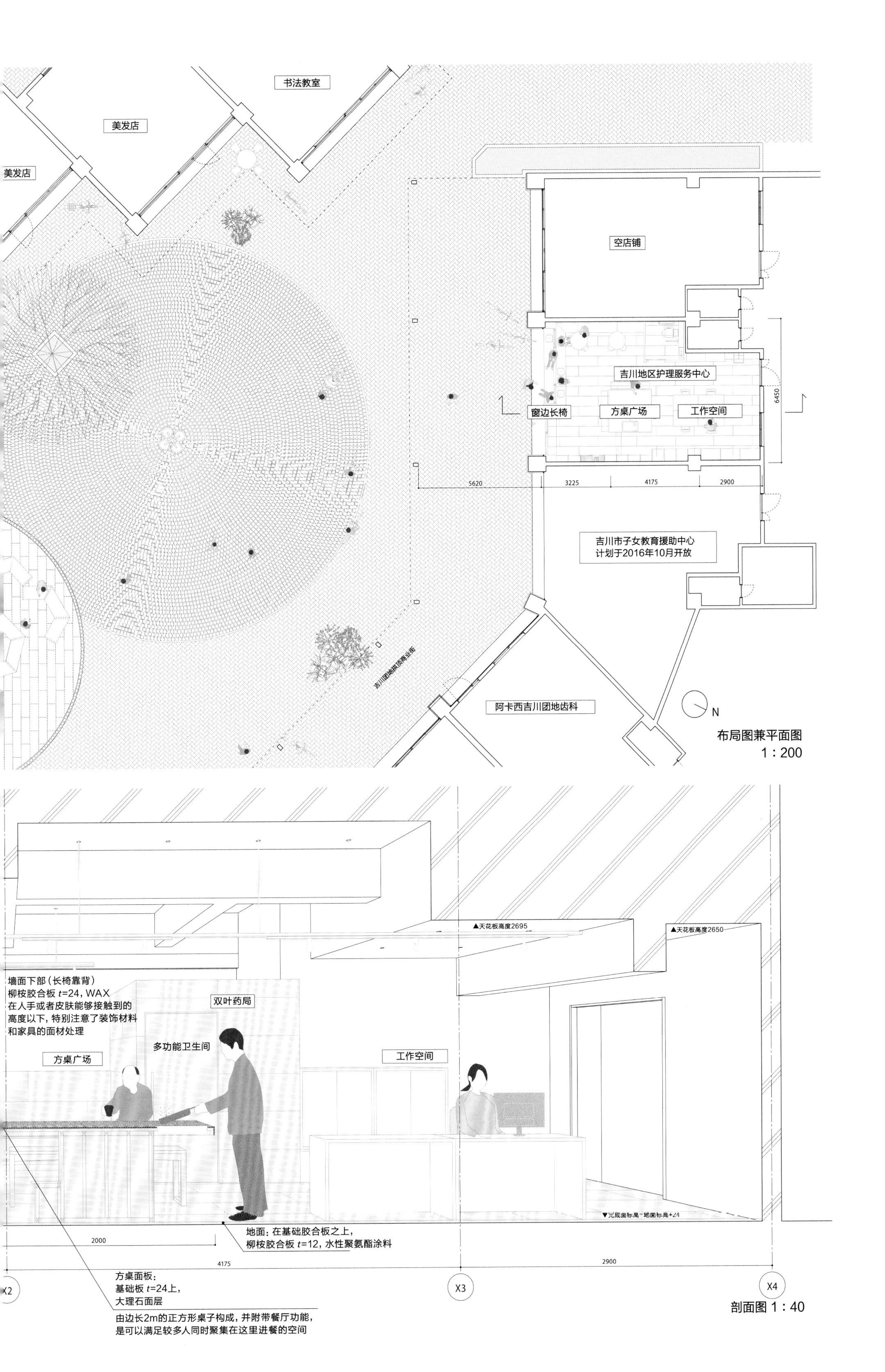
书法教室
美发店
美发店
空店铺
吉川地区护理服务中心
窗边长椅
方桌广场
工作空间
6450
5620
3225
4175
2900
吉川市子女教育援助中心
计划于2016年10月开放
阿卡西吉川团地齿科
N
▲天花板高度2695
▲天花板高度2650
墙面下部（长椅靠背）
柳桉胶合板 t=24，WAX
在人手或者皮肤能够接触到的
高度以下，特别注意了装饰材料
和家具的面材处理
双叶药局
多功能卫生间
方桌广场
工作空间
▼完成面标高=地面标高+24
2000
地面：在基础胶合板之上，
柳桉胶合板 t=12，水性聚氨酯涂料
4175
2900
方桌面板：
基础板 t=24上，
大理石面层
由边长2m的正方形桌子构成，并附带餐厅功能，
是可以满足较多人同时聚集在这里进餐的空间
X2
X3
X4

布局图兼平面图
1：200

剖面图 1：40

金泽共享社区

五井建筑研究所

主要功能	餐饮	种植	活动	商谈
睡觉	学习	游戏	买卖	展示
休闲	工作	运动	租赁	医疗
阅读	手工	监护	交换	住宿

［关键词］

· 多年龄层的交往（多样化的社区）

· 人性化尺度的街道

· 社区成员参与各机构的日常工作

这是一个将老年人、大学生、病人以及残障人士等联系起来，一起为家庭、工作伙伴以及社会的幸福做贡献的街道，是使地区重获友好氛围的街道。金泽共享社区的建设目的就是为了让不同的人相互关怀、相互联系，将自己作为社区的主人参与社区的建设活动。建设策略是在建设初期就将人与人在生活中会发生的各种场景，经过仔细斟酌考虑后融入到街道的重组中，而不是将各功能单独考量分别落实在场地中。在被开发利用之前，场地有相当长的一段时间都处于废弃状态，为了让周围茂密的树林以及场地内保留的树木与周围的绿色环境融为一体，在规划的过程中，保留了场地内的5米高差，最大限度地保留并充分利用场地本身的特性。

［基本资料］

项目地点：石川县金泽市若松町104-1
建成时间：2014年
设计：五井建筑研究所
业主：社会福利法人佛子园
策划：社会福利法人佛子园
运营：社会福利法人佛子园
施工：美之贺工业
审核性质：儿童福利机构等
——儿童援助机构（重度自闭自立）
——老年人日间看护服务
——日常生活照料服务
——儿童成长援助中心
——课后看护服务
——小学生课后教育
面向老年人提供的带有配套服务的租赁公寓
面向学生的租赁公寓
用地面积：37 766.96 m²（全部用地）
建筑占地面积：6152.80 m²（共计25栋）
总建筑面积：8098.69 m²（共计25栋）
结构及施工方法：钢结构2栋，木结构23栋
建筑层数：一层建筑和二层建筑
用地类型：第一类居住用地

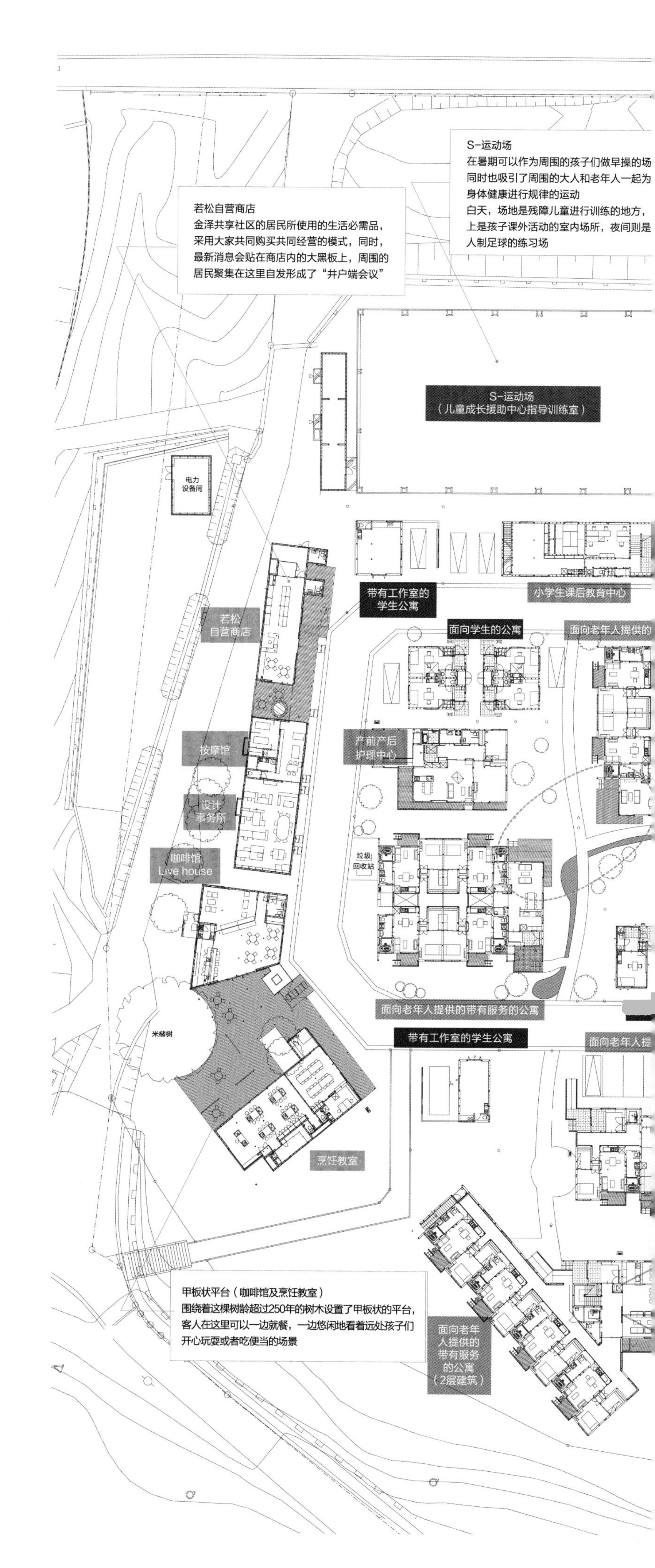

S-运动场
在暑期可以作为周围的孩子们做早操的场
同时也吸引了周围的大人和老年人一起为
身体健康进行规律的运动
白天，场地是残障儿童进行训练的地方，
上是孩子课外活动的室内场所，夜间则是
人制足球的练习场
若松自营商店
金泽共享社区的居民所使用的生活必需品，
采用大家共同购买共同经营的模式，同时，
最新消息会贴在商店内的大黑板上，周围的
居民聚集在这里自发形成了“井户端会议”
S-运动场
（儿童成长援助中心指导训练室）
电力
设备间
带有工作室的
学生公寓
小学生课后教育中心
面向学生的公寓
面向老年人提供的
若松
自营商店
产前产后
护理中心
按摩馆
设计
事务所
垃圾
回收站
咖啡馆
Live house
米槠树
面向老年人提供的带有服务的公寓
带有工作室的学生公寓
面向老年人提
烹饪教室
甲板状平台（咖啡馆及烹饪教室）
围绕着这棵树龄超过250年的树木设置了甲板状的平台，
客人在这里可以一边就餐，一边悠闲地看着远处孩子们
开心玩耍或者吃便当的场景
面向老年
人提供的
带有服务
的公寓
（2层建筑）

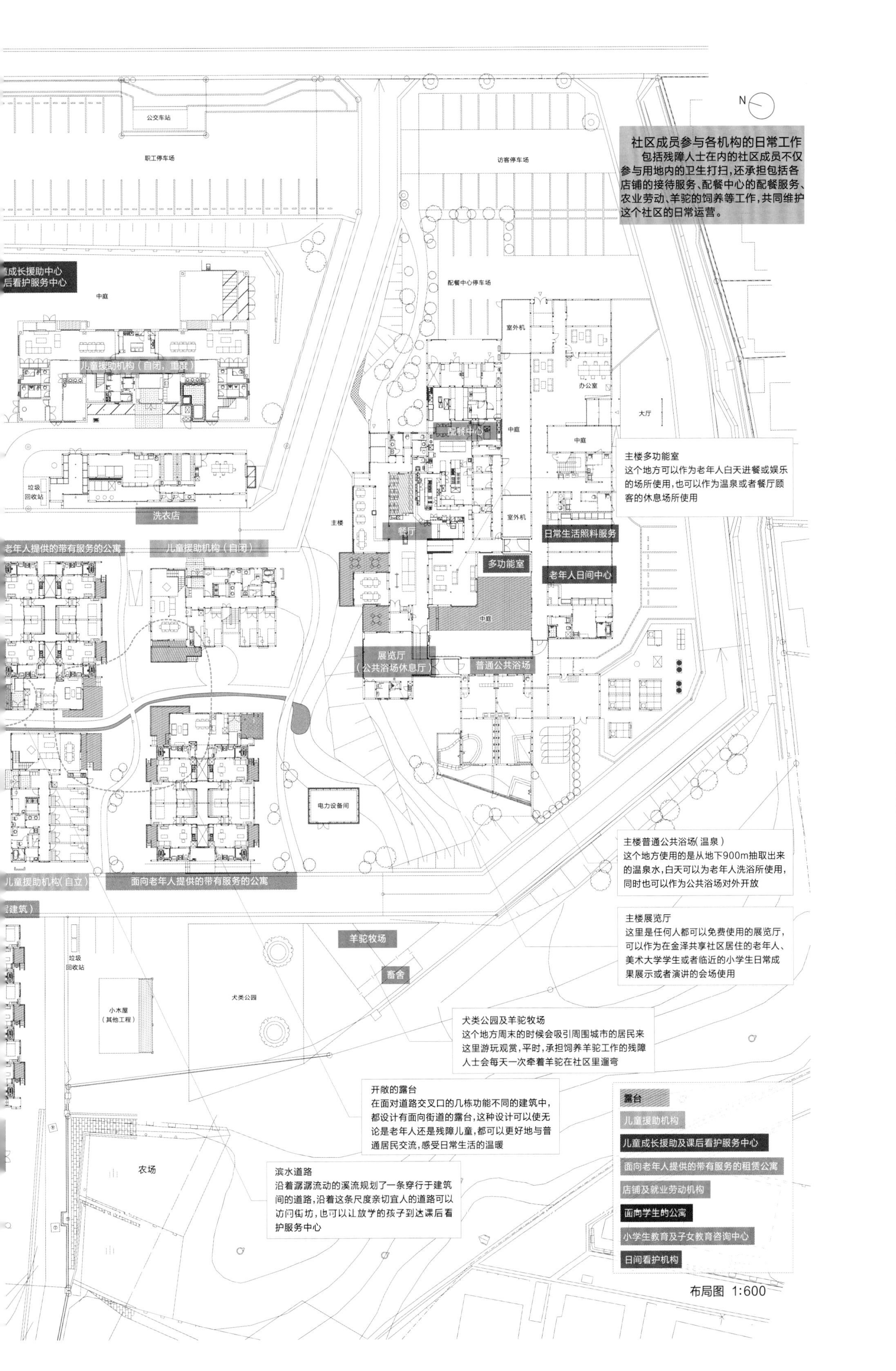
社区成员参与各机构的日常工作
包括残障人士在内的社区成员不仅参与用地内的卫生打扫，还承担包括各店铺的接待服务、配餐中心的配餐服务、农业劳动、羊驼的饲养等工作，共同维护这个社区的日常运营。
N
公交车站
职工停车场
访客停车场
配餐中心停车场
成长援助中心
后看护服务中心
中庭
儿童援助机构（自闭，重度）
室外机
办公室
大厅
配餐中心
中庭
中庭
垃圾
回收站
洗衣店
主楼
餐厅
室外机
日常生活照料服务
多功能室
老年人日间中心
老年人提供的带有服务的公寓
儿童援助机构（自闭）
中庭
展览厅
（公共浴场休息厅）
普通公共浴场
主楼多功能室
这个地方可以作为老年人白天进餐或娱乐的场所使用，也可以作为温泉或者餐厅顾客的休息场所使用
电力设备间
儿童援助机构（自立）
面向老年人提供的带有服务的公寓
建筑）
主楼普通公共浴场（温泉）
这个地方使用的是从地下900m抽取出来的温泉水，白天可以为老年人洗浴所使用，同时也可以作为公共浴场对外开放
主楼展览厅
这里是任何人都可以免费使用的展览厅，可以作为在金泽共享社区居住的老年人、美术大学学生或者临近的小学生日常成果展示或者演讲的会场使用
垃圾
回收站
羊驼牧场
畜舍
犬类公园
小木屋
（其他工程）
犬类公园及羊驼牧场
这个地方周末的时候会吸引周围城市的居民来这里游玩观赏，平时，承担饲养羊驼工作的残障人士会每天一次牵着羊驼在社区里遛弯
开敞的露台
在面对道路交叉口的几栋功能不同的建筑中，都设计有面向街道的露台，这种设计可以使无论是老年人还是残障儿童，都可以更好地与普通居民交流，感受日常生活的温暖
农场
滨水道路
沿着潺潺流动的溪流规划了一条穿行于建筑间的道路，沿着这条尺度亲切宜人的道路可以访问街坊，也可以让放学的孩子到达课后看护服务中心
露台
儿童援助机构
儿童成长援助及课后看护服务中心
面向老年人提供的带有服务的租赁公寓
店铺及就业劳动机构
面向学生的公寓
小学生教育及子女教育咨询中心
日间看护机构

布局图 1:600

友好花园

UN建筑师事务所

主要功能	餐饮	种植	活动	商谈
睡觉	学习	游戏	买卖	展示
休闲	工作	运动	租赁	医疗
阅读	手工	监护	交换	住宿

［关键词］

- “城市休闲角”的临时活用
- 不依附于建筑的空间构成
- 面向日常生活开发的场所

友好花园的设计理念是“体验新生活的广场”，人们在这个场所里可以重新审视日常生活。这个场所为了将住宅街区中空闲的私有地作为“城市休闲角”利用起来，同时让场地具有在未来发展的可能性，将场地内的设施均设计为可移动的。例如，在设计过程中并没有增加任何的构筑物，而是通过可以移动的户外家具、菜园、植物以及高差处理等手段来构成空间。同时，这里是在车辆较少的十字路口沿着公园一侧设置的街边开放空间，因此可以作为日常生活中每日开放的场所使用。

［基本资料］

项目地点：千叶县千叶市稻毛区绿町1-18-8
建成时间：2016年
设计：UN建筑师事务所
业主：Mikey
策划：Mikey
运营：Mikey、Harapeco Lab
家具制作：青木家具工坊
制作配合：浜野制作所、寺泽千贺子
用地面积：366.70 m²
用地类型：第一类居住用地

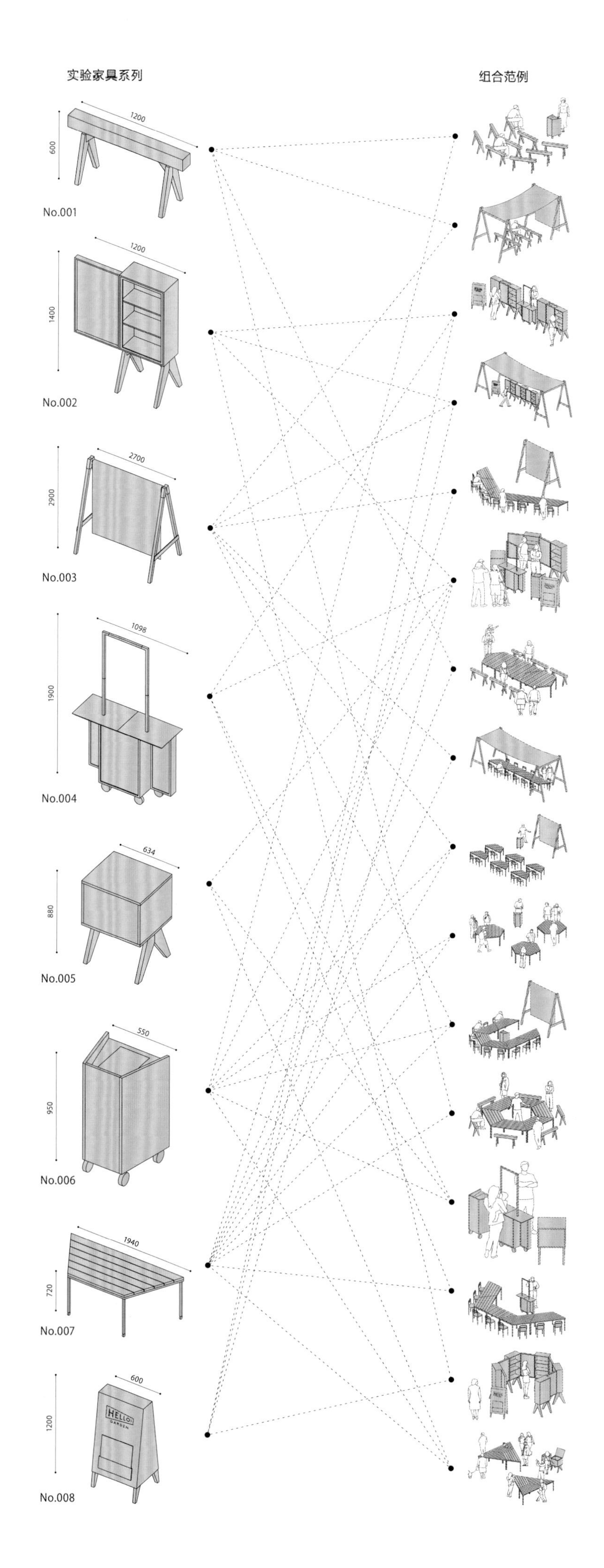
实验家具系列
组合范例
1200
600
No.001
1200
1400
No.002
2700
2900
No.003
1098
1900
No.004
634
880
No.005
550
950
No.006
1940
720
No.007
600
1200
HELLO!
GARDEN
No.008

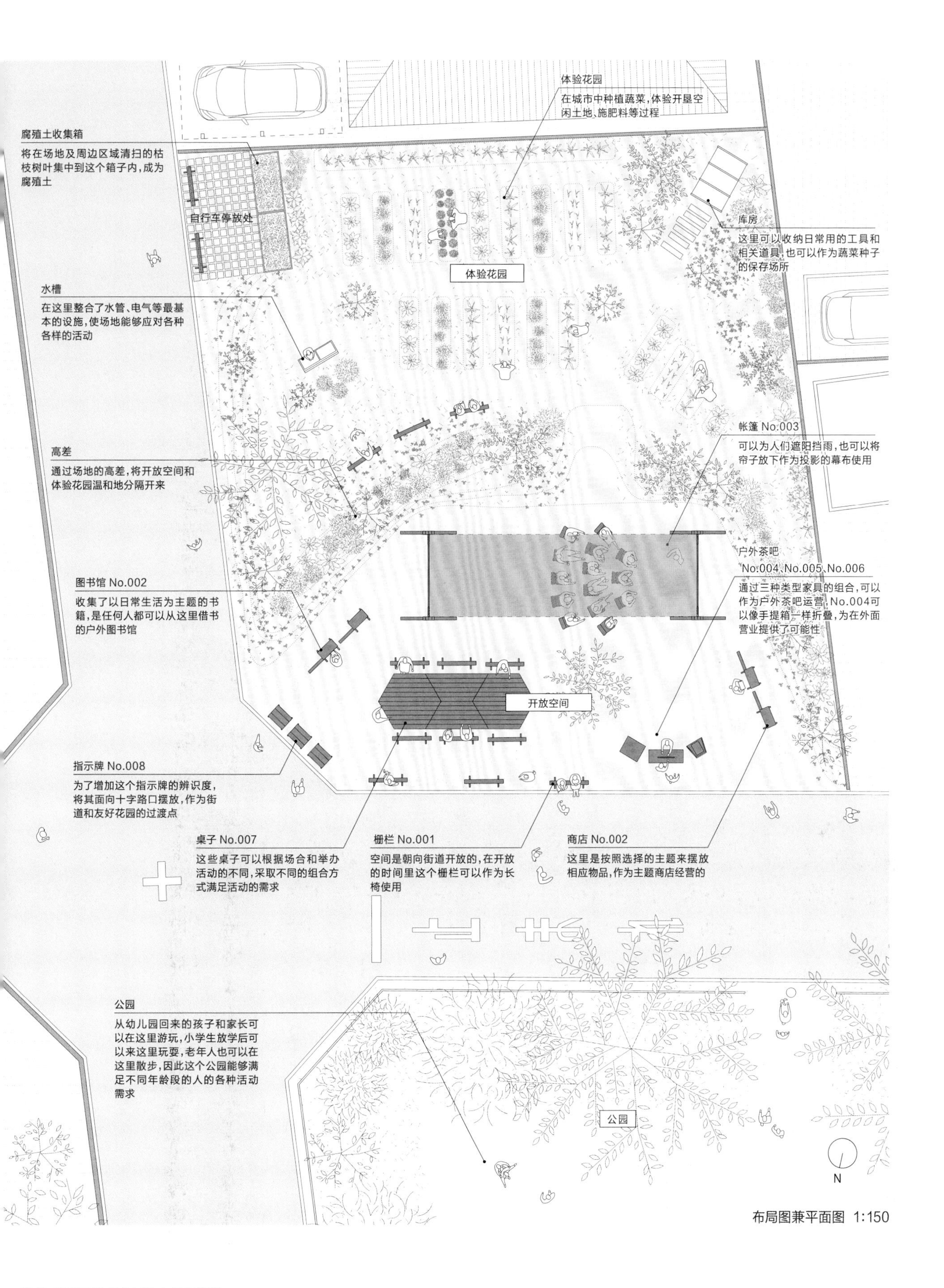
体验花园
在城市中种植蔬菜，体验开垦空闲土地、施肥料等过程
腐殖土收集箱
将在场地及周边区域清扫的枯枝树叶集中到这个箱子内，成为腐殖土
自行车停放处
库房
这里可以收纳日常用的工具和相关道具，也可以作为蔬菜种子的保存场所
体验花园
水槽
在这里整合了水管、电气等最基本的设施，使场地能够应对各种各样的活动
帐篷 No.003
可以为人们遮阳挡雨，也可以将帘子放下作为投影的幕布使用
高差
通过场地的高差，将开放空间和体验花园温和地分隔开来
户外茶吧
No.004、No.005、No.006
通过三种类型家具的组合，可以作为户外茶吧运营，No.004可以像手提箱一样折叠，为在外面营业提供了可能性
图书馆 No.002
收集了以日常生活为主题的书籍，是任何人都可以从这里借书的户外图书馆
开放空间
指示牌 No.008
为了增加这个指示牌的辨识度，将其面向十字路口摆放，作为街道和友好花园的过渡点
桌子 No.007
这些桌子可以根据场合和举办活动的不同，采取不同的组合方式满足活动的需求
栅栏 No.001
空间是朝向街道开放的，在开放的时间里这个栅栏可以作为长椅使用
商店 No.002
这里是按照选择的主题来摆放相应物品，作为主题商店经营的
公园
从幼儿园回来的孩子和家长可以在这里游玩，小学生放学后可以来这里玩耍，老年人也可以在这里散步，因此这个公园能够满足不同年龄段的人的各种活动需求
公园
N

布局图兼平面图 1:150

满足多种活动的“实验家具系列”

友好花园以体验为主，围绕着日常生活举办了多种多样的活动，聚集了不同年龄、性别和国籍的人共同参与其中。例如，在这里有地区居民举办的餐集会，也有附近大学教授开展的公开课，还有DJ、VJ等举办的网络活动，以及制作酱油的工坊、讲演、运动会、收获祭、语言研修会、户外茶吧、图书馆等多种多样的活动。在这个场所中，活动的开展不是按照运营者的想法进行的，而是通过提供这样一个空间让活动自发在这里产生。为此，这个场地内并没有为某一特殊活动设计特定空间，活动参与者要靠自己的双手创造即将要使用的空间。这样做的结果就是可以根据活动需求，通过“实验家具系列”来组合形成适合的场地。在这个过程中，时常会产生新的组合方法，让人们体验到创造的乐趣。

Good Job！香芝公共中心

大西麻贵、百田有希/O+H建筑师事务所

主要功能	**餐饮**	种植	**活动**	**商谈**
睡觉	**学习**	游戏	**买卖**	**展示**
休闲	**工作**	运动	租赁	医疗
阅读	**手工**	监护	交换	住宿

［关键词］

· 集合了多种墙壁的空间
· 引导视线和行动的墙壁
· 让人产生不同感觉的大窗户

香芝公共中心是从方便残障人士活动的角度考虑而创造的场所。在这里，有可供成员进行创作的工作室，也有地区居民可以使用的工作室，还有进行策划展示的展览厅、咖啡厅和商店，同时，这个空间中也有可以进行包装工作的仓库。总之，这是个企业和福利机构、地区产业和残障人士共同参与，在不同领域共同协作、积极组织活动的场所。同时，这个空间里有各种功能不同、颜色各异的墙壁，场所内没有完全封闭的独立空间，整个空间是完全连通的，并且通过墙壁的布置营造了特性各异的空间。来这个场所的人可以在这里找到自己喜爱、让自己心情舒畅的空间，如挑空中明亮的画室、墙壁角落里隐藏的工作台，还有可以看到绿植的窗边空间等。

［基本资料］

项目地点：奈良县香芝市下田西2-8-1
建成时间：2016年
设计：大西麻贵、百田有希/O+H建筑师事务所
业主：社会福利法人瓦塔博时（Wataboushi）联合会
策划：社会福利法人瓦塔博时联合会
运营：社会福利法人瓦塔博时联合会
施工：大倭殖产、浅力工务店
审核性质：残障福利服务事务所
用地面积：795.51 m^2
建筑占地面积：311.84 m^2
规划面积：471.17 m^2
结构及施工方法：木结构
建筑层数：2层
用地类型：第一类居住用地

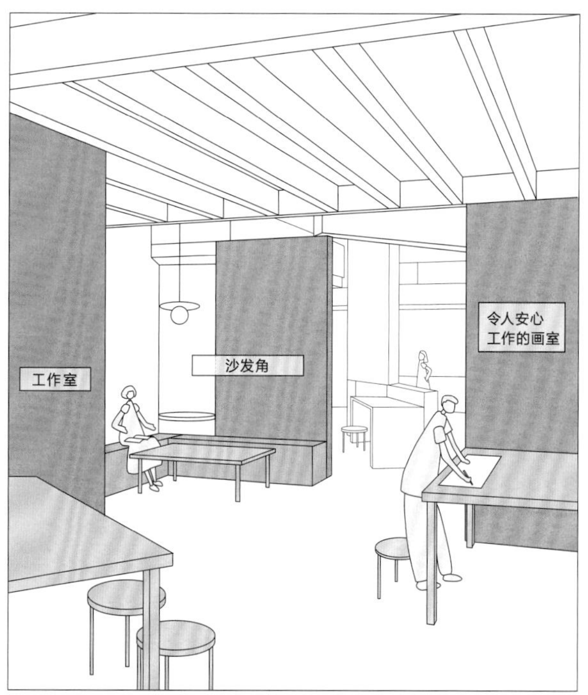
工作室
沙发角
令人安心
工作的画室

多样化的场所

这个天花板比较低的空间，让人产生舒心沉稳的感觉，同时也拥有让人们休息放松的沙发角。通过墙壁的分隔，这里形成了多种类型的场所。

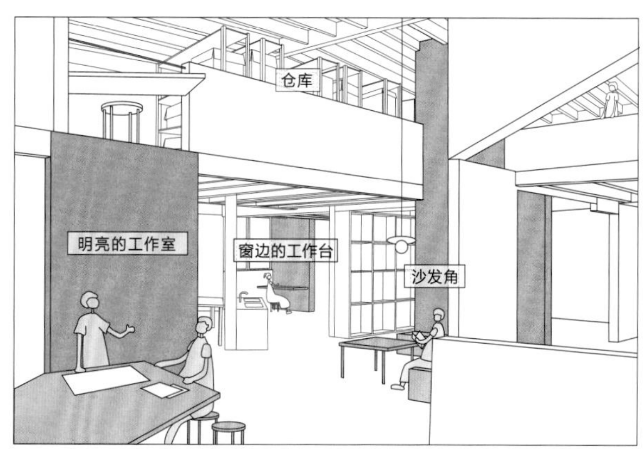
仓库
明亮的工作室
窗边的工作台
沙发角

立体层次的场景

在挑空明亮的工作室中，可以窥见窗边的单人工作台、沙发角。不同类型的场景以多种层次映入眼帘。

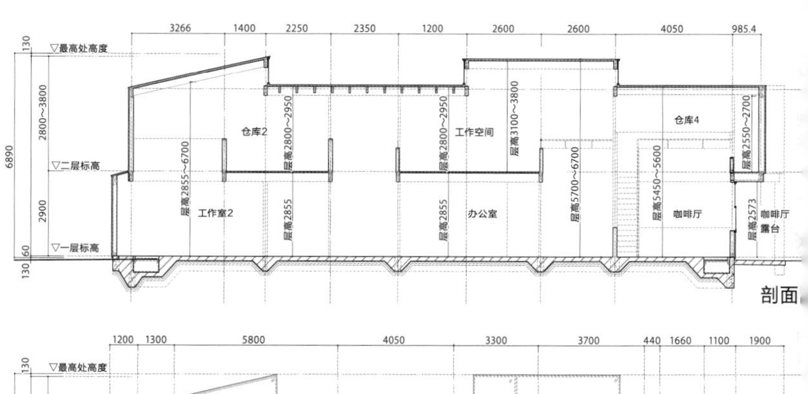
3266
1400
2250
2350
1200
2600
2600
4050
985.4
最高处高度
二层标高
一层标高
6890
2800~3800
2900
仓库2
工作空间
仓库4
工作室2
办公室
咖啡厅
剖面

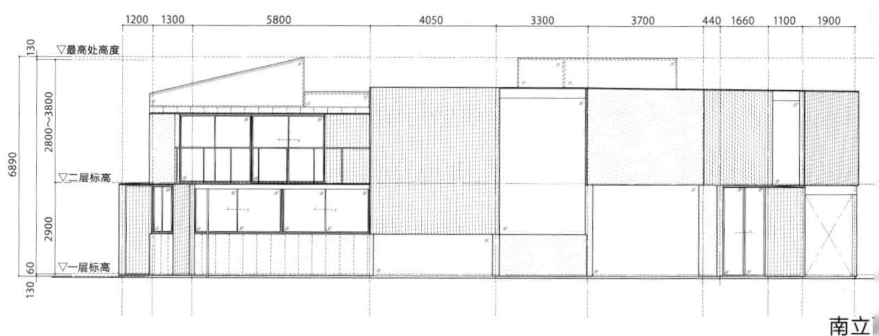
1200
1300
5800
4050
3300
3700
440
1660
1100
1900
最高处高度
二层标高
一层标高
6890
2800~3800
2900
南立

从外部可以观赏到内部的活动

由墙壁、窗框和屋顶组成的外墙，使室外的人们可以透过窗户感受室内的各种活动，墙边设置了长椅和檐下空间，同时，室内外均有可以站立的空间。

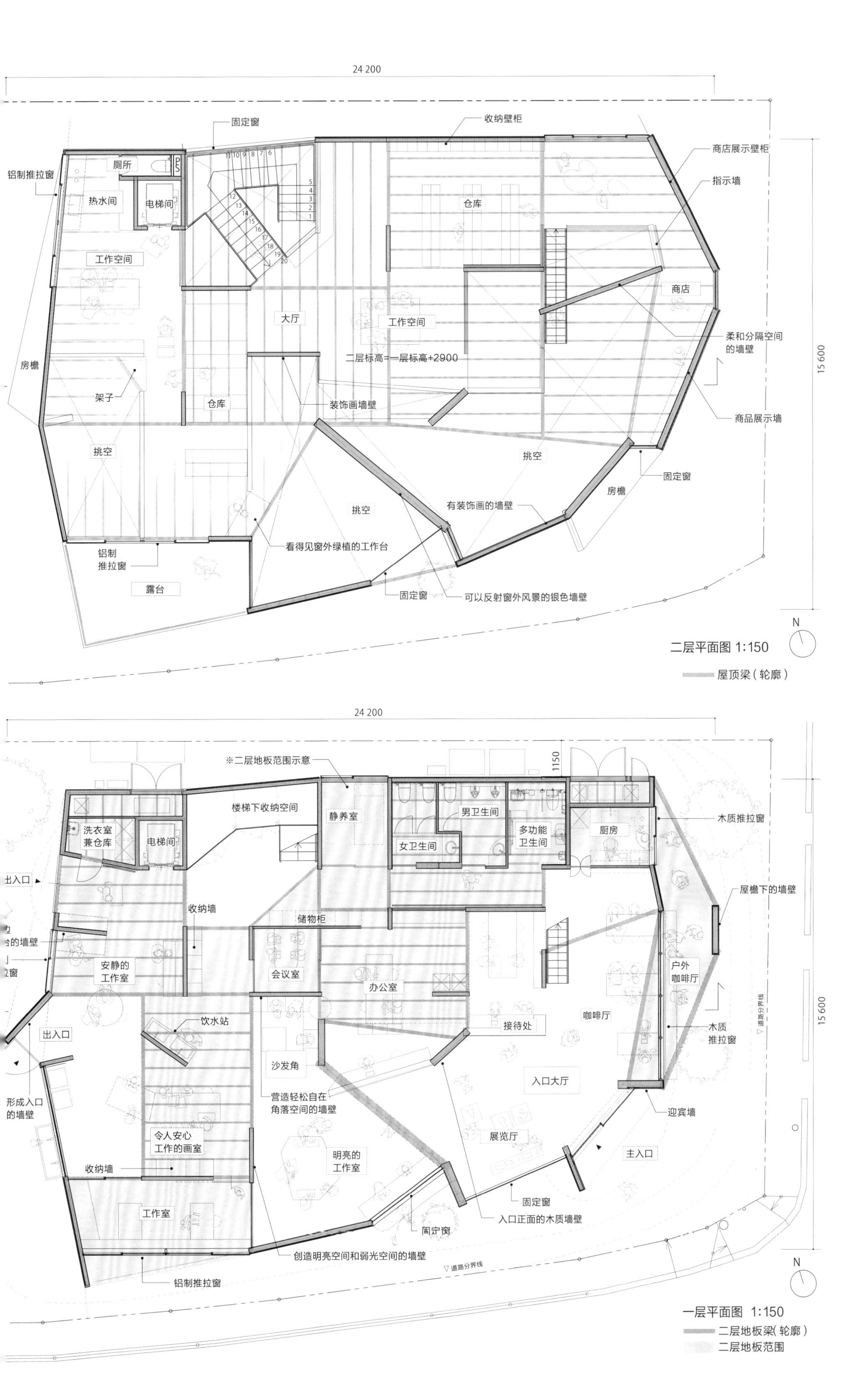
24 200
固定窗
收纳壁柜
商店展示壁柜
铝制推拉窗
厕所
热水间
电梯间
指示墙
仓库
工作空间
商店
大厅
工作空间
柔和分隔空间
的墙壁
二层标高=一层标高+2900
房檐
架子
仓库
装饰画墙壁
商品展示墙
15 600
挑空
挑空
固定窗
房檐
挑空
有装饰画的墙壁
铝制
推拉窗
看得见窗外绿植的工作台
露台
固定窗
可以反射窗外风景的银色墙壁
N
二层平面图 1:150
屋顶梁（轮廓）
24 200
※二层地板范围示意
1150
楼梯下收纳空间
静养室
男卫生间
木质推拉窗
洗衣室
兼仓库
电梯间
多功能
卫生间
厨房
女卫生间
出入口
屋檐下的墙壁
收纳墙
储物柜
安静的
工作室
会议室
办公室
户外
咖啡厅
咖啡厅
饮水站
接待处
木质
推拉窗
出入口
沙发角
入口大厅
形成入口
的墙壁
营造轻松自在
角落空间的墙壁
迎宾墙
令人安心
工作的画室
展览厅
主入口
明亮的
工作室
收纳墙
固定窗
工作室
入口正面的木质墙壁
固定窗
创造明亮空间和弱光空间的墙壁
道路分界线
铝制推拉窗
N
一层平面图 1:150
二层地板梁（轮廓）
二层地板范围

岩沼民众之家

伊东丰雄建筑设计事务所

主要功能	餐饮	种植	活动	商谈
睡觉	学习	游戏	买卖	展示
休闲	工作	运动	租赁	医疗
阅读	手工	监护	交换	住宿

［关键词］

· 空间的室内外一体化使用
· 满足多种功能需求的木质房间
· 让人产生安全感的和式小木屋

在备受海啸灾害侵扰的拥有大面积农用地的岩沼市，为了振兴当地的农业，东京信息技术（IT）企业出资建造了这个“民众之家”。在设计过程中，为了促进当地农业产业，设计师、使用者以及出资人共同商讨并选择相应的建造材料，最终采用柳杉圆柱和梁作为结构材料，设计了令人有安全感的和式小木屋。小木屋具有大进深的屋檐和三合土的门厅等结构，有着古老农家的氛围。这个空间构成不是从功能来考虑的，而是从使用者的角度进行考虑，是由内而外形成的空间。

现在，企业一边和地方合作，开展产销直营等交流活动，一边将这里打造成人们可以轻松享受农业和食物乐趣的地方，使地区的农业文化能够得到传承。

［基本资料］

项目地点：宫城县岩沼市押分南谷地238惠野墓苑
建成时间：2013年
设计：伊东丰雄建筑设计事务所
业主：因福科姆（Infocom）株式会社
策划：因福科姆株式会社
运营：因福科姆株式会社
施工：今庆兴产、熊谷组（监理）
审核性质：事务所兼集会场所
用地面积：406.47 m²
建筑占地面积：93.60 m²
总建筑面积：73.44 m²（含平台8.64 m²）
结构及施工方法：木结构
建筑层数：1层
用地类型：第一类居住用地，建筑基本法第22条

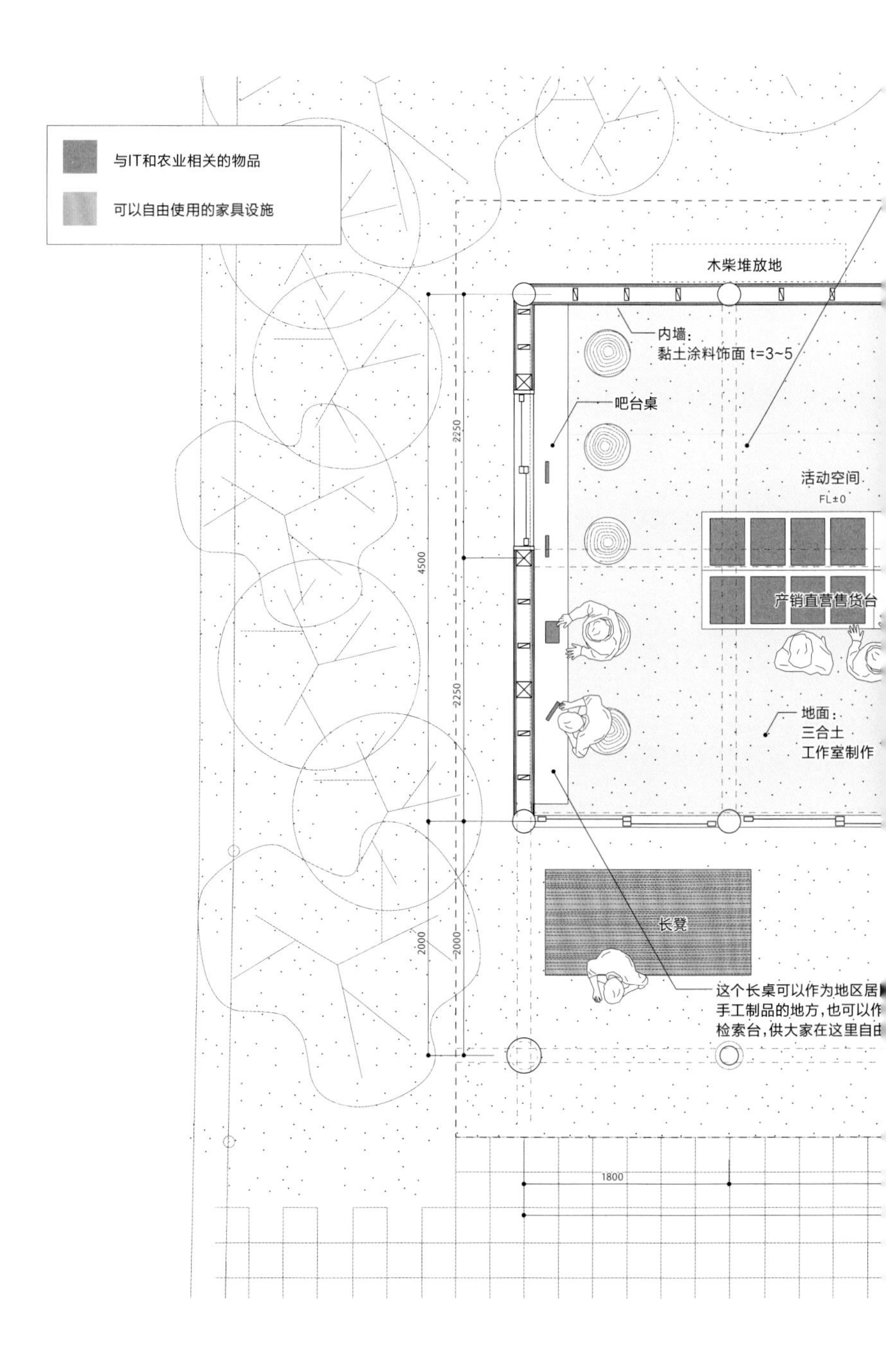

与IT和农业相关的物品
可以自由使用的家具设施
木柴堆放地
内墙：
黏土涂料饰面 t=3~5
吧台桌
活动空间
FL±0
产销直营售货台
地面：
三合土
工作室制作
长凳
这个长桌可以作为地区居
手工制品的地方，也可以作
检索台，供大家在这里自由
2250
4500
2250
2000
2000
1800

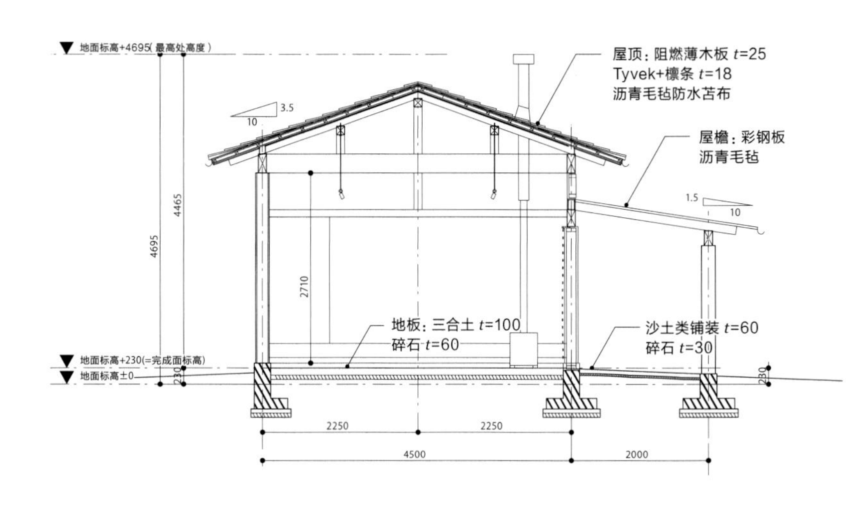

地面标高+4695(最高处高度)
屋顶：阻燃薄木板 t=25
Tyvek+檩条 t=18
沥青毛毡防水苫布
屋檐：彩钢板
沥青毛毡
3.5
10
1.5
10
4695
4465
2710
地板：三合土 t=100
碎石 t=60
沙土类铺装 t=60
碎石 t=30
地面标高+230(=完成面标高)
地面标高±0
230
2250
2250
4500
2000

短边剖面图 1:100

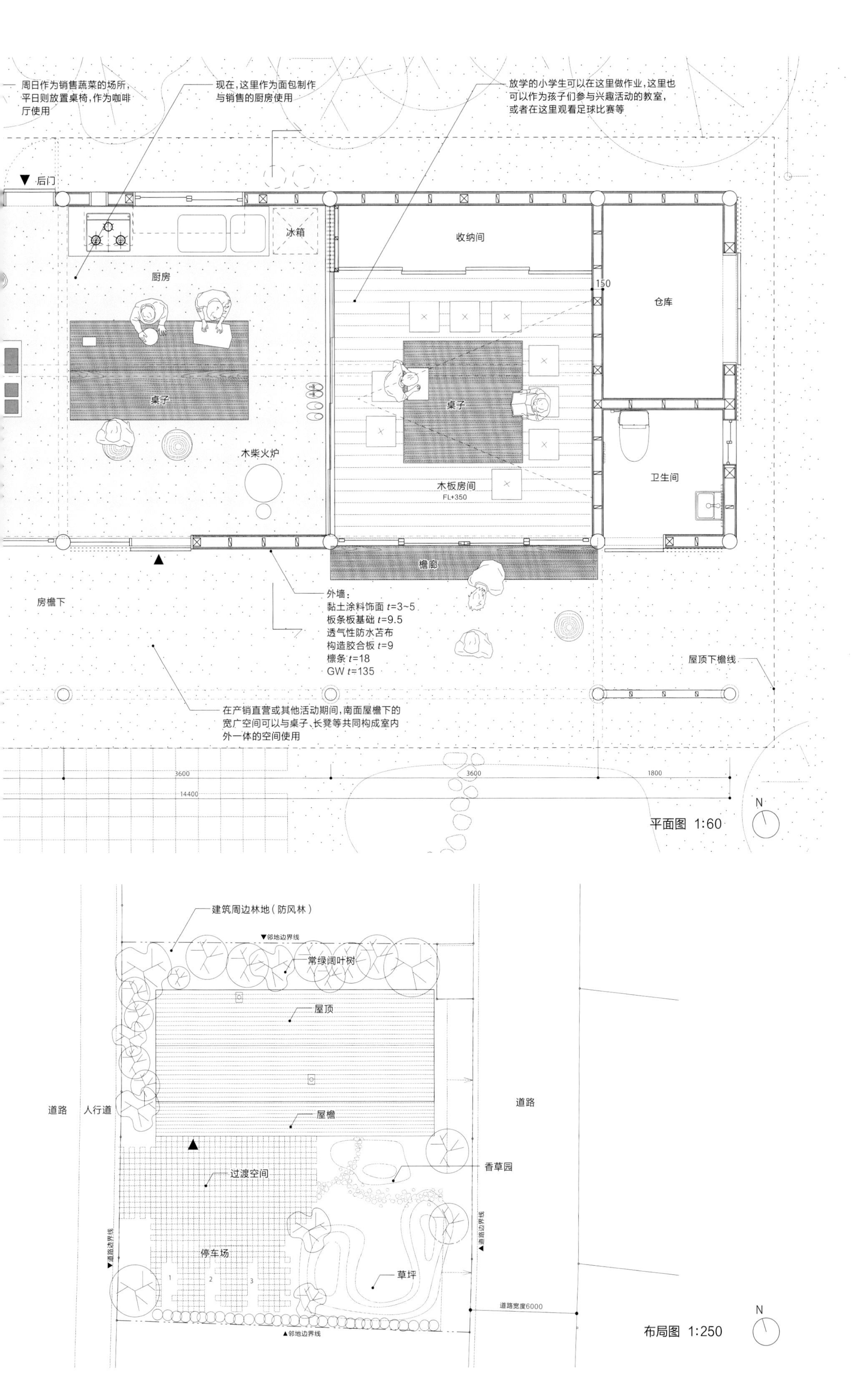

周日作为销售蔬菜的场所，平日则放置桌椅，作为咖啡厅使用
现在，这里作为面包制作与销售的厨房使用
放学的小学生可以在这里做作业，这里也可以作为孩子们参与兴趣活动的教室，或者在这里观看足球比赛等
后门
冰箱
收纳间
厨房
150
仓库
桌子
桌子
木柴火炉
卫生间
木板房间
FL+350
檐廊
房檐下
外墙：
黏土涂料饰面 t=3~5
板条板基础 t=9.5
透气性防水苫布
构造胶合板 t=9
檩条 t=18
GW t=135
屋顶下檐线
在产销直营或其他活动期间，南面屋檐下的宽广空间可以与桌子、长凳等共同构成室内外一体的空间使用
3600
3600
1800
14400
N
平面图 1:60
建筑周边林地（防风林）
▼邻地边界线
常绿阔叶树
屋顶
道路
人行道
道路
屋檐
香草园
过渡空间
▼道路边界线
▲道路边界线
停车场
1
2
3
草坪
道路宽度6000
▲邻地边界线
N
布局图 1:250

高冈家庭旅馆

能作文德、能作淳平/能作建筑师事务所

主要功能	餐饮	种植	活动	商谈
睡觉	学习	游戏	买卖	展示
休闲	工作	运动	租赁	医疗
阅读	手工	监护	交换	住宿

［关键词］

· 减少建筑
· 屋顶的重新设计
· 材料的重组

项目所在地是富山县高冈市。项目将现有建筑进行改造，使建筑的一部分可以供祖母居住，其余部分可以作为招待家人和朋友的场所或公共餐厅使用。在建设过程中，减少了原有三栋建筑的一部分，形成了一个中庭空间，通过这种方式整合了剩余建筑的空间关系。为了使屋顶样式与周围保持一致，将原有小木屋的一部分屋顶材料转移到现在的公共餐厅屋顶上，保持原有的风格，同时将遗留下来的格窗、赏雪推拉门、拉门等材料保留下来，作为承载整个家族记忆的资源再利用。家族成员也参与了建设工作，跟匠人学习了硅藻土涂料和砖石等材料的施工技术。

［基本资料］

项目地点：富山县高冈市
建成时间：2016年
设计：能作文德、能作淳平/能作建筑师事务所
业主：能作敏克、能作几代
策划：能作几代
运营：能作几代
施工：MONO空间设计、Audec
审核性质：个人住宅、兴趣室
用地面积：462.68 m²
建筑占地面积：90.03 m²
总建筑面积：90.03 m²
结构及施工方法：木结构（传统梁柱结构）
建筑层数：1层
用地类型：第一类中高层居住用地

后院
保留了后院原来的样子，如从很久以前就种植的树木和石灯等
铝制窗框
门厅
地面：混凝土泥浆 t=100
门厅使用庭院
保存的门扇
浴缸
水磨石
卫生间·洗漱间
水磨石浴缸
祖母的客厅
神龛
地面：榻榻米 t=60
墙壁：硅藻土涂层 t=25
天花板：原有木屋结构
拉门的贴纸
厨房
硅藻土涂料
佛龛
收纳间
1245
3625
910
2730
910
3640
A
B
C
D
1
2
3
4
5

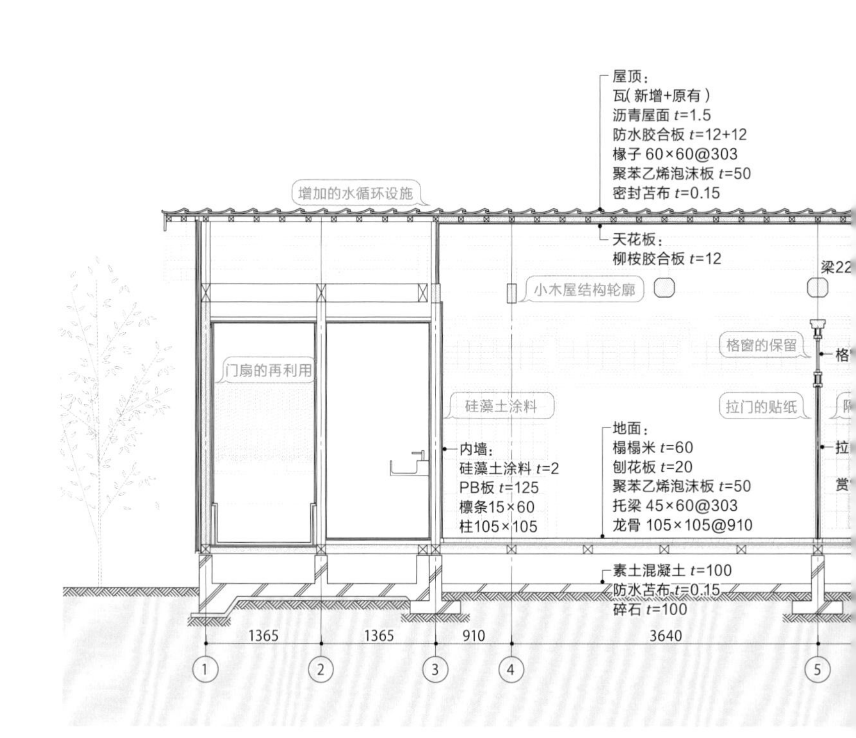
屋顶：
瓦（新增+原有）
沥青屋面 t=1.5
防水胶合板 t=12+12
椽子 60×60@303
聚苯乙烯泡沫板 t=50
密封苫布 t=0.15
增加的水循环设施
天花板：
柳桉胶合板 t=12
小木屋结构轮廓
格窗的保留
门扇的再利用
硅藻土涂料
拉门的贴纸
内墙：
硅藻土涂料 t=2
PB板 t=125
檩条15×60
柱105×105
地面：
榻榻米 t=60
刨花板 t=20
聚苯乙烯泡沫板 t=50
托梁 45×60@303
龙骨 105×105@910
素土混凝土 t=100
防水苫布 t=0.15
碎石 t=100
1365
1365
910
3640
1
2
3
4
5

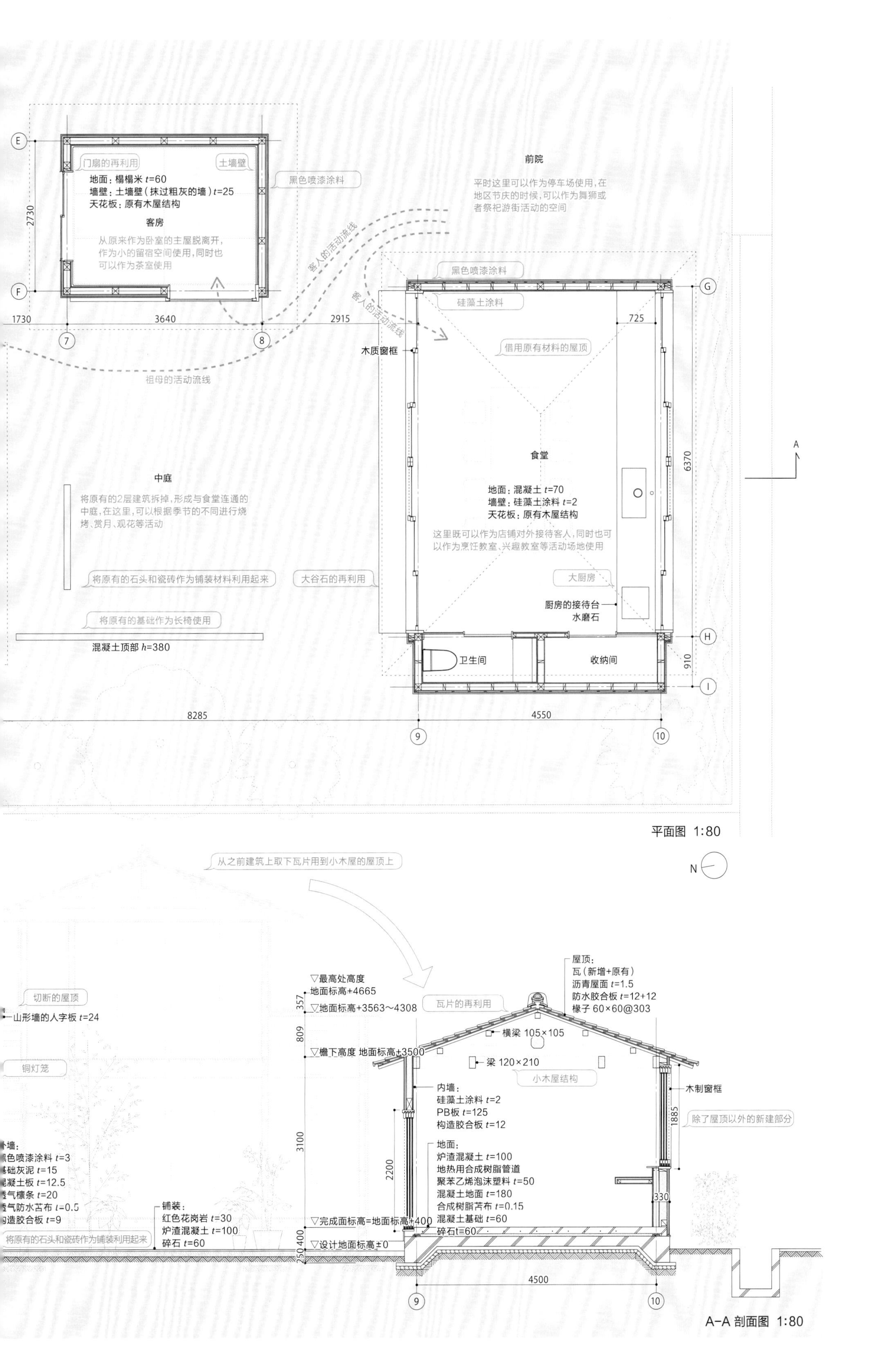

门扇的再利用
土墙壁
地面：榻榻米 t=60
墙壁：土墙壁（抹过粗灰的墙）t=25
天花板：原有木屋结构
客房
从原来作为卧室的主屋脱离开，作为小的留宿空间使用，同时也可以作为茶室使用
黑色喷漆涂料
2730
1730
3640
2915
客人的活动流线
前院
平时这里可以作为停车场使用，在地区节庆的时候，可以作为舞狮或者祭祀游街活动的空间
黑色喷漆涂料
硅藻土涂料
725
木质窗框
借用原有材料的屋顶
祖母的活动流线
中庭
将原有的2层建筑拆掉，形成与食堂连通的中庭，在这里，可以根据季节的不同进行烧烤、赏月、观花等活动
食堂
地面：混凝土 t=70
墙壁：硅藻土涂料 t=2
天花板：原有木屋结构
这里既可以作为店铺对外接待客人，同时也可以作为烹饪教室、兴趣教室等活动场地使用
6370
将原有的石头和瓷砖作为铺装材料利用起来
大谷石的再利用
大厨房
厨房的接待台
水磨石
将原有的基础作为长椅使用
混凝土顶部 h=380
卫生间
收纳间
910
8285
4550
A
平面图 1:80
N
从之前建筑上取下瓦片用到小木屋的屋顶上
切断的屋顶
山形墙的人字板 t=24
铜灯笼
▽最高处高度 地面标高+4665
357
▽地面标高+3563～4308
瓦片的再利用
809
▽檐下高度 地面标高+3500
屋顶：
瓦（新增+原有）
沥青屋面 t=1.5
防水胶合板 t=12+12
椽子 60×60@303
横梁 105×105
梁 120×210
小木屋结构
木制窗框
内墙：
硅藻土涂料 t=2
PB板 t=125
构造胶合板 t=12
1885
除了屋顶以外的新建部分
3100
2200
地面：
炉渣混凝土 t=100
地热用合成树脂管道
聚苯乙烯泡沫塑料 t=50
混凝土地面 t=180
合成树脂苫布 t=0.15
混凝土基础 t=60
碎石t=60
330
墙：
黑色喷漆涂料 t=3
基础灰泥 t=15
混凝土板 t=12.5
透气檩条 t=20
透气防水苫布 t=0.5
构造胶合板 t=9
铺装：
红色花岗岩 t=30
炉渣混凝土 t=100
碎石 t=60
将原有的石头和瓷砖作为铺装利用起来
▽完成面标高=地面标高+400
400
▽设计地面标高±0
250
4500

A-A 剖面图 1:80

共创社(Cocrea)

井坂幸惠 / Bews建筑师事务所

主要功能	餐饮	种植	活动	商谈
睡觉	学习	游戏	买卖	展示
休闲	工作	运动	租赁	医疗
阅读	手工	监护	交换	住宿

[关键词]

· 办公室与共享房屋的叠加

· 海风通过的六边形配楼

· 在小高差的情况下将其互相串联

项目位于茨城县以北，始于开拓信息技术株式会社（Venture-IT）董事长的一个“梦”，参考了基于当地大学街道现状建造的环形“HEMHEM”项目。本项目同时考虑了地区居民和地方企业的场地使用需求，将这里规划为可开展多元地区活动的基地。办公室和共享房屋的三栋群组建筑把太平洋沿岸的海风引入场地，大小不一的群组建筑围合成了谷间客厅，是一个会把大家自然地集中在一起的“谷间”。在这里，人们能够感受小高差及非承重墙营造出的转换的视野和氛围，是一个处处用心的场地。同时，还能感受自然通风、采光、水井等贴近身边的自然能源营造的氛围，并尝试共同使用场地，切身体会生态生活。

[基本资料]

项目地点：茨城县日立市大米卡町3-1-12
建成时间：2015年
设计：井坂幸惠 / Bews建筑师事务所
负责人：大塚悠太
业主：单播（Unicast）株式会社
策划：单播株式会社
茨城基督教大学地域贡献小组，HEMHEM
运营：单播株式会社
施工：三秀建设工业
审核性质：寄宿宿舍
用地面积：1105.09 m^2
建筑占地面积：270.52 m^2
总建筑面积：407.54 m^2
专属空间（共享房屋）：114.98 m^2
专属空间（办公室）：131.19 m^2
共享空间：161.37 m^2
结构及施工方法：木结构（传统梁柱结构）
建筑层数：2层
用地类型：非正式居住用地，第二类居住用地

空间图解

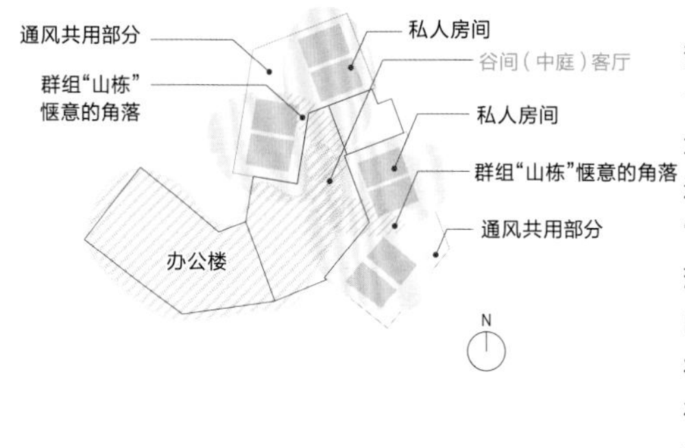
通风共用部分
群组“山栋”
惬意的角落
私人房间
谷间（中庭）客厅
私人房间
群组“山栋”惬意的角落
通风共用部分
办公楼
N

场地的关联

3栋建筑围成的谷间“中庭客厅”有来部的自然光落入。在背对着“海栋”和“山栋”120° 的空间中，变形长椅的设置形成了“大小的和谐角落”。从这个角落向上走两级达建筑群组区域，那是拥有120° 宽广视“通风共用部分(包括做家务事和做早饭落)”。人们可以顺着管状通道打开推拉门自己的房间，或者打开走廊边的落地窗去状阳台。活动的不同、昼夜的交替使建筑在感时强时弱，根据这样的层次变化选择的居住场所，就是所谓的“场所的连接”。

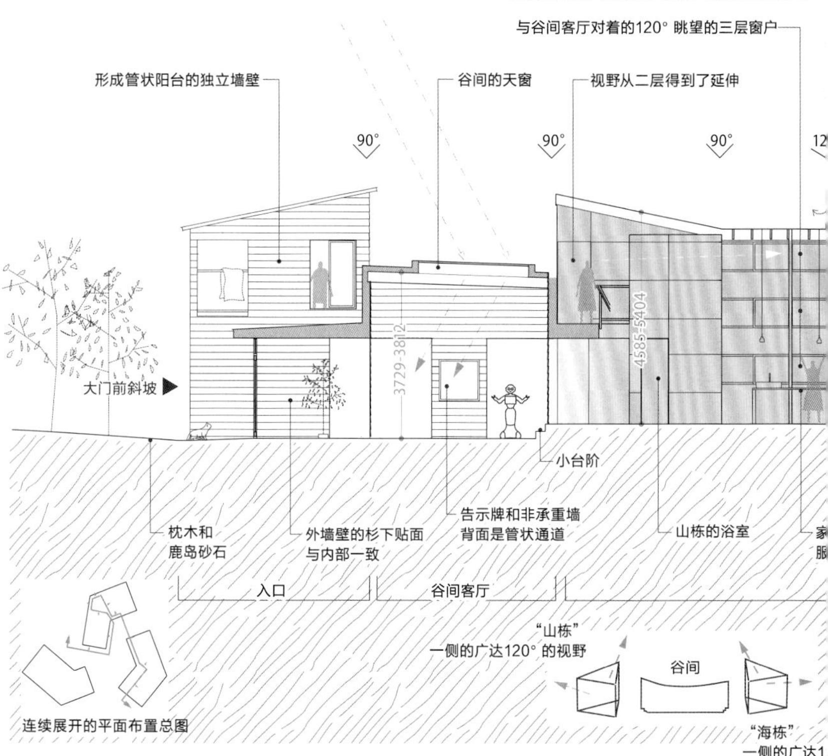
与谷间客厅对着的120° 眺望的三层窗户
形成管状阳台的独立墙壁
谷间的天窗
视野从二层得到了延伸
90°
90°
90°
大门前斜坡
3729-3812
4585-5404
小台阶
枕木和
鹿岛砂石
外墙壁的杉下贴面
与内部一致
告示牌和非承重墙
背面是管状通道
山栋的浴室
入口
谷间客厅
“山栋”
一侧的广达120° 的视野
谷间
“海栋”
连续展开的平面布置总图

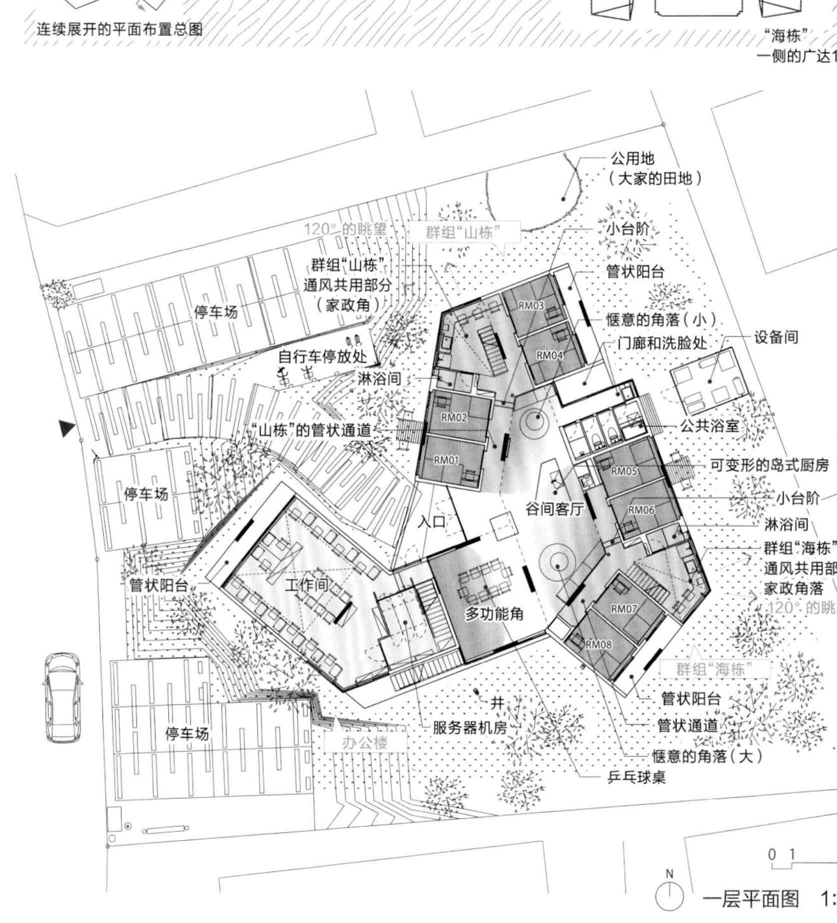
公用地
（大家的田地）
120° 的眺望
群组“山栋”
小台阶
群组“山栋”
通风共用部分
（家政角）
管状阳台
停车场
惬意的角落（小）
门廊和洗脸处
设备间
自行车停放处
淋浴间
“山栋”的管状通道
公共浴室
可变形的岛式厨房
停车场
小台阶
入口
谷间客厅
淋浴间
群组“海栋”
通风共用部分
家政角落
管状阳台
工作间
多功能角
群组“海栋”
管状阳台
井
管状通道
停车场
服务器机房
办公楼
惬意的角落（大）
乒乓球桌
RM01
RM02
RM03
RM04
RM05
RM06
RM07
RM08
N
一层平面图

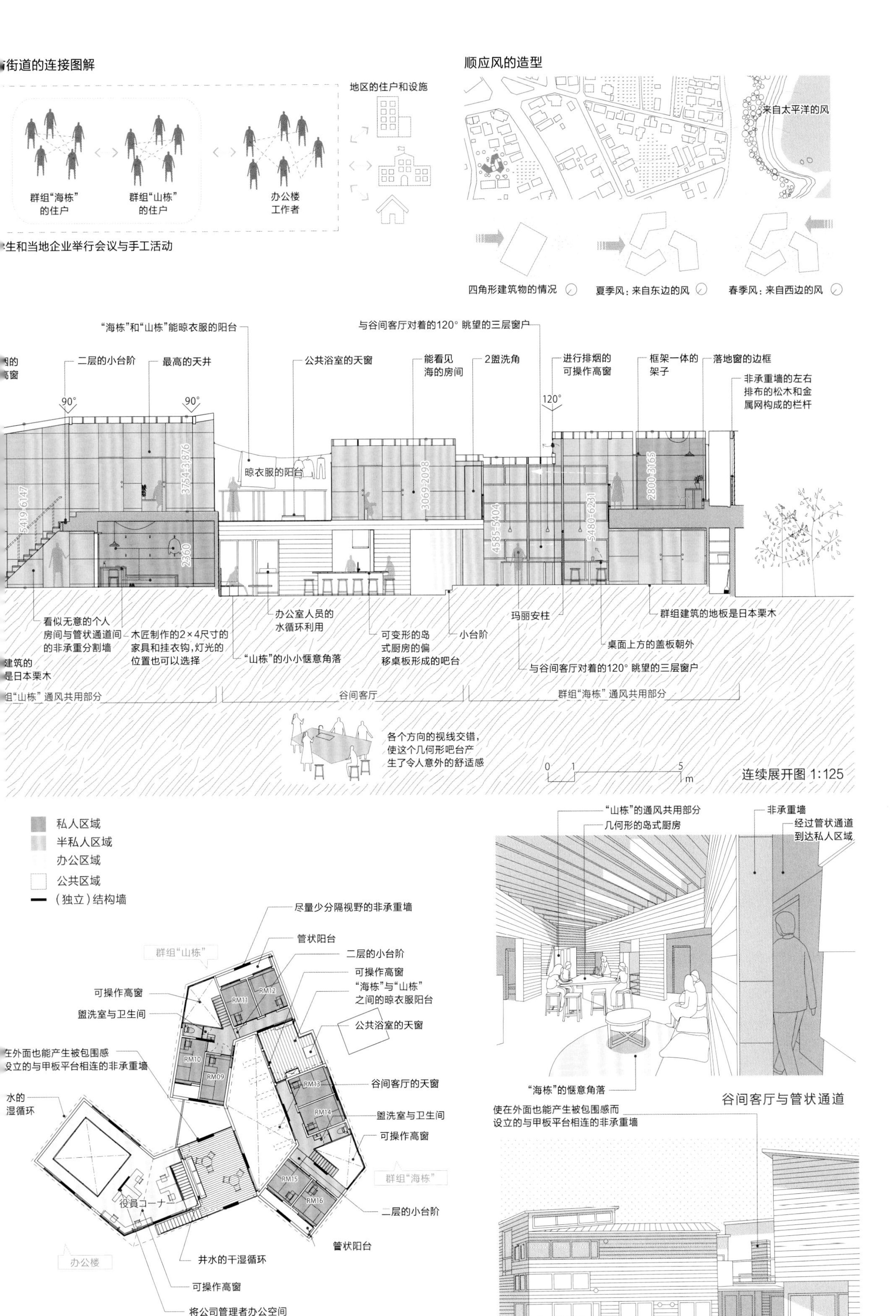

街道的连接图解
群组“海栋”的住户
群组“山栋”的住户
办公楼工作者
地区的住户和设施
生和当地企业举行会议与手工活动
顺应风的造型
来自太平洋的风
四角形建筑物的情况
夏季风：来自东边的风
春季风：来自西边的风
“海栋”和“山栋”能晾衣服的阳台
与谷间客厅对着的120° 眺望的三层窗户
二层的小台阶
最高的天井
公共浴室的天窗
能看见海的房间
2盥洗角
进行排烟的可操作高窗
框架一体的架子
落地窗的边框
非承重墙的左右排布的松木和金属网构成的栏杆
90°
90°
120°
晾衣服的阳台
5419-6147
3754-3876
2360
3069-2098
4585-5404
5480-6231
2800-3165
看似无意的个人房间与管状通道间的非承重分割墙
木匠制作的2×4尺寸的家具和挂衣钩，灯光的位置也可以选择
“山栋”的小小惬意角落
办公室人员的水循环利用
可变形的岛式厨房的偏移桌板形成的吧台
小台阶
玛丽安柱
与谷间客厅对着的120° 眺望的三层窗户
桌面上方的盖板朝外
群组建筑的地板是日本栗木
建筑的是日本栗木
组“山栋”通风共用部分
谷间客厅
群组“海栋”通风共用部分
各个方向的视线交错，使这个几何形吧台产生了令人意外的舒适感
0 1 5 m
连续展开图 1:125
私人区域
半私人区域
办公区域
公共区域
（独立）结构墙
尽量少分隔视野的非承重墙
管状阳台
群组“山栋”
二层的小台阶
可操作高窗
“海栋”与“山栋”之间的晾衣服阳台
可操作高窗
盥洗室与卫生间
公共浴室的天窗
在外面也能产生被包围感设立的与甲板平台相连的非承重墙
RM11
RM12
RM10
RM09
RM13
RM14
RM15
RM16
谷间客厅的天窗
水的湿循环
盥洗室与卫生间
可操作高窗
群组“海栋”
役員コーナー
二层的小台阶
办公楼
管状阳台
井水的干湿循环
可操作高窗
将公司管理者办公空间与其他办公空间分隔的非承重墙
0 1 5
二层平面图 1:40
“山栋”的通风共用部分
几何形的岛式厨房
非承重墙
经过管状通道到达私人区域
“海栋”的惬意角落
谷间客厅与管状通道
使在外面也能产生被包围感而设立的与甲板平台相连的非承重墙
大小群组建筑组成了并列的屋顶

里山村庄

都市设计系统、S · 概念株式会社

主要功能	餐饮	种植	活动	商谈
睡觉	学习	游戏	买卖	展示
休闲	工作	运动	租赁	医疗
阅读	手工	监护	交换	住宿

[关键词]

· 里山被动的居住环境
· 朝南向的雁行型配楼
· 标志性场地和开放的外部结构

在曾经是山的地方进行区域规划，整修建成了一个居民可自主管理的、以杂木林为中心的具有玫瑰色氛围的居住区。夏天，树木间会有微风吹过；冬天，树木的叶子飘落，阳光自然地穿过树木，十分自然的感觉，使不够理想的环境重新焕发了生机。43户住宅大多数主向朝南，因此有着充足的日照。该住宅社区系统设计了雁行型的配楼，创造出了能够使风穿过的空地。通过栽培多彩的植物，淡化住户间的分隔界限。无论是在家中还是在庭院中，住户都能感到愉快与舒适。

概念、设计和可行性的平衡，仅靠一家之力是无法实现的，大家一起努力才能使得场地丰富起来。以里山为契机，营造再生的自然温和的社区，为居民们提供居住场所。

[基本资料]

项目地点：福冈县北九州市
建成时间：2018年
设计：都市设计系统（2008年时的称呼）、S · 概念株式会社
业主：都市设计系统、S · 概念株式会社、Copulas
策划：都市设计系统、S · 概念株式会社、Copulas
运营：自治
施工：户畑土建工业
田主丸绿地建设
审核性质：专用住宅
用地面积：11 893.88 m²
建筑占地面积：每户平均120 m²
杂木林面积：2949.12 m²
结构及施工方法：住宅部分木结构
建筑层数：2层
用地类型：第一类低层居住专用地

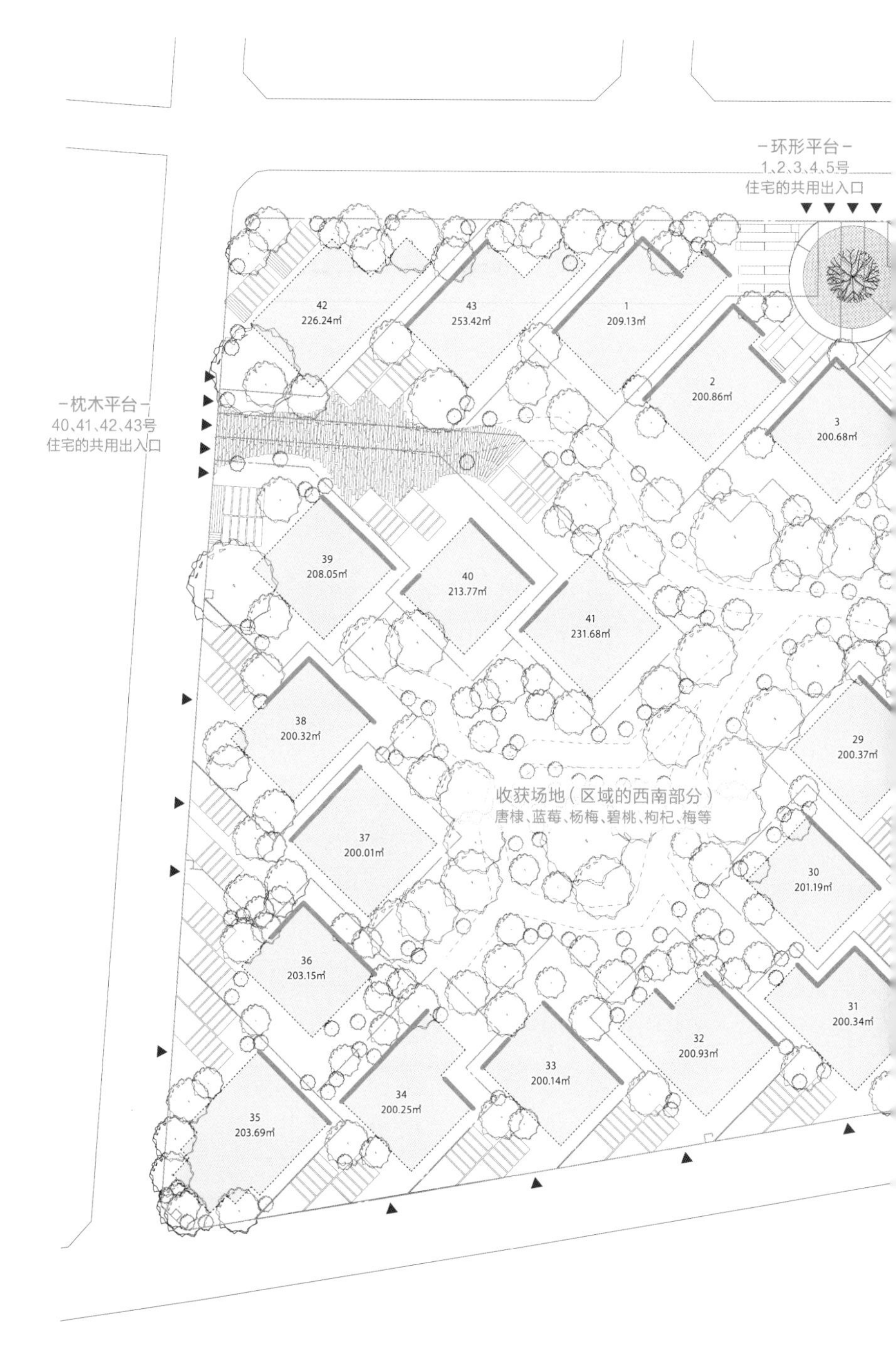
－环形平台－
1、2、3、4、5号
住宅的共用出入口
－枕木平台－
40、41、42、43号
住宅的共用出入口
42
226.24㎡
43
253.42㎡
1
209.13㎡
2
200.86㎡
3
200.68㎡
39
208.05㎡
40
213.77㎡
41
231.68㎡
38
200.32㎡
29
200.37㎡
收获场地（区域的西南部分）
唐棣、蓝莓、杨梅、碧桃、枸杞、梅等
37
200.01㎡
30
201.19㎡
36
203.15㎡
31
200.34㎡
32
200.93㎡
33
200.14㎡
34
200.25㎡
35
203.69㎡

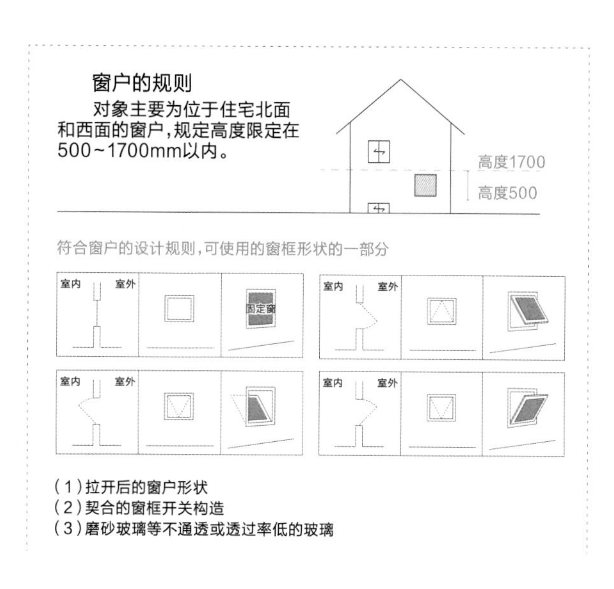
窗户的规则
对象主要为位于住宅北面和西面的窗户，规定高度限定在500~1700mm以内。
高度1700
高度500
符合窗户的设计规则，可使用的窗框形状的一部分
室内
室外
固定窗
（1）拉开后的窗户形状
（2）契合的窗框开关构造
（3）磨砂玻璃等不通透或透过率低的玻璃

环形平台的构成

环形平台面向内部道路的同时，开放地衔接着外部道路，并且在其中央拥有标志性的树木。直径11m的环形内部种植低矮草坪，车辆能够自然地转弯，外部一周铺有易于行走的精加工地面。

枕木平台的构成

枕木平台为对着道路的封闭式平台，是一种为了降低车速而使道路蛇形延伸的精加工枕木组成的自行车与人行共行的形态。

枕木平台连接着里山的保育通行道路，可防止居民之外的人侵入。

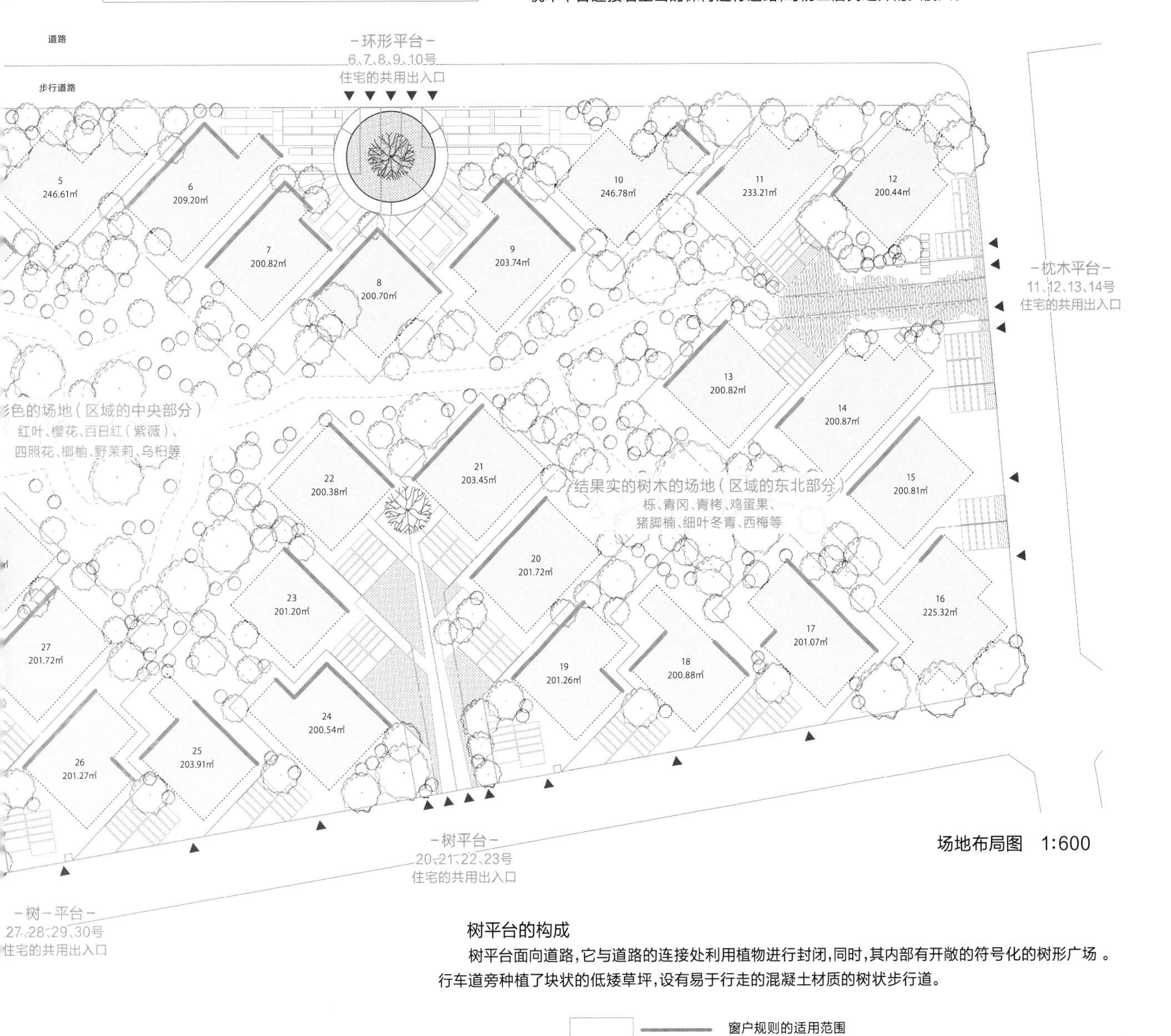
道路
步行道路
–环形平台–
6、7、8、9、10号
住宅的共用出入口
5
246.61㎡
6
209.20㎡
7
200.82㎡
8
200.70㎡
9
203.74㎡
10
246.78㎡
11
233.21㎡
12
200.44㎡
–枕木平台–
11、12、13、14号
住宅的共用出入口
13
200.82㎡
14
200.87㎡
15
200.81㎡
16
225.32㎡
17
201.07㎡
18
200.88㎡
19
201.26㎡
20
201.72㎡
21
203.45㎡
22
200.38㎡
23
201.20㎡
24
200.54㎡
25
203.91㎡
26
201.27㎡
27
201.72㎡
彩色的场地（区域的中央部分）
红叶、樱花、百日红（紫薇）、
四照花、榔榆、野茉莉、乌桕等
结果实的树木的场地（区域的东北部分）
栎、青冈、青栲、鸡蛋果、
猪脚楠、细叶冬青、西梅等
–树平台–
20、21、22、23号
住宅的共用出入口
–树–平台–
27、28、29、30号
住宅的共用出入口
图例
窗户规则的适用范围
可进行建筑施工的范围
（户建住宅）基地边界线
N

场地布局图 1:600

树平台的构成

树平台面向道路，它与道路的连接处利用植物进行封闭，同时，其内部有开敞的符号化的树形广场 。行车道旁种植了块状的低矮草坪，设有易于行走的混凝土材质的树状步行道。

一般开发住宅中的区域划分参考

按照周边同等大小的住宅规模的需求，配置道路开发计划。

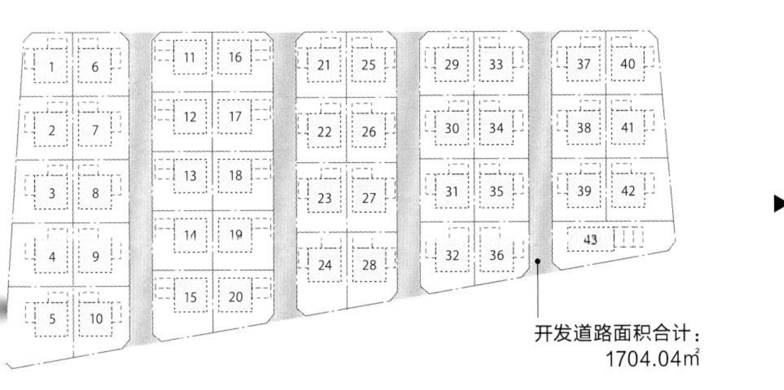
开发道路面积合计：
1704.04㎡

- 将所开发的道路移交政府进行管理，社区面积就减少了。
- 基于道路对整体区域进行划分导致场地无法有效活用。
- 建筑物靠近北侧，南侧的空地难以得到有效利用。

从居住环境的舒适度出发进行建筑配置

确保一般情况下的区域分配的数量相同 ，考虑住宅间关系的规划。

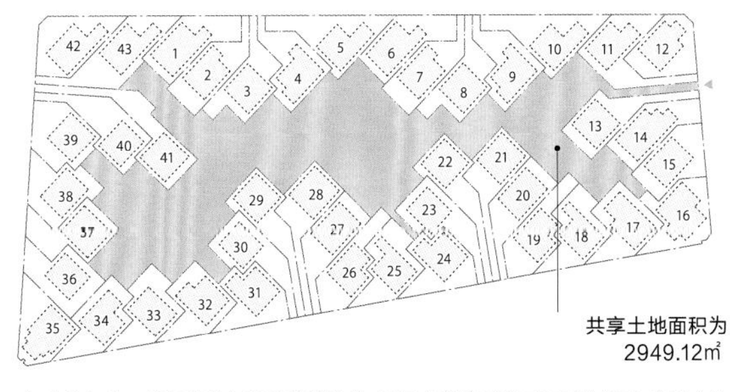
共享土地面积为
2949.12㎡

- 每户的入户区域都能够与道路直接连接，其每户道路开发面积大致相同，公共土地为杂木林。
- 对区域进行最低限度地规划，使标志性场地拥有开放的外部结构，消除边界感。
- 为了保持住宅南向的私密性，营造大家都感觉舒适的居住环境，制定了“窗户的规则”。

武雄市图书馆

CCC株式会社、阿奇力（Akiri）工作室、佐藤综合规划

主要功能	餐饮	种植	活动	商谈
睡觉	学习	游戏	买卖	展示
休闲	工作	运动	租赁	医疗
阅读	手工	监护	交换	住宿

［关键词］

· 图书馆、咖啡厅、书店的复合化
· 开架书库的最大化
· 书本相迎

2013年4月，武雄市图书馆进行了全面翻新，变得面貌一新。图书馆、咖啡馆、书店的无缝连接形成了全新的市立图书馆，面积也由990m²扩大至1850m²，成为全新的市民活动场所。所增加面积的大部分由原本作为“闭架书库”的空间而来，扩大了开架图书的范围，即扩大了开放空间和共享空间。在已有7万册开架图书的基础上，又新增了20万册图书，可以让大家自由取阅。图书馆入口处挑高空间的一面墙壁，由大量图书填满，并有灯光照射在书上。人们进入这个拥有5万人口的田园小镇的公立图书馆，首先映入眼帘的就是有着压倒性体量的图书，这样的景观和感受就是这个图书馆的特性。

［基本资料］

项目地点：佐贺县武雄市武雄町大字武雄5304－1
建成时间：2013年
设计：CCC株式会社、阿奇力工作室、佐藤综合规划
业主：武雄市
策划：武雄市、CCC株式会社
运营：CCC株式会社
施工：建筑：五光建筑　电气：冈田电机
空调及卫生：冈田电机
书架：船场电特定建设工事共同企业体（电气）
审核性质：图书馆、商店及餐饮店
用地面积：10 162.43 m²
建筑占地面积：3352.04 m²
总建筑面积：3803.12 m²
结构及施工方法：钢筋混凝土结构，部分木结构
建筑层数：2层
用地类型：第一类中高层居住专用地

公共图书馆参照了商业设施的翻新手法

确定应连接开放的空间后，便开始讨论如何减少现有墙壁。对于只有图书馆功能的建筑物来说，添加咖啡厅等商业设施，其复合化就会得以实现。新铺设的部分地板、闭架书库以及开架书库的面积调整，使得馆内可开放的空间也增加了。

在闭架书库的顶部设置光源，确保其光环境，形成安静的阅读空间，以有效利用开架书库。同时，扩宽了二层的阳台，形成了全部墙壁都是书架的阅读空间。咖啡厅重新设计了室外空间及设施，将室外积极利用了起来。

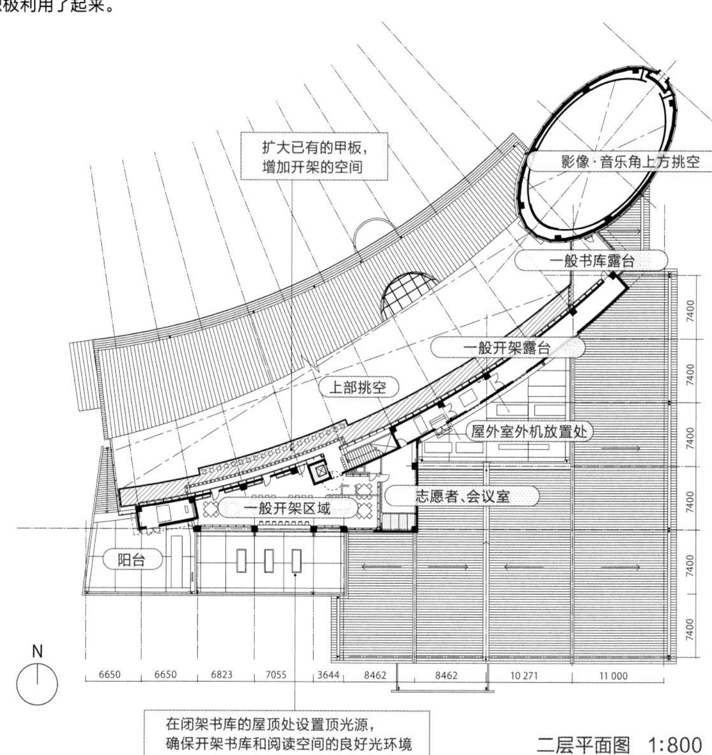
扩大已有的甲板，
增加开架的空间
影像·音乐角上方挑空
一般书库露台
一般开架露台
上部挑空
屋外室外机放置处
志愿者、会议室
一般开架区域
阳台
N
6650
6650
6823
7055
3644
8462
8462
10 271
11 000
7400
在闭架书库的屋顶处设置顶光源，
确保开架书库和阅读空间的良好光环境

二层平面图　1:800

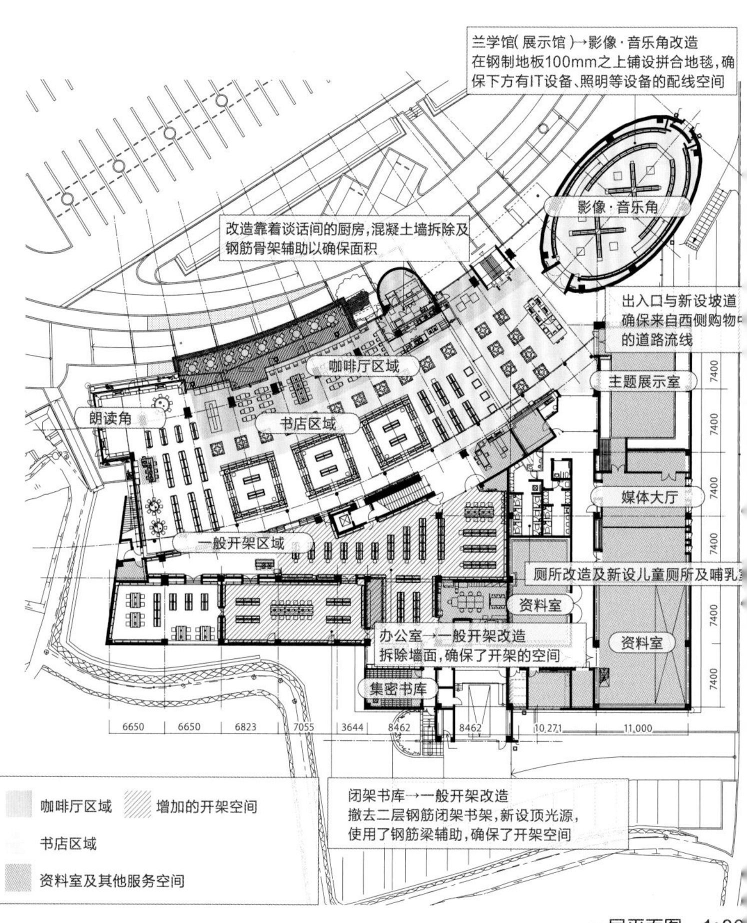
兰学馆（展示馆）→影像·音乐角改造
在钢制地板100mm之上铺设拼合地毯，确保下方有IT设备、照明等设备的配线空间
影像·音乐角
改造靠着谈话间的厨房，混凝土墙拆除及钢筋骨架辅助以确保面积
出入口与新设坡道
确保来自西侧购物
的道路流线
咖啡厅区域
主题展示室
朗读角
书店区域
媒体大厅
一般开架区域
厕所改造及新设儿童厕所及哺乳室
资料室
办公室→一般开架改造
拆除墙面，确保了开架的空间
资料室
集密书库
6650
6650
6823
7055
3644
8462
8462
10,271
11,000
7400
咖啡厅区域
增加的开架空间
书店区域
资料室及其他服务空间
闭架书库→一般开架改造
撤去二层钢筋闭架书架，新设顶光源，
使用了钢筋梁辅助，确保了开架空间

一层平面图　1:80

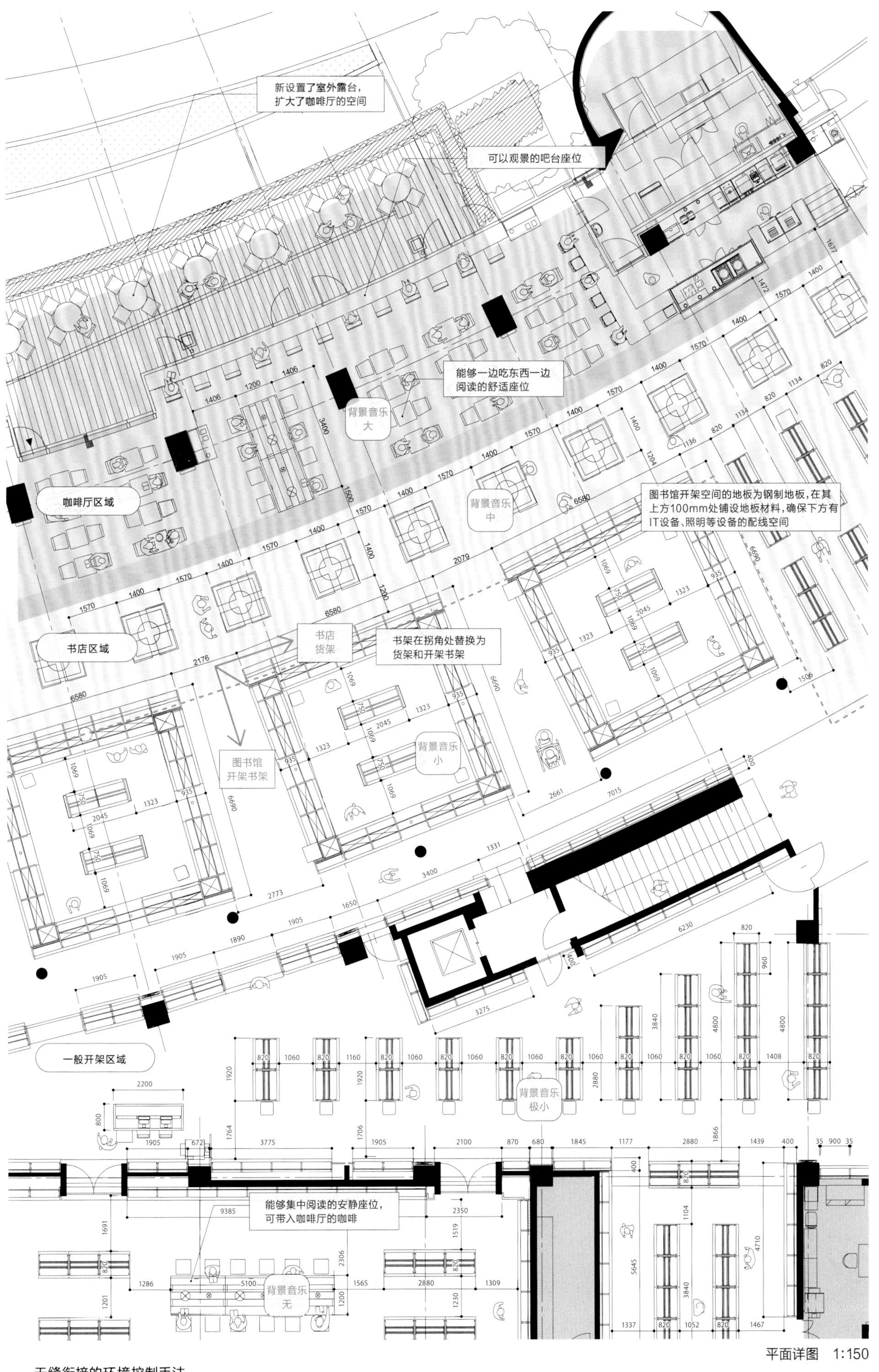
新设置了室外露台，
扩大了咖啡厅的空间
可以观景的吧台座位
能够一边吃东西一边
阅读的舒适座位
背景音乐
大
咖啡厅区域
背景音乐
中
图书馆开架空间的地板为钢制地板，在其
上方100mm处铺设地板材料，确保下方有
IT设备、照明等设备的配线空间
书店区域
书店
货架
书架在拐角处替换为
货架和开架书架
图书馆
开架书架
背景音乐
小
一般开架区域
背景音乐
极小
能够集中阅读的安静座位，
可带入咖啡厅的咖啡
背景音乐
无

平面详图 1:150

无缝衔接的环境控制手法

在这里，公共的图书馆和私营的书店、咖啡厅、影音租赁店是无缝衔接的。因为商业空间和公共图书馆所寻求的声音环境差异较大，靠近外部的咖啡厅的背景音乐是流行音乐，而内部利用书架的排列布置的许多小空间则需要安静。因此，扩音器的设置与音量的控制，应该根据不同的场所分别设定。

任何人都能够与社会产生联系的共同协作，创造性的网络活动中心

——Good Job！香芝公共中心已经运营两个月了，这期间都有谁在这里开展过怎样的活动呢？

森下：作为福利设施，其首要任务就是为残障人士提供工作和活动的场所。现如今我们已经引入了不少便于残障人士工作的相关设施，但可供选择的项目还是较少。因此，我们一直都在思考如何为喜欢艺术创作的残障人士提供相应的工作环境。

现在，这里也是一个商品流通中心，包括海外企业在内的约70个企业生产的超过1000种商品，都摆放在小商店里供人挑选。同时，这里也会举行类似百货商店等商业设施中举行的限期促销活动。

建筑中有作为专用画室的北馆，以及包含仓库、咖啡厅、商店等设施的南馆。使用建筑的理想人数是40人，现在的使用者中登记在案的残障人士有13人，实际的使用人数为每天10名左右。这其中包括患有认知障碍、自闭症、统合失调症等神经性障碍的人，也包括患有脑瘫等疾病导致身体残障的人。总之，这个活动中心的使用者涉及很多类型的残障人士。

上午9点半到下午4点之间，是残障人士的活动时间，除了进行创作，他们还要参与商品流通的相关工作，包括管理、货运等。具体来说，有商品条形码粘贴、检查等工作任务。现在，他们还要定期更新网站上的信息、展示用的商品照片、商品的推销文案以及标识语等。在这里积累的关于商品的知识，对于他们以后建立自己的商店应该是非常有用的。同时，残障人士也可以参与咖啡馆客人接待的工作，以及作为工作室的工作人员等。

——这个项目和地区产生互动了吗？

森下：根据相关预测，香芝市在今后的三十年将成为人口数不会减少的少数几个城市之一，也就是说，在这个有很多年轻人的地区，咖啡厅、商店等需要容纳多个年龄段的人。在场所面向地区居民的开放日，从年纪大一些的夫妇到带着婴儿的年轻母亲，每天大约有150人至200人来参观体验。

“这里是什么呢”，特意到访的人当然会产生这样的问题，但是也有许多人是顺带走进来看看的，因此我们也会考虑要不要增加介绍空间类型的说明或者说接待员这样的问题。我们希望这个空间可以适应不同类型的使用者，也就是只要人们来到这里，就可以和场所产生联系，并且决定如何使用这个空间。

今后，我们也会考虑开展运用3D打印和激光刀等技术来制作圣诞节的小挂件、增加亲子工作室等形式的活动。

——这个项目是怎样启动的呢？

森下：我们一直致力于将残障人士的艺术表现力通过社会活动的形式展示出来。在这些尝试中，我们发现残障人士的艺术表现力对于地区和居民的活力营造非常有帮助，这就使我们产生了将残障人士的艺术工作及其成果与地区相结合的想法，最终产生了“Good Job！”项目。我们先是收集了一些国内外残障人士艺术活动的设计作品和商业案例，然后从2012年起，在北海道、宫城、大阪、爱知、兵库、大分等地开展“Good Job！”展览会，介绍这个项目。同时，吉本昭等人开始进行项目申请，并为推进项目的进行选择地点。最后，在日本财团和香芝市许多企业及市民的支持下，我们开始建设这个项目。

——在征集方案时，对建筑师的方案有什么样的期待么？

森下：我们想找到能够提出新颖想法的人来进行项目场所的设计，除了艺术工作者以外，也希望这个空间能够容纳更多不同的工作人员。同时，我们也希望，在这里，大家都是一起工作、相互可见的。在公开征集方案的2周内，我们共收到了103个方案，大西先生的“与街道共生的艺术森林”方案给我们留下了深刻的印象，使我们产生了耳目一新的感觉。同时，在和他的对话中，也感觉到我们之间的交流很顺利，能够一起将这个项目推进下去。

——对于这个设计都提出了怎样的问题？

森下：一直以来，为患有精神性障碍及发展性障碍的人提供的设施很少。为了容纳这些人，我们在设计中必须要做到在场所开放的同时，也让他们有能够独自休息或者集中注意力的空间。因为这个建筑并不是单纯的功能性场所，也是为他们提供保护的场所，达到功能上的平衡是设计中十分需要注意的。在设计过程中，我们提出了许多惊人的方案并一一论证，最终得到了一个与最初方案差异极大的实施方案。

——一般的就业援助机构会根据类型不同将空间分为A型和B型两种。但是这个项目是将墙壁设计为可移动的隔断式墙壁，形成了一种一体化的开放空间，是这样的吗？

森下：对，是这样的，现在的福利机构为了开展工作会将空间分割开来，在不同空间中根据类型不同设置相应设施。但是这种形式并不是我们应该继续坚持采用的，与之相反，我们考虑的是不能根据残疾种类和程度将每个人筛选出来进行工作和活动，而是要根据使用空间的人当时的情况和想要做的事情来使用场所，这种方式才是好的、积极的。

——例如“明亮的工作室”，当阳光很好的时候，在户外散步的人可以通过大玻璃窗看到内

Good Job！中心南馆二层的商店和一层工作室

部的情况，而内部则允许人们根据情况自己选择工作场所，是这样的吗?

森下：是这样的。里面的工作室和手工作坊中有“令人安心的画室”等空间，这里可以作为残障人士的工作空间使用，里面有3D打印机等设备，可以进行手工制品的加工制作。

还有，我们也考虑招募当地居民参与工作室的活动，为了应对这种情况，建筑中需要有相应的场所。实际上，竣工仪式时我们就在这里进行了演奏会，上周末也在这里举行了讨论会，商讨圣诞节音乐会的相关计划。

“Good Job！香芝公共中心”作为一个区域活动中心，是想让这里的人能够进行开放式活动。例如中川政七商店的人和“鹿圆圆”等合作之后创作出了有趣的商品，日本摔跤协会和丝网印刷也共同制作了富有创意的兜裆布。在制作240个竣工纪念品的时候，为了更加稳定无间地合作，我们在大阪的福利机构——北加贺屋实验室的支持下，购进了3D打印机，还有80个制作流程技巧说明。这种跨地区的援助极大地促进了活动的顺利开展。

——可以为我们介绍一下家具、材料、颜色等的详细设计情况吗?

森下：现在我们坐的椅子就和最初的设计方案不一样。为了配合预算，同时也为北馆身体残障人士考虑，方便他们在画室工作时使用，让他们能够将咖啡杯平稳地放在桌子上，最终设计了这种可以放胳膊的椅子。这些都是我们商讨出来的设计要点。

——在解决项目各种各样的问题中，有设计团队全体成员一直共同贯彻的理念吗?

森下：我们贯彻的理念就是一切从残障人士使用方便舒适的角度考虑，这是从最开始到建成都没有改变过的。对于设计团队提出的设计方案，我们会听取建筑师、福利专家、运营专家等各种专家的意见。这个项目是超越了艺术、设计、商业间的隔阂，通过不同人士共同参与讨论与验证后实现的。

——建筑建起来之后，使用者中的残障人士有什么样的感受呢?

森下：因为喜欢艺术和设计的人很多，大家来到这里都感到很开心很愉快。这里的很多人都有很深的感触，你可以直接去采访一下他们。大家在这个场所里不仅直接参与活动，更多时候是通过成员间的日常交流而产生新的想法，明确接下来想要做的事情。

但是，在大部分对外开放的建筑中，大家感受到的都是一种直接参与活动的印象。因此，对于我们这种与以往不同的经营模式，在最初开放的一个月时间内，工作人员是很担心场所是否能够达到我们预期的效果的。不过我们渐渐习惯了这种尝试所带来的紧张感，同时发现残障人士也开始习惯场所与众不同的氛围。

——这个新的“Good Job！香芝公共中心”的活动，对于今后的福利事业和地区发展产生了怎样的价值呢?

森下：本来社会福利机构的主旨是“人和社会是紧密相连的，在这里我们都能幸福生活”。而实际上，在福利机构中很难看到设施和社会之间产生联系。关于这一点，我们认为制造新的机遇以及和其他领域进行交流是非常重要的，因此在建设过程中，我们其中一个想法就是“做超越福利设施的建筑”。我们知道，封闭性场所对于人的交流是不利的，非必要情况下无须封闭建筑。我们最基本的想法就是，无论是谁，都可以在这里生活，在和人的羁绊之中成长，这是场所的理想状态。

场所也要让外面来访的人产生想与大家一起在这里工作的感觉，让场所充满无限可能性是非常重要的。

——关于福利设施，建筑师应该持有怎样的态度呢?

森下：关于福利设施的建设，首先要了解其现状，然后根据所了解的情况提出新的方案，我觉得这样是最有效的。

生活在这个区域的有老年人、孩子等各种各样的人，这也就意味着，福利设施不仅要具有其自身的相关功能，还要考虑以什么样的模式开放或关闭，怎样进行场所的安全防护。而且最重要的是，让在这里的人们有安心安全的感觉，因此必须考虑实际的安保加强措施。在设计运营的过程中，我们需要考虑那种事件发生的根本原因。如果让这个地方各种各样的人，大家全都互相可见，也就形成了一种安全的氛围。当我们将这种情况考虑在内时，就提出了新的方案与措施，并且将其加入到了项目的规划设计中。

森下静香，社会福利法人瓦塔博时(Wataboushi)联合会Good Job！香芝公共中心会长

1974年生，本科毕业于大阪市立大学文学研究院。1996年参与了在蒲公英之家进行的残障人士艺术文化活动的协助和调查研究工作，并在医疗和福利关怀现场调查艺术活动的进行情况。

锯南町都市交流设施——道路服务区保田小学

N.A.S.A.设计共同体

主要功能	餐饮	种植	活动	商谈
睡觉	学习	游戏	买卖	展示
休闲	工作	运动	租赁	医疗
阅读	手工	监护	交换	住宿

［关键词］

· 废校活用提案
· 新一代防灾据点
· 五所大学的协同运营支持

锯南町位于锯山南的南房总市的入口处，是一个人口约为9000人、从首都圈开车或乘电车车程约1小时的小镇。由于受到少子化的影响，2014年3月，有着一百二十多年历史的保田小学关闭了，地区活力的衰退以及居民失落感的扩大引起了管理者的担忧。本项目计划将保田小学作为城市居民和当地居民的交流基地进行再开发，使其成为“公共社区核心、城市交流设施以支持地区经济”的典型案例，使现在的孩子们可以与本校毕业的老人进行交流，使锯南本地居民和在锯南出生而今生活在城市的人们交流，使本地居民和来自城市的游客进行交流，使两地居住者、移居者、访客等进行交流。

［基本资料］

项目地点：千叶县安房郡锯南町保田724
建成时间：2015年
设计：N.A.S.A设计共同体（设计组织ADH、NASCA、空间研究所、Architecture Workshop）
业主：千叶县安房郡锯南町
策划：锯南町、欢迎来到锯南团体、共立维修株式会社、N.A.S.A.设计共同体、ATS等
运营：共立维修株式会社
施工：东海建设
审核性质：道路服务区
用地面积：14 235.50 m^2
建筑占地面积：2660.14 m^2
总建筑面积：3486.73 m^2
结构及施工方法：钢筋混凝土结构，部分钢结构
建筑层数：2层
用地类型：无指定

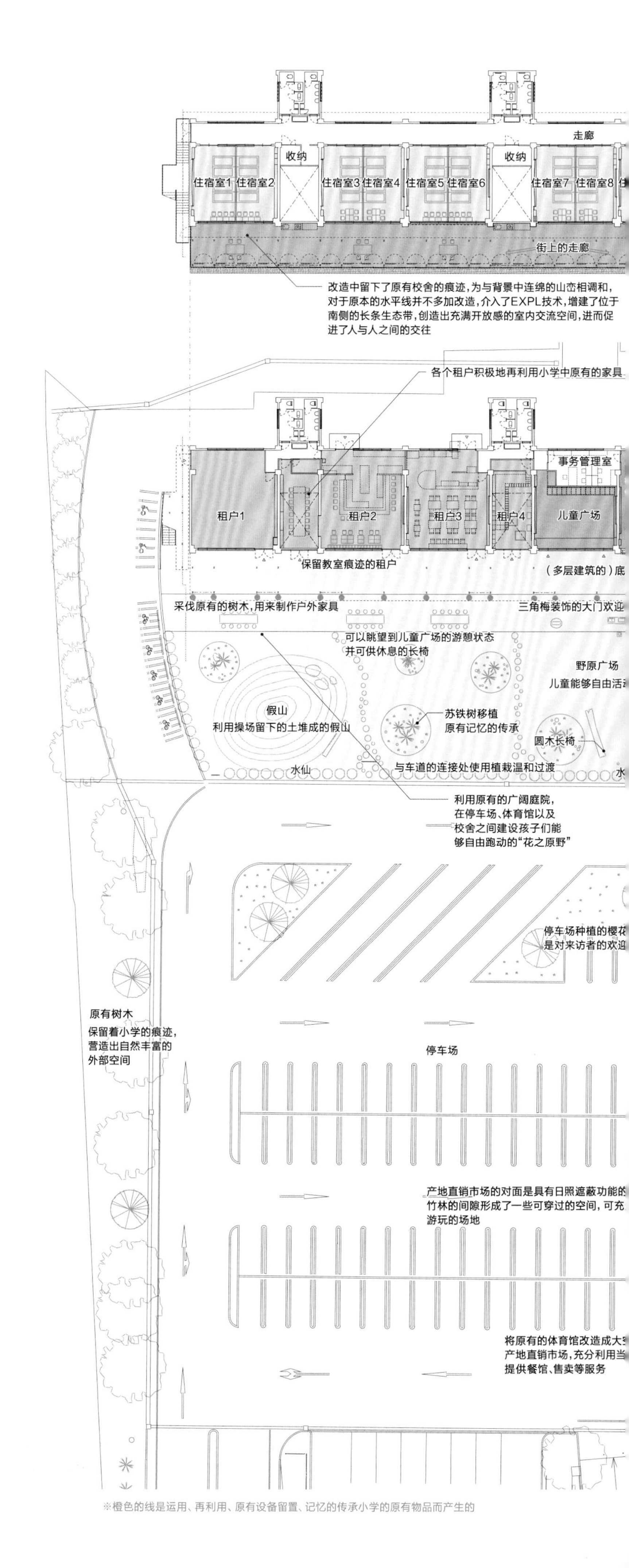

走廊
收纳
住宿室1
住宿室2
住宿室3
住宿室4
住宿室5
住宿室6
住宿室7
住宿室8
街上的走廊
改造中留下了原有校舍的痕迹，为与背景中连绵的山峦相调和，对于原本的水平线并不多加改造，介入了EXPL技术，增建了位于南侧的长条生态带，创造出充满开放感的室内交流空间，进而促进了人与人之间的交往
各个租户积极地再利用小学中原有的家具
事务管理室
租户1
租户2
租户3
租户4
儿童广场
保留教室痕迹的租户
（多层建筑的）底
采伐原有的树木，用来制作户外家具
三角梅装饰的大门欢迎
可以眺望到儿童广场的游憩状态并可供休息的长椅
野原广场
儿童能够自由活
假山
利用操场留下的土堆成的假山
苏铁树移植
原有记忆的传承
圆木长椅
水仙
与车道的连接处使用植栽温和过渡
利用原有的广阔庭院，在停车场、体育馆以及校舍之间建设孩子们能够自由跑动的“花之原野”
停车场种植的樱花
是对来访者的欢迎
原有树木
保留着小学的痕迹，营造出自然丰富的外部空间
停车场
产地直销市场的对面是具有日照遮蔽功能的
竹林的间隙形成了一些可穿过的空间，可充
游玩的场地
将原有的体育馆改造成大
产地直销市场，充分利用当
提供餐馆、售卖等服务

※橙色的线是运用、再利用、原有设备留置、记忆的传承小学的原有物品而产生的

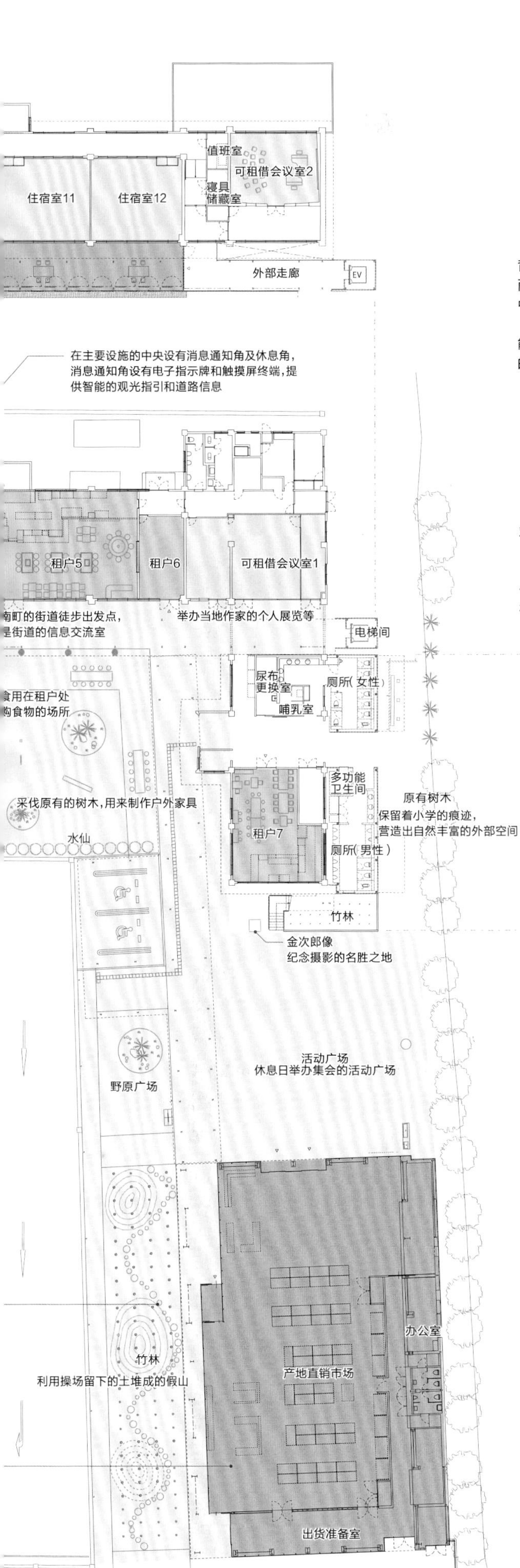
值班室
可租借会议室2
住宿室11
住宿室12
寝具储藏室
外部走廊
EV
在主要设施的中央设有消息通知角及休息角，消息通知角设有电子指示牌和触摸屏终端，提供智能的观光指引和道路信息
租户5
租户6
可租借会议室1
南町的街道徒步出发点，是街道的信息交流室
举办当地作家的个人展览等
电梯间
食用在租户处购食物的场所
尿布更换室
哺乳室
厕所（女性）
多功能卫生间
原有树木
保留着小学的痕迹，营造出自然丰富的外部空间
采伐原有的树木，用来制作户外家具
水仙
租户7
厕所（男性）
竹林
金次郎像
纪念摄影的名胜之地
活动广场
休息日举办集会的活动广场
野原广场
办公室
竹林
利用操场留下的土堆成的假山
产地直销市场
出货准备室
N
一层及二层平面图　1:500

以地区为出发点的废校活用以及配置计划

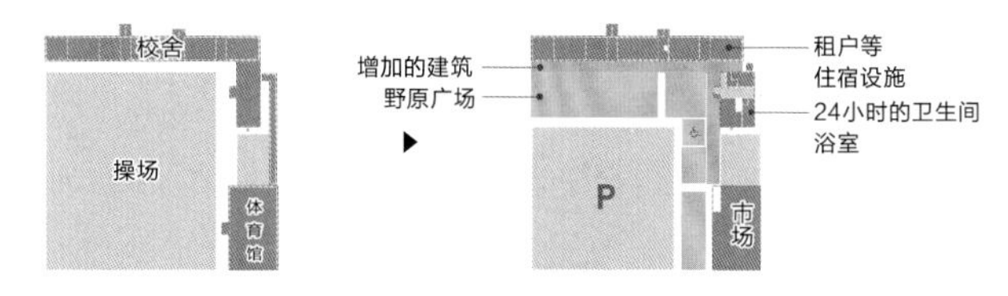
校舍
操场
体育馆
增加的建筑
野原广场
P
市场
租户等
住宿设施
24小时的卫生间
浴室

南房总市入口处的这片建筑，成为了产地直销市场的标志，里山作为场地背景，形成了与周边环境相协调的景观。对于在此交流的客人、当地居民、租户而言，其空间构成是很有吸引力的，创造了让较小的孩子也能随大人乐在其中的场所，同时满足了交通及场地信息获取等必要的功能。

从前的道路休息区，其功能设施和停车场是直接连接的，这里所说的功能设施，是指在建筑及停车场之间的景观及其中的廊柱等结构；而现在建造的缓冲区将促使这里产生更多、更丰富的活动。

小学家具的应用

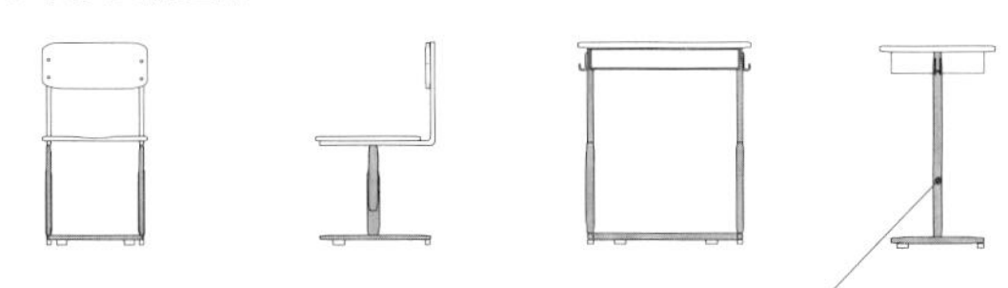
对小学中原有的家具进行部分部位的重新喷涂装饰，使之能够再利用

为了达到创造新“学校”的目的，项目对保田小学使用过的校具进行翻新，使之成为新家具，将其活用在项目中的各种场所。这类与通常尺寸相比更小的校具，是小学带来的独特尺度感受，应用时也能够践行对记忆的继承。

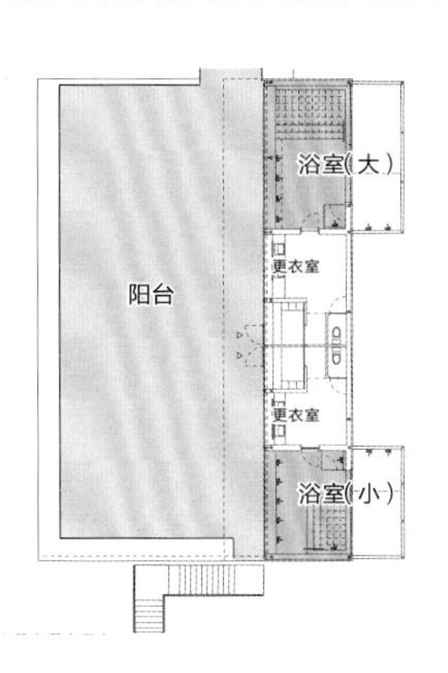
浴室（大）
更衣室
阳台
更衣室
浴室（小）

学习的宿舍

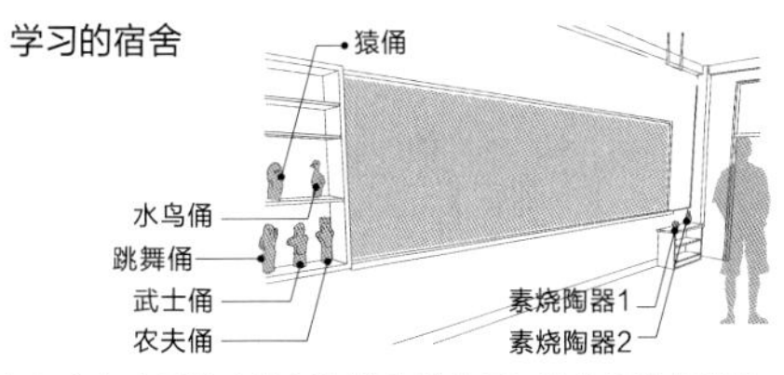
猿俑
水鸟俑
跳舞俑
武士俑
农夫俑
素烧陶器1
素烧陶器2

与无参考案例的废校周边道路休息区再生的概念相伴的，是解决人们交流和在此逗留的问题，其他的道路休息区是不具备住宿功能的。校舍的二层部分被活用为住宿休息室，一个教室被划分为靠近黑板一侧及靠近带锁橱柜一侧的两个房间，每个房间都有四铺床，整个二层的教室被划分为十个房间，电脑室被划分为两个大房间，成为总共有12个房间的住宿休息区。

人们可能希望在住宿的同时了解一些锯南町的事，这便是产生“学习的宿舍”这种概念的原因。房间以保田小学教学使用的球等物品为主题进行设计，期望人们能够在这样的场所中，以各种角度来愉快地学习有关锯南町的知识。

对于有住宿功能的道路休息区，项目还提出了可扩展其区域使之成为避难所的问题，指出了新的道路休息区的应有状态。

多样的机关、人与人的联结

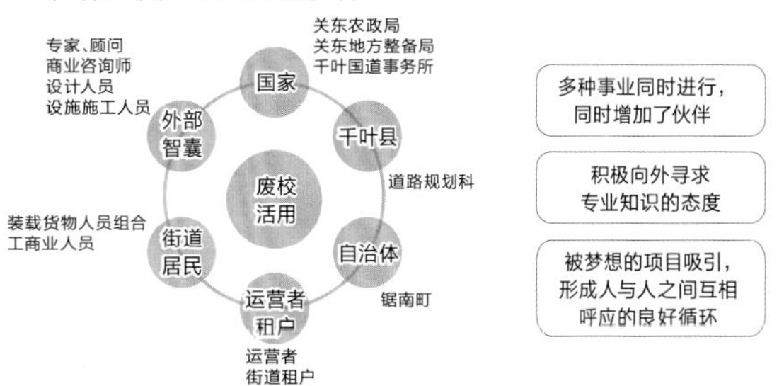
专家、顾问
商业咨询师
设计人员
设施施工人员
关东农政局
关东地方整备局
千叶国道事务所
国家
外部智囊
千叶县
道路规划科
废校活用
街道居民
自治体
装载货物人员组合
工商业人员
运营者租户
锯南町
运营者
街道租户
多种事业同时进行，同时增加了伙伴
积极向外寻求专业知识的态度
被梦想的项目吸引，形成人与人之间互相呼应的良好循环

在场地中同时进行多种设计活动时，人们会更加投入，若是在过程中遇到与专业知识相关的问题，便能够及时向外部寻求帮助。这样一来，拥有梦想的人便会带动身边的人，形成良性循环。因为废校活用这个项目，许多怀抱梦想的人才集结在一起共同合作，这种设计形式，应该能够为之后的废校活用项目提供些许启发。

马木营地

点（Dot）建筑师事务所

主要功能	餐饮	种植	活动	商谈
睡觉	学习	游戏	买卖	展示
休闲	工作	运动	租赁	医疗
阅读	手工	监护	交换	住宿

［关键词］

- 连接人与城镇的5种媒介
- 支持自主施工的结构组成
- 建筑与人的联系

建设场地位于小豆岛的马木，项目旨在建造一个当地居民与访客沟通联系的大本营，以此为出发点进行了设计施工。

这个项目是在2013年濑户内海国际艺术节小豆岛·酱之乡＋坂手港项目中建造的。项目的初衷在于，人们凭借自己的力量，亲手对在灾害中倒塌的房屋进行修复。如今，在高度专业化和分工化背景下产生的建筑，多成为一种商品，而“亲手建造建筑”这个选项也是很好的。不需要掌握多么高超的接口技术，任何人都可以“建造”。材料成本约300万日元（约合人民币18万元），均选用不使用重型设备就可以运输的材料。

［基本资料］

项目地点：香川县小豆郡小豆岛町马木甲967
建成时间：2013年
设计：点（Dot）建筑师事务所
业主：个人
策划：濑户内海国际艺术节2013
运营：濑户内海国际艺术节
施工：点（Dot）建筑师事务所
审核性质：集会场所
用地面积：261.34 m²
建筑占地面积：59.63 m²
总建筑面积：43.07 m²
结构及施工方法：木结构
建筑层数：1层
用地类型：无指定

每个人都参与其中的建筑方式

在咨询了结构专家满田卫资先生后，设计者认为让人人都参与建造，使建设现场的非专业人员进行各种相关的建造工作，是可以实现的。所有部件接口都进行过加工，做成了通用的形式。

 每个人都参与其中的建筑方式  5种媒介

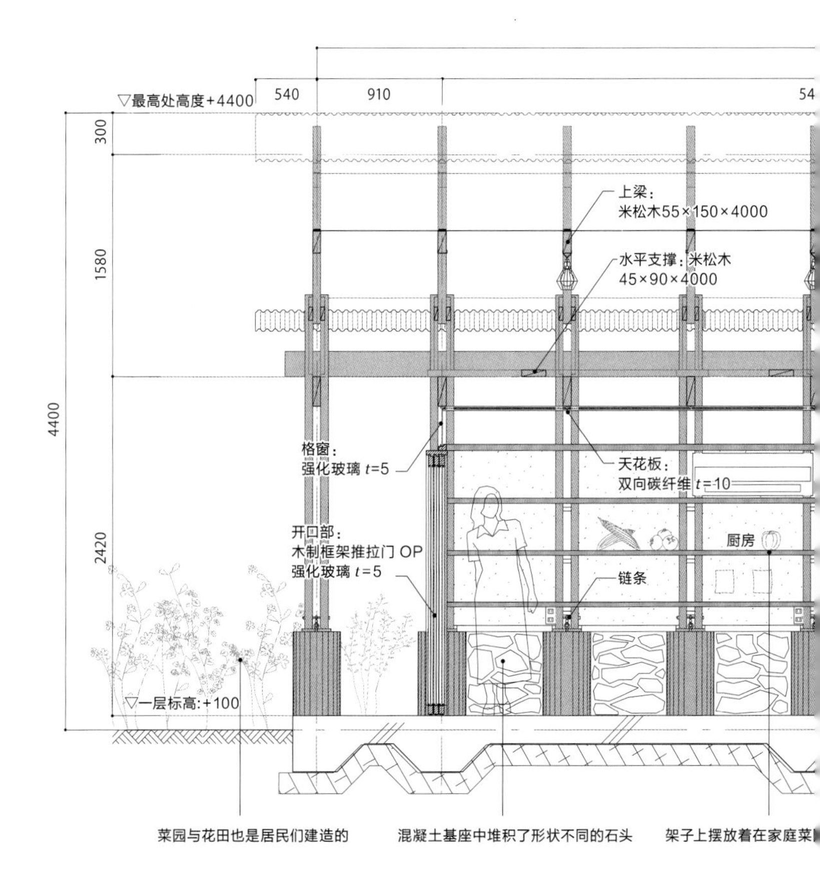

▽最高处高度+4400
540
910
54
300
1580
4400
2420
上梁：
米松木55×150×4000
水平支撑：米松木
45×90×4000
格窗：
强化玻璃 t=5
天花板：
双向碳纤维 t=10
开口部：
木制框架推拉门 OP
强化玻璃 t=5
厨房
链条
▽一层标高：+100
菜园与花田也是居民们建造的
混凝土基座中堆积了形状不同的石头
架子上摆放着在家庭菜

建筑与人的联系

用5种媒介连接当地居民与游客之间，使人与城市联系了起来，形成了的一个不可思议的公共空间。这是一个通过福利和教育组织的小型社会实验场所，通过地区居民的活动和行政协助而得以保留的地方。

②蔬菜
运输到这里的蔬菜会进行一定程度的共享，以“拿出来吃”为目的设立的架子，家庭菜园拥有各种当地特产蔬菜，当地人及观光客可以自由取用

掘立柱
将柱脚插入高于地面60cm的圆柱形基座中，这种插柱的构造方法是任何人都可以轻松完成的建造方法

①动物
山羊是马木营地的唯一居住者，是观光客和当地居民之间的连接媒介

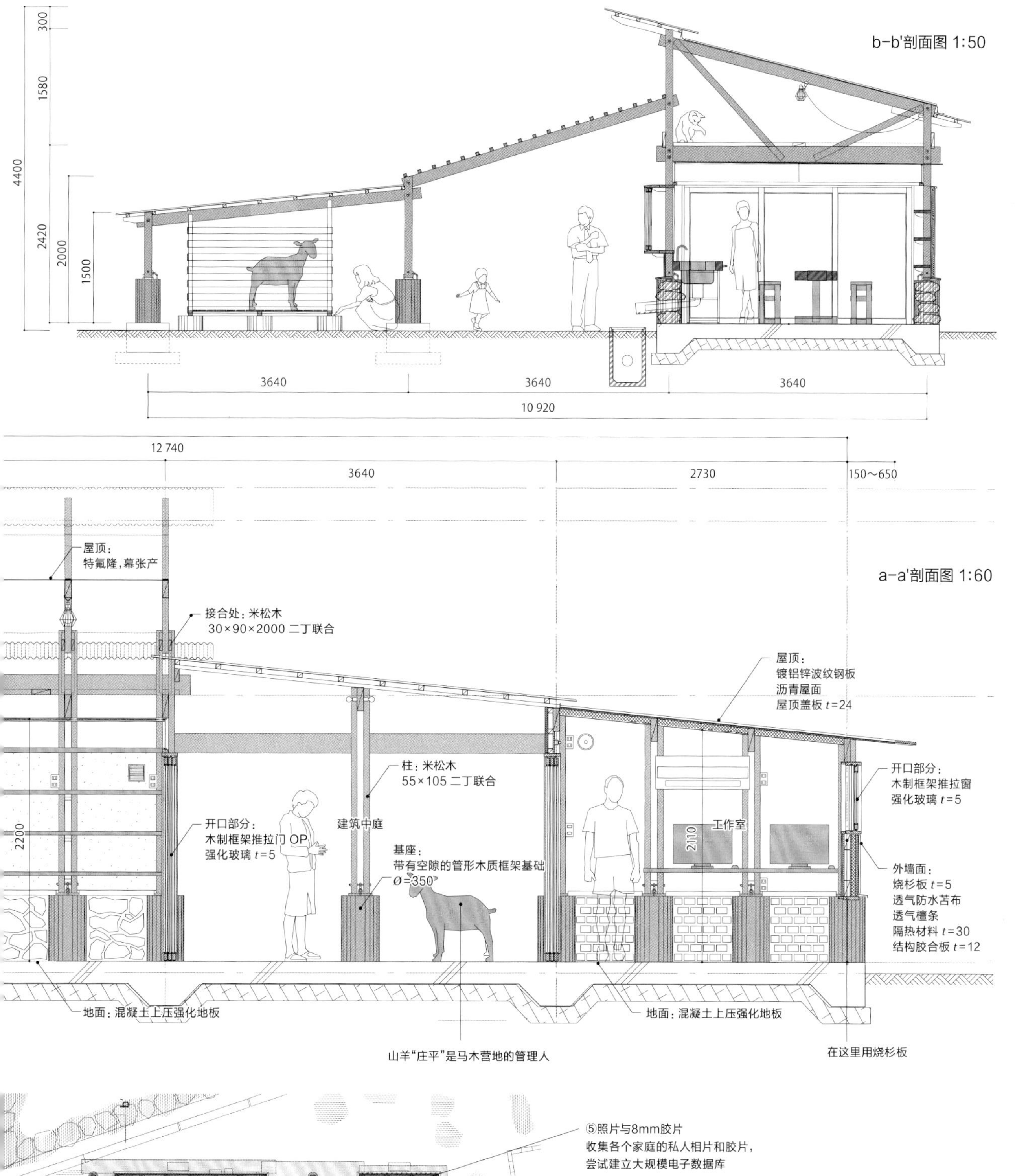
b-b'剖面图 1:50
300
1580
4400
2420
2000
1500
3640
3640
3640
10 920
12 740
3640
2730
150～650
a-a'剖面图 1:60
屋顶：
特氟隆，幕张产
接合处：米松木
30×90×2000 二丁联合
屋顶：
镀铝锌波纹钢板
沥青屋面
屋顶盖板 t=24
柱：米松木
55×105 二丁联合
开口部分：
木制框架推拉窗
强化玻璃 t=5
建筑中庭
工作室
2110
开口部分：
木制框架推拉门 OP
强化玻璃 t=5
2200
基座：
带有空隙的管形木质框架基础
Ø=350
外墙面：
烧杉板 t=5
透气防水苫布
透气檩条
隔热材料 t=30
结构胶合板 t=12
地面：混凝土上压强化地板
地面：混凝土上压强化地板
山羊“庄平”是马木营地的管理人
在这里用烧杉板

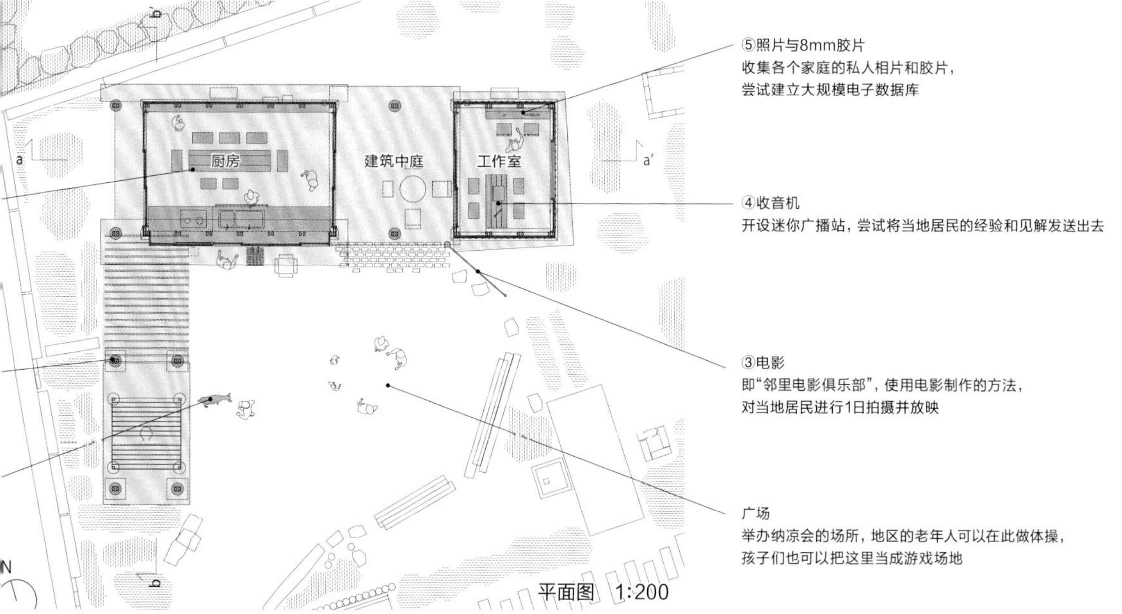
a
a'
b
b
厨房
建筑中庭
工作室
N
平面图 1:200

⑤照片与8mm胶片
收集各个家庭的私人相片和胶片，
尝试建立大规模电子数据库

④收音机
开设迷你广播站，尝试将当地居民的经验和见解发送出去

③电影
即“邻里电影俱乐部”，使用电影制作的方法，
对当地居民进行1日拍摄并放映

广场
举办纳凉会的场所，地区的老年人可以在此做体操，
孩子们也可以把这里当成游戏场地

古志古民家塾

江角工作室

主要功能	餐饮	种植	活动	商谈
睡觉	学习	游戏	买卖	展示
休闲	工作	运动	租赁	医疗
阅读	手工	监护	交换	住宿

［关键词］

· 制造空旷
· 度过悠闲的时光
· 建筑工作室（Workshop）

在古民房中住宿或是举办活动时，人们能够感受到设计事务所对原有住宅进行的改造，宽阔的主屋与和室的连接处有空隙，地板房间和素土地面房间之间也留有空间，进而产生了灵活可变的高挑空间。场地设有地灶、地炉、铁锅澡盆、石头灶台、水井等设施，还拥有能与来访者享受休闲时光的共享场所。场地的用途很广，住宿、烹饪教室、音乐会会场、展示场地等各种用途的场所期待来访者的发现。虽然买东西不是很方便，但人们共同享受着慢生活，即使有些许不便，也会感到很开心。这里还有一个修缮工作室，可以让人们体验传统施工建造方法。

［基本资料］

项目地点：岛根县出云市古志町2571
建成时间：2009年
设计：江角工作室
业主：古志古民家塾
策划：古志古民家塾
运营：古志古民家塾
施工：内藤组、建筑工作室（Workshop）、施主施行
审核性质：住宅
用地面积：1680 m²
建筑占地面积：196.88 m²
总建筑面积：217.27 m²
结构及施工方法：传统木结构
建筑层数：1层（内部部分区域为2层）
用地类型：无指定

素土地面房间，活动中心
古志古民家塾有多种用途，大多数情况下以素土地面房间为活动中心；大屋顶下拥有开放的空间视野，在此处开展活动，会感到场地既开敞又有围合感；地面精细地抹了灰浆，所以污垢比较少，且打扫起来也很简单；夏天的风吹过时会很凉爽，冬天时则可以燃起柴火炉，人们躲进地炉里，便能够忘记寒冷

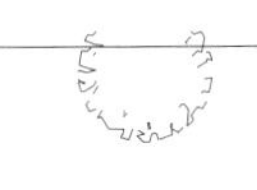

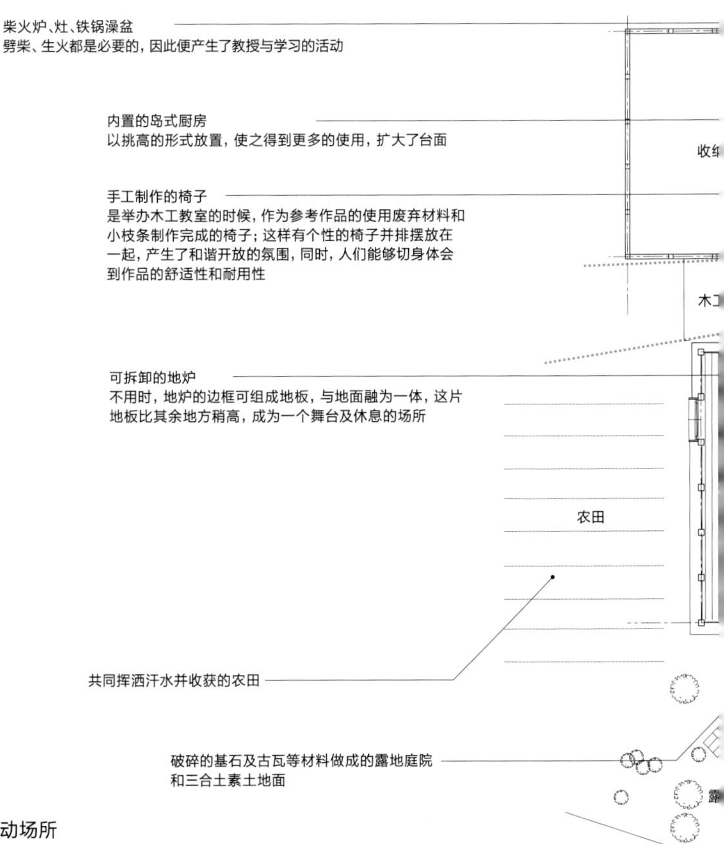

柴火炉、灶、铁锅澡盆
劈柴、生火都是必要的，因此便产生了教授与学习的活动
内置的岛式厨房
以挑高的形式放置，使之得到更多的使用，扩大了台面
手工制作的椅子
是举办木工教室的时候，作为参考作品的使用废弃材料和小枝条制作完成的椅子；这样有个性的椅子并排摆放在一起，产生了和谐开放的氛围，同时，人们能够切身体会到作品的舒适性和耐用性
可拆卸的地炉
不用时，地炉的边框可组成地板，与地面融为一体，这片地板比其余地方稍高，成为一个舞台及休息的场所
农田
共同挥洒汗水并收获的农田
破碎的基石及古瓦等材料做成的露地庭院
和三合土素土地面

活动场所

建造者花7年时间对已建成200年的民房进行施工改造，并尽可能自己动手。改造工作室招募了人手，大家共同粉刷了墙壁，同时，还开办了周末建筑教室。

在体验教室中，人们在石头炉中烤披萨，在柴火灶上烹饪，从失败的经历中吸取经验提升技巧。根据到访者的不同需求，这里也渐渐产生了各种新的活动。活动规模为50人左右，住宿则可容纳10人。这里有绿色的后山与广阔的天空，人们集中在一起也并不感觉拥挤，心情也会安定，这样的场所大家都很喜欢。住宿的客人多来自东京和大阪，也有从其他城市和国外到来的来访者。

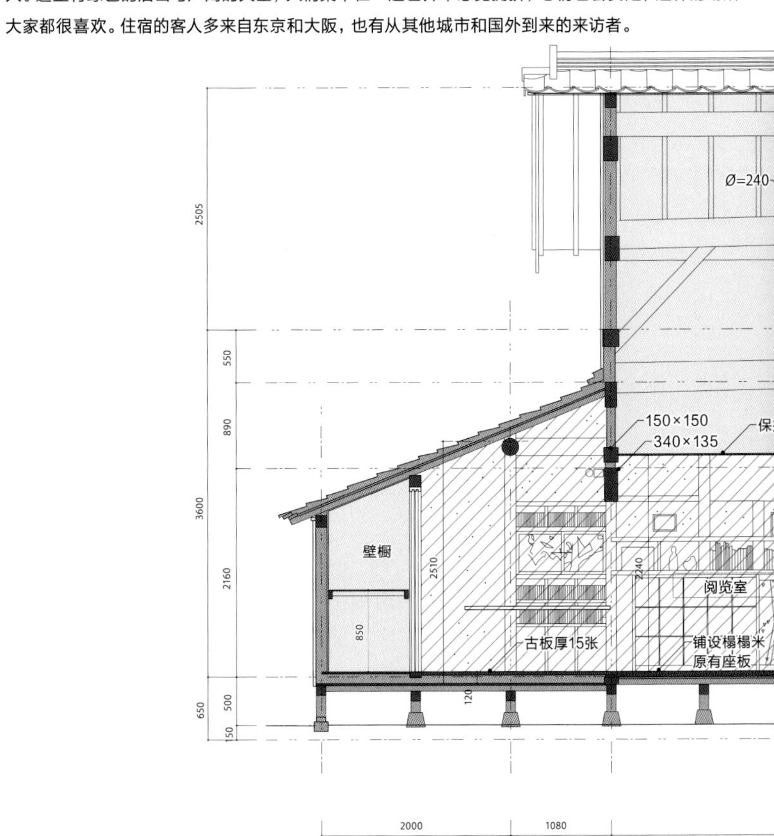

Ø=240
150×150
340×135
壁橱
阅览室
古板厚15张
铺设榻榻米
原有座板
2505
550
890
3600
2160
2510
2240
850
650
500
120
50
2000
1080

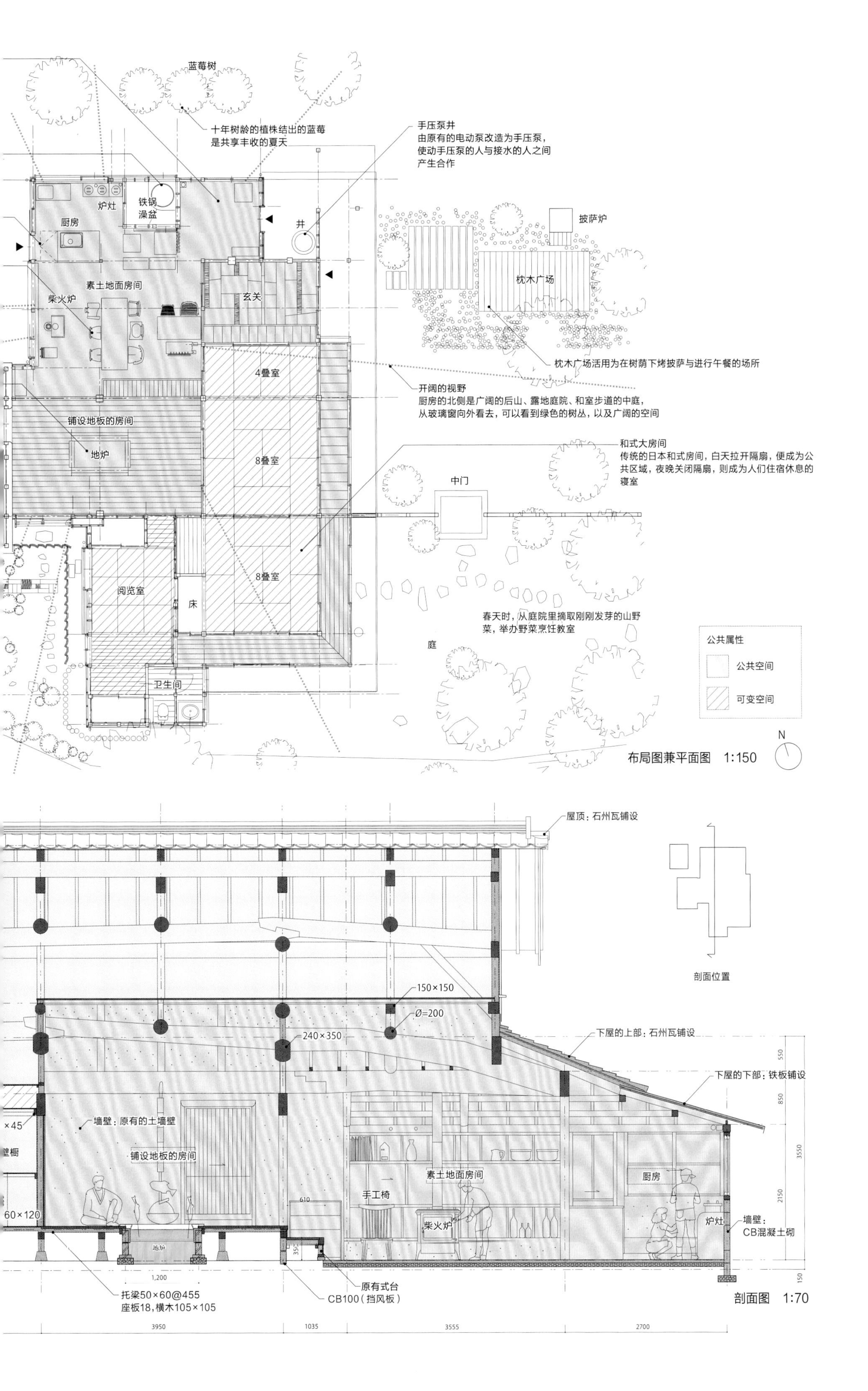
蓝莓树
十年树龄的植株结出的蓝莓
是共享丰收的夏天
手压泵井
由原有的电动泵改造为手压泵，
使动手压泵的人与接水的人之间
产生合作
炉灶
铁锅
澡盆
厨房
井
披萨炉
素土地面房间
柴火炉
玄关
枕木广场
枕木广场活用为在树荫下烤披萨与进行午餐的场所
4叠室
开阔的视野
厨房的北侧是广阔的后山、露地庭院、和室步道的中庭，
从玻璃窗向外看去，可以看到绿色的树丛，以及广阔的空间
铺设地板的房间
地炉
8叠室
和式大房间
传统的日本和式房间，白天拉开隔扇，便成为公
共区域，夜晚关闭隔扇，则成为人们住宿休息的
寝室
中门
阅览室
床
8叠室
春天时，从庭院里摘取刚刚发芽的山野
菜，举办野菜烹饪教室
庭
公共属性
公共空间
可变空间
卫生间
N
屋顶：石州瓦铺设
剖面位置
150×150
Ø=200
240×350
下屋的上部：石州瓦铺设
下屋的下部：铁板铺设
×45
墙壁：原有的土墙壁
壁橱
铺设地板的房间
素土地面房间
厨房
手工椅
610
柴火炉
炉灶
墙壁：
CB混凝土砌
60×120
地炉
1,200
托梁50×60@455
座板18，横木105×105
原有式台
CB100（挡风板）
550
850
3550
2150
150
3950
1035
3555
2700

布局图兼平面图 1:150

剖面图 1:70

40 地区协作型教育基地

隐岐国学习中心

西田司、万玉直子、后藤典子
／正在设计（On Design）

主要功能	餐饮	种植	活动	商谈
睡觉	学习	游戏	买卖	展示
休闲	工作	运动	租赁	医疗
阅读	手工	监护	交换	住宿

［关键词］

· 连接街道与人的公共空间
· 连接过去与未来的共同时间轴
· 多中心并发的聚集人的方式

这是一个将岛上民居改建成公共建筑的项目。隐岐国学习中心是一个支持不同学历层次的人员学习，帮助其实现职业规划的公立学校，是地区与中学共同建立的促进地区联系的场所。这里不仅是学校师生的学习场所，也是I-turn公司的工作场所，同时也可作为当地人的交流空间。此外，项目改建自有百年历史的民居，是传承岛上生活文化的场所。由于离岛区的环境限制，人与人之间的关系往往相对固定，场地承担着促进人们交流的角色。项目修建了连通两个场地的空间，命名为“可通行的素土房间”，建造了一个公共空间轴，使分布在不同地方的人们可以聚集在这里。

［基本资料］

项目地点：岛根县隐岐郡海士町
建成时间：2015年
设计：西田司、万玉直子、后藤典子／正在设计
业主：海士町
运营：隐岐国学习中心
施工：门胁工务店
审核性质：事务所（公立学校）
用地面积：861.76 m²
建筑占地面积：353.84 m²
总建筑面积：450.33 m²（改造的建筑166.33 m²，增加的建筑284.00 m²）
结构及施工方法：木结构
建筑层数：2层
用地类型：无指定

民居开放成为公共建筑

项目是对已有百年历史的民居进行的改造和增建。地区生活文化的留存、在风景中扎根的民居，以连通着建筑物的公共空间“可通行的素土地面”为轴，将公共建筑展开。继承过去，面向未来，是这一连接新旧事物的时间轴与人们共同的目标。

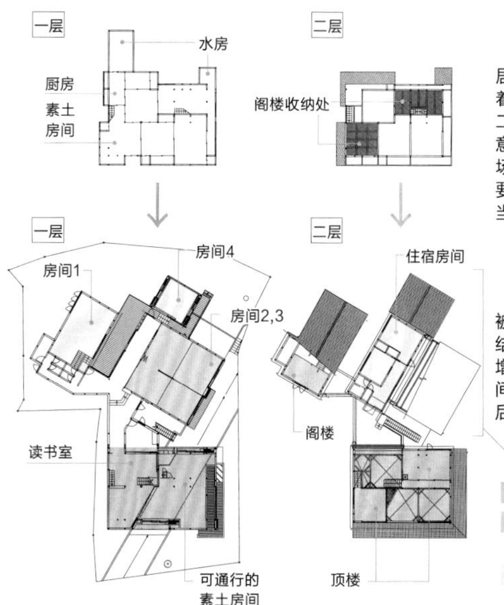
一层
水房
厨房
素土房间
二层
阁楼收纳处
一层
房间4
房间1
房间2,3
读书室
可通行的素土房间
二层
住宿房间
阁楼
顶楼
增建建筑

改造前

在这座已有百年历史的民居中，地上的部分仓库曾承担着半商半渔的功能。在民居的二层部分，还经营着养蚕的生意。民居内部装饰朴素，同时场地中混合着各种各样的建筑要素，通过这一点可以推测出当时的建筑状况。

改造后

建筑一层的内部墙壁基本被拆除，古老建材组成的房屋结构呈现出工作空间的感觉。增建的建筑与可通行的素土房间平行，建在改造后的民居背后，继承了原有的建筑风貌。

地域开放的共享空间
根据不同上课时间分时段使用的共享教室
专用教室

用户积极参与的公共过程

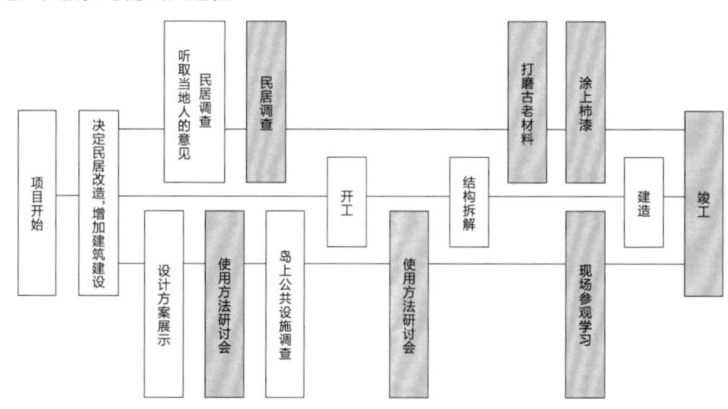
项目开始
决定民居改造，增加建筑建设
听取当地人的意见 民居调查
民居调查
设计方案展示
使用方法研讨会
岛上公共设施调查
开工
使用方法研讨会
结构拆解
打磨古老材料
涂上柿漆
现场参观学习
建造
竣工

岛上的新动线：可通行的素土房间

这是一个位于蜿蜒的村庄小路与通往学校的道路的斜坡间相夹的一个角形地带。在单纯的通道中加入了“动线”的功能，使这里成为人与人相遇、交流的场所。在两条道路的连接处，使“可通行的素土房间”贯通其中。名为“可通行的素土房间”的公共空间，无论走哪条路都能够到达，是名字与实际用途一致的建设方式。

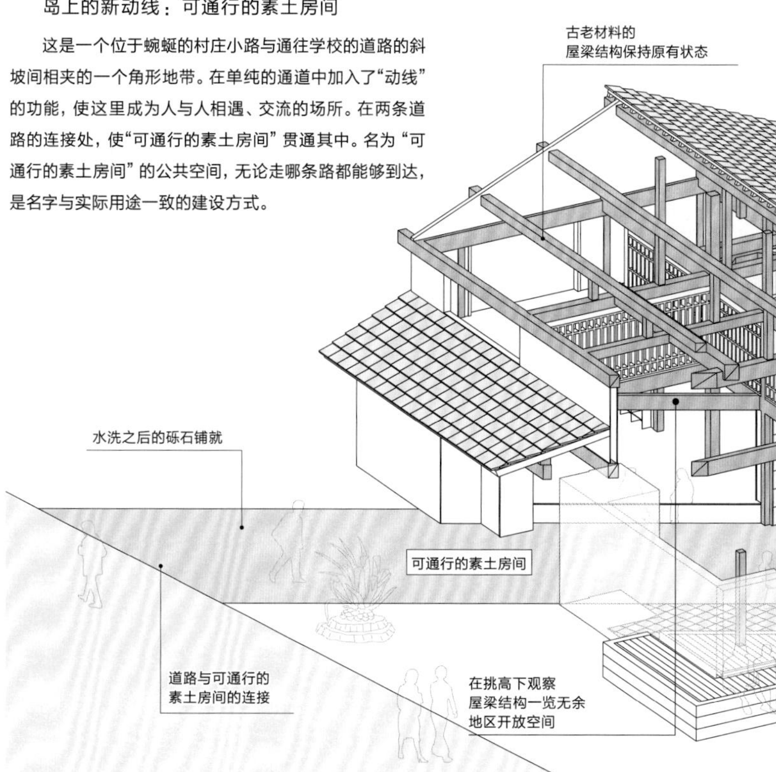
古老材料的
屋梁结构保持原有状态
水洗之后的砾石铺就
可通行的素土房间
道路与可通行的
素土房间的连接
在挑高下观察
屋梁结构一览无余
地区开放空间

习的组织形式

个人学习能力及学习进度匹配的课程实践，同时，导入线上教育（ICT），邀请导师开办研讨会，还有自学等其他学习方式。规模从1人到50人，拥有多种学习形式。

房间	可通行的素土房间	读书室	房间1	房间2	房间3	房间4
	◎	◎	○	○	○	
教学	◎	◎	○	○	○	◎
	◎	◎	○	○	○	◎
学习	◎	◎	○	○	○	◎
课			◎	◎		
示发表会	◎		◎		◎	
座	◎				○	
动	○	○		◎	◎	

经常被使用，○ 表示被使用着。

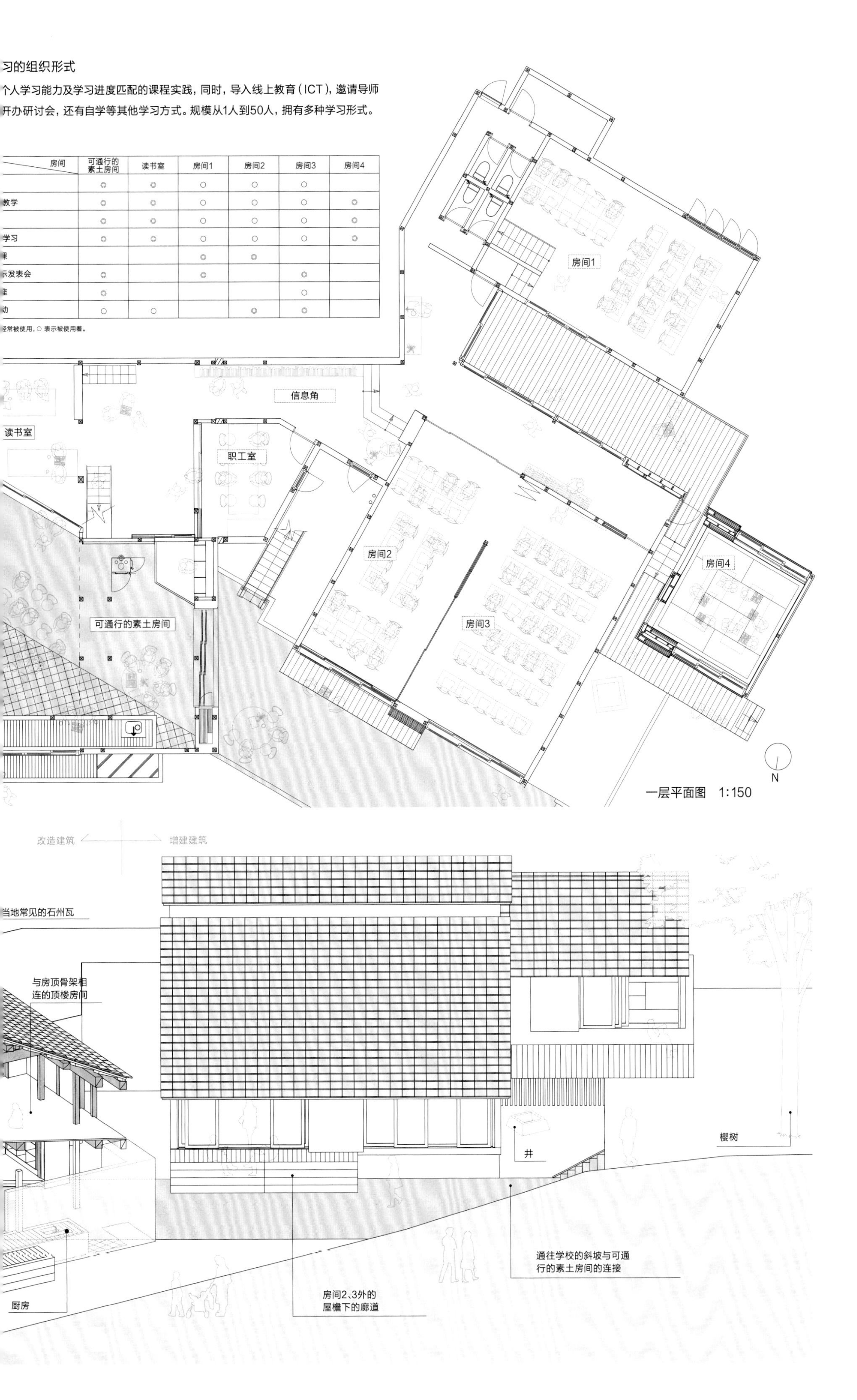
房间1
信息角
读书室
职工室
房间2
房间3
房间4
可通行的素土房间
N
改造建筑
增建建筑
当地常见的石州瓦
与房顶骨架相连的顶楼房间
井
樱树
通往学校的斜坡与可通行的素土房间的连接
房间2、3外的屋檐下的廊道
厨房

一层平面图　1:150

41 寺子屋附属综合日托中心

多古新町屋

犬吠工作室

主要功能	餐饮	种植	活动	商谈
睡觉	学习	游戏	买卖	展示
休闲	工作	运动	租赁	医疗
阅读	手工	监护	交换	住宿

［关键词］

- 护理
- 凉廊（檐下空间）
- 寺子屋

本项目是由社会福利法人福利乐团运营的老年人与残障儿童日托福利机构。围绕庭院建造的可住宿房屋呈L形配置，分别针对老年人与残障儿童提供日托服务。在院内面向镇中心的交叉口一侧，还附带可供附近中小学的学生与参加国家考试的考生二十四小时使用的寺子屋。寺子屋没有厕所，需要借用厕所的孩子们便会出入日托福利院，以此为契机与福利院内的人员产生一些交流。可供住宿休息的房间有时会有两名中学棒球部队员寄宿，这样一来就形成了各种年龄段的人一起居住的空间。

［基本资料］

项目地点：千叶县香取郡多古町多古2686－1
建成时间：2013年
设计：犬吠工作室
业主：福利乐团
规划：福利乐团
运营：福利乐团
施工：白井兴业
审核性质：日间护理中心
用地面积：1666.02 m^2
建筑占地面积：538.70 m^2
总建筑面积：483.07 m^2
结构及施工方法：钢结构
建筑层数：1层
用地类型：第一类居住区、临近商业区用地

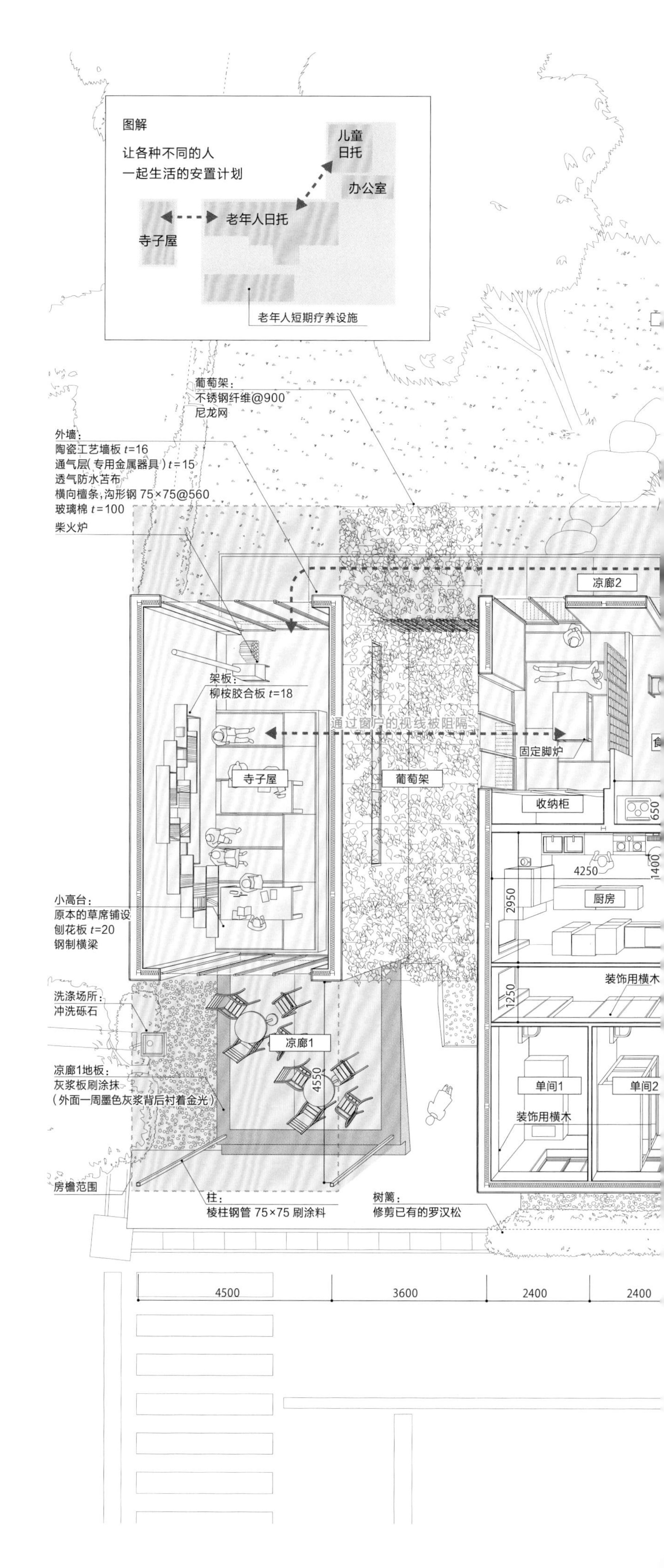

图解
让各种不同的人
一起生活的安置计划
儿童
日托
办公室
寺子屋
老年人日托
老年人短期疗养设施
葡萄架：
不锈钢纤维@900
尼龙网
外墙：
陶瓷工艺墙板 t=16
通气层（专用金属器具）t=15
透气防水苫布
横向檩条，沟形钢 75×75@560
玻璃棉 t=100
柴火炉
凉廊2
架板：
柳桉胶合板 t=18
通过窗户的视线被阻隔
固定脚炉
寺子屋
葡萄架
收纳柜
650
1400
4250
2950
厨房
小高台：
原本的草席铺设
刨花板 t=20
钢制横梁
装饰用横木
1250
洗涤场所：
冲洗砾石
凉廊1
凉廊1地板：
灰浆板刷涂抹
（外面一周墨色灰浆背后衬着金光）
4550
单间1
单间2
装饰用横木
房檐范围
柱：
棱柱钢管 75×75 刷涂料
树篱：
修剪已有的罗汉松
4500
3600
2400
2400

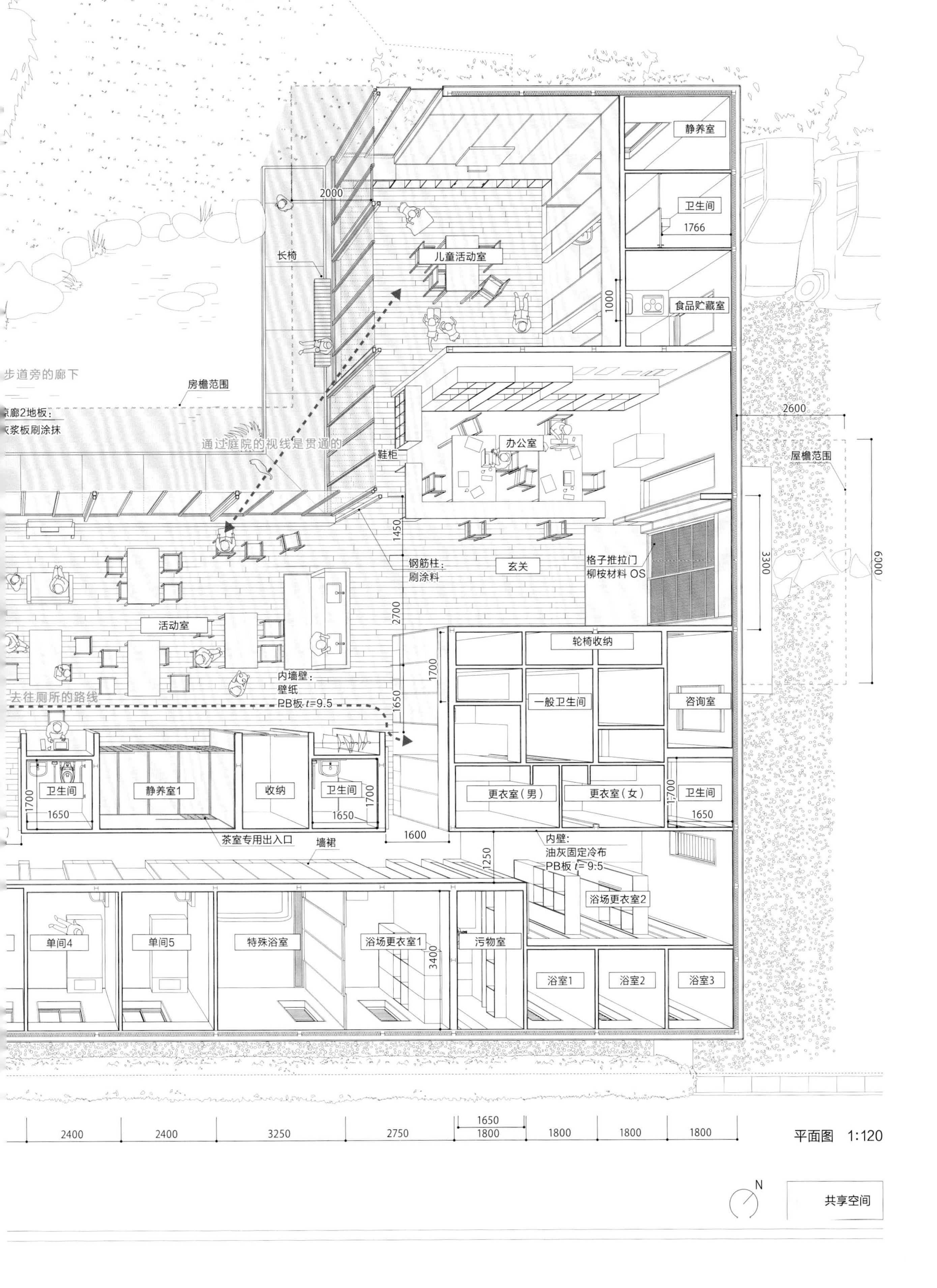
静养室
卫生间
1766
食品贮藏室
2000
长椅
儿童活动室
1000
步道旁的廊下
房檐范围
廊2地板：
灰浆板刷涂抹
通过庭院的视线是贯通的
鞋柜
办公室
2600
屋檐范围
1450
钢筋柱：
刷涂料
玄关
格子推拉门
柳桉材料 OS
3300
6000
2700
活动室
轮椅收纳
1700
内墙壁：
壁纸
PB板 t=9.5
去往厕所的路线
1650
一般卫生间
咨询室
卫生间
1700
1650
静养室1
收纳
卫生间
1700
1650
更衣室（男）
更衣室（女）
1700
卫生间
1650
1600
茶室专用出入口
墙裙
1250
内壁：
油灰固定冷布
PB板 t=9.5
浴场更衣室2
单间4
单间5
特殊浴室
浴场更衣室1
3400
污物室
浴室1
浴室2
浴室3
2400
2400
3250
2750
1650
1800
1800
1800
1800
N

平面图 1:120

共享空间

陆咖啡

成濑・猪熊建筑设计事务所

主要功能	餐饮	种植	活动	商谈
睡觉	学习	游戏	买卖	展示
休闲	工作	运动	租赁	医疗
阅读	手工	监护	交换	住宿

[关键词]

- **风车形平面构成**
- **屋顶斜坡的分段**
- **多用途的小高台**

本项目是在东日本大地震（即2011年的3・11日本地震）中遭受巨大损失的陆前高田市建设社区咖啡厅“陆咖啡”并与受灾地区的人们一起经营的项目。2014年，“陆咖啡”由临时安置处迁至正式安置处。正式安置处的建筑利用屋顶的斜度不同对内部空间进行分段，分成了吧台及商店、咖啡厅、小高台、厨房四个部分。在这里，人们可以坐在小高台上闲聊，可以便捷地取得食物，也可以参加各种活动。空间利用形式多样，人们可以共同体验舒适的生活。

天花板上的房梁呈上行状，有很多可供活动的区域，提供温暖的内部空间。建筑标志性的屋顶完全不同于邻近的建筑，有别于周边建筑营造的氛围，其特殊标志性的外观得以凸显。

[基本资料]

项目地点：岩手县陆前高田市高田町鸣石22－9
建成时间：2014年
监察修筑：猪熊纯／东京都立大学，成濑友梨／东京大学
设计：成濑・猪熊建筑设计事务所
业主：NPO法人陆咖啡
规划：NPO法人陆咖啡、东京大学小泉秀树研究室、
成濑・猪熊建筑设计事务所
运营：NPO法人陆咖啡
施工：吉田建设
审核性质：餐饮店
用地面积：239.95 m^2
建筑占地面积：83.46 m^2
规划面积：70.87 m^2
结构及施工方法：木结构
建筑层数：1层
用地类型：第一类中高层居住专用地

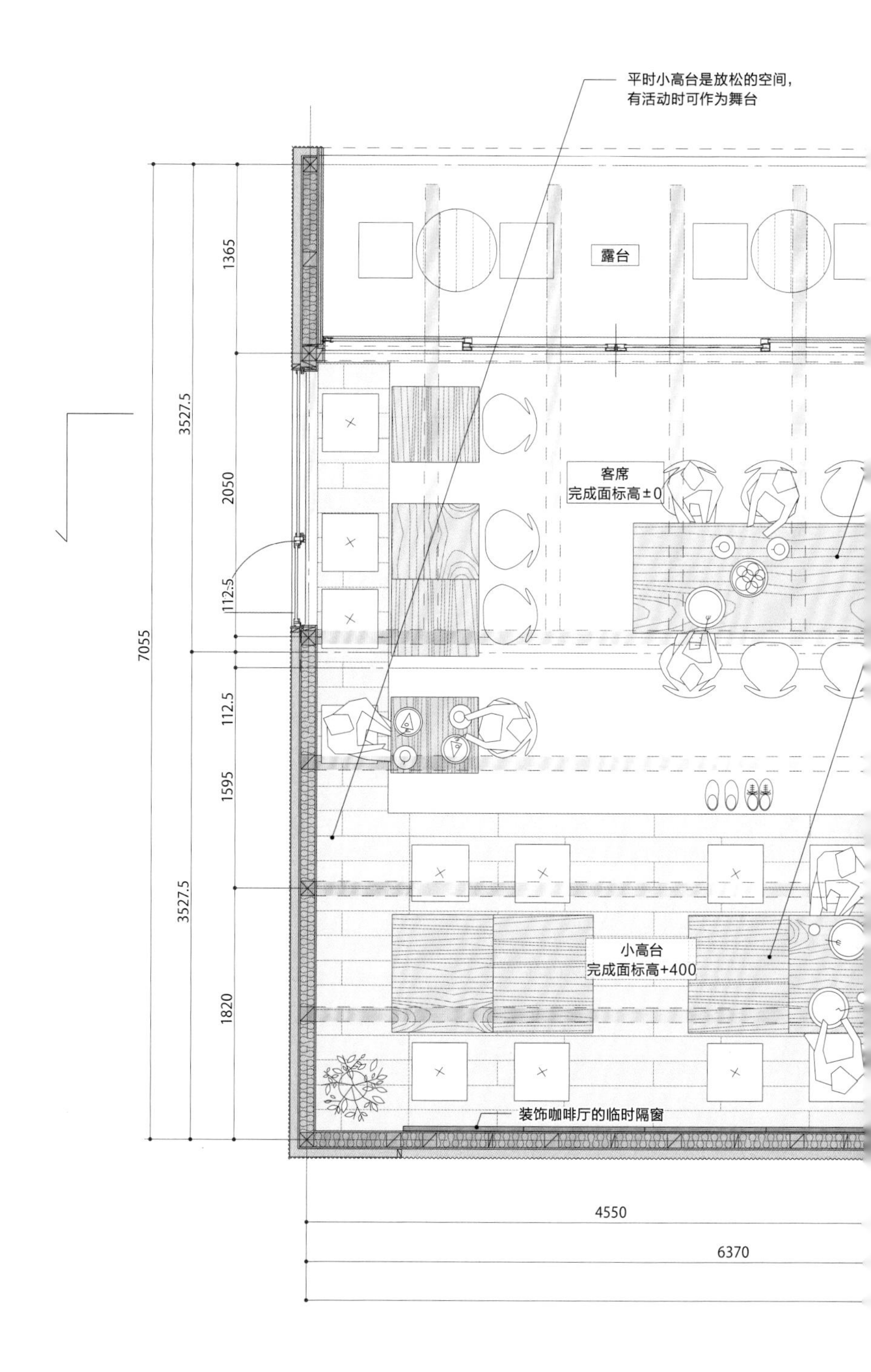
平时小高台是放松的空间，
有活动时可作为舞台
露台
客席
完成面标高±0
小高台
完成面标高+400
装饰咖啡厅的临时隔窗
1365
3527.5
2050
112.5
112.5
1595
3527.5
1820
7055
4550
6370

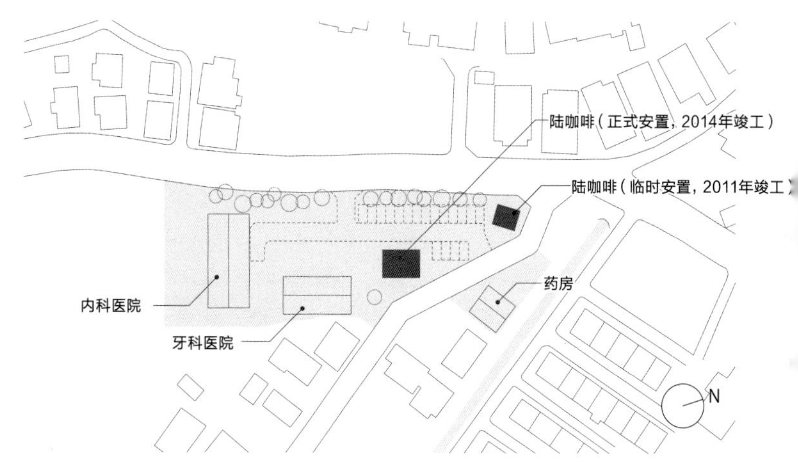
陆咖啡（正式安置，2014年竣工）
陆咖啡（临时安置，2011年竣工）
药房
内科医院
牙科医院
N

布局图 1:2000

与社区共同开展看护预防工作

社区咖啡厅与城市共同开展看护预防工作在全国也属先驱。这样一来，陆咖啡不只是地区的交流场所，还承担着地区健康建设的责任，必然会发展得越来越好。

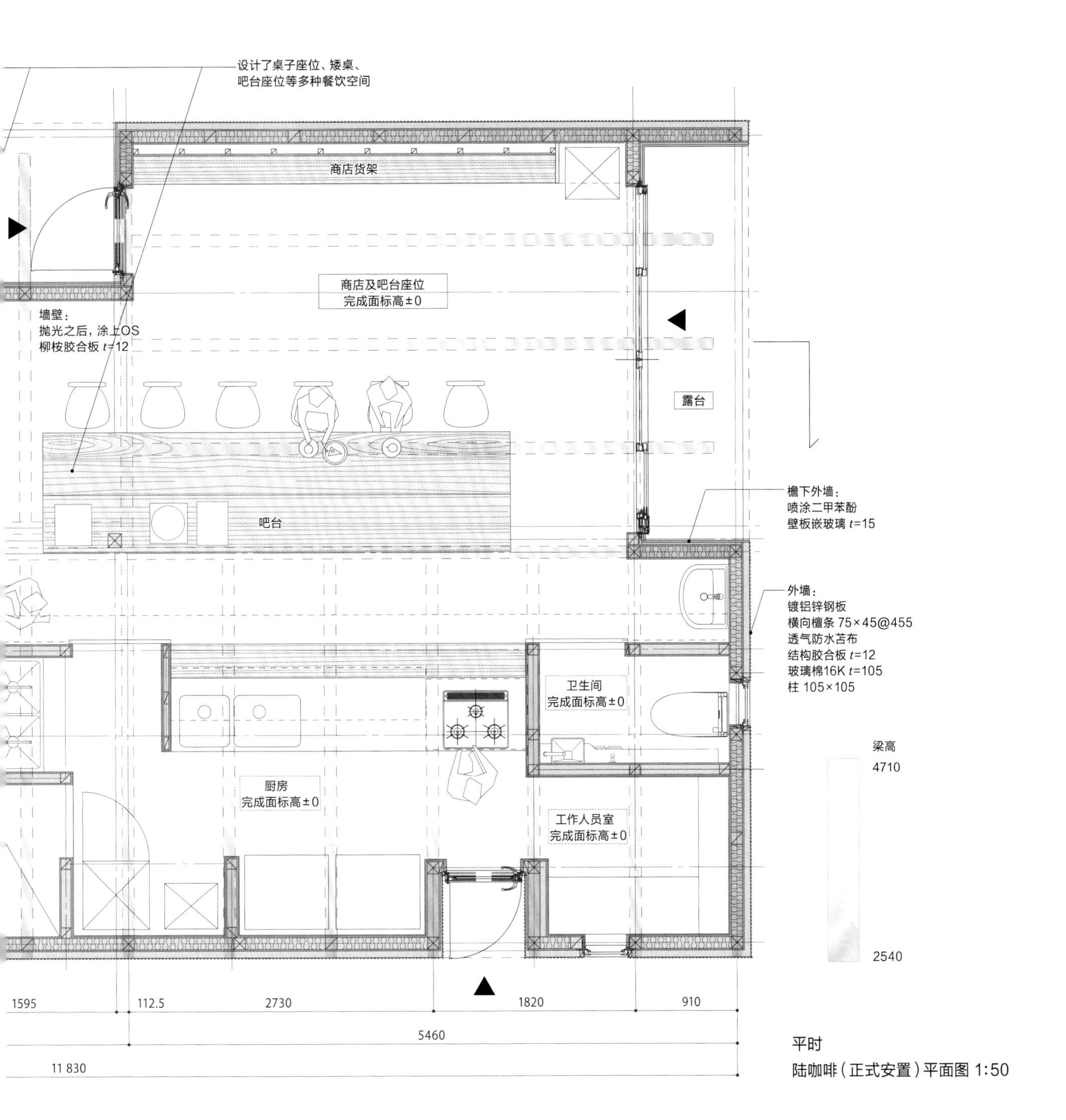
设计了桌子座位、矮桌、
吧台座位等多种餐饮空间
商店货架
商店及吧台座位
完成面标高±0
墙壁：
抛光之后，涂上OS
柳桉胶合板 t=12
露台
吧台
檐下外墙：
喷涂二甲苯酚
壁板嵌玻璃 t=15
外墙：
镀铝锌钢板
横向檀条 75×45@455
透气防水苫布
结构胶合板 t=12
玻璃棉16K t=105
柱 105×105
卫生间
完成面标高±0
厨房
完成面标高±0
工作人员室
完成面标高±0
梁高
4710
2540
1595
112.5
2730
1820
910
5460
11 830

平时

陆咖啡（正式安置）平面图 1:50

屋顶形状和平面规划

风车形的斜面屋顶，可针对各种活动配置划分空间。低处天花板下的小高台是能让人放松的场所，与中央较高的天花板共同构成完整的空间感。

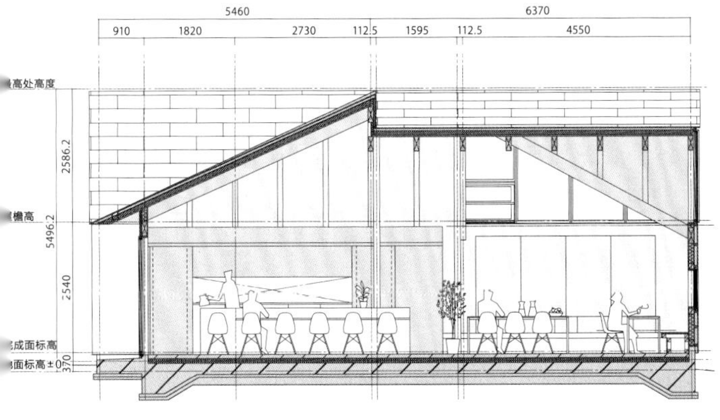
5460
6370
910
1820
2730
112.5
1595
112.5
4550
2586.2
5496.2
2540
370

剖面图 1:150

屋内规划了一个较大的厨房空间。

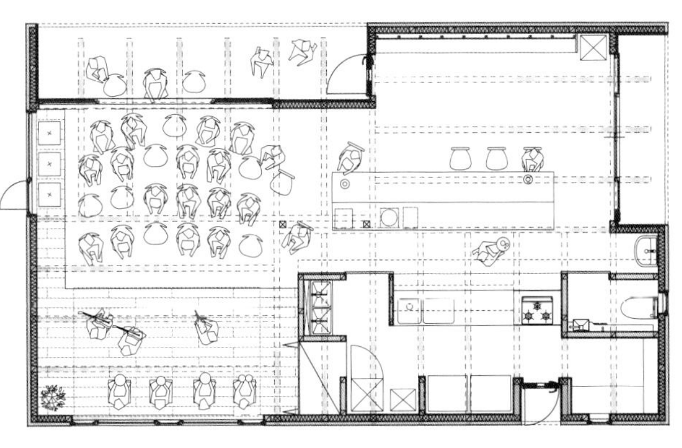

活动时的平面图 1:150

有活动时小高台成为舞台，人们可在此聚集。

岛上厨房

安部良／安部良建筑工作室

主要功能	餐饮	种植	活动	商谈
睡觉	学习	游戏	买卖	展示
休闲	工作	运动	租赁	医疗
阅读	手工	监护	交换	住宿

［关键词］

· 共享故乡的建筑

· 连接人与人、岛与岛

· 无边界的“领域感”

为了品尝美味的食物、体验美妙的建筑，人们会去世界各地旅行。而本项目建筑的使命便是创造一个使人感觉旅行目的地是“新的故乡”的邂逅。以前，濑户内海的岛屿是通过大海互相连接的。而在香川县丰岛这座人口正在减少且老龄化严重的岛上，吸引全世界的人们来体验这场“邂逅”的剧场便是“岛上厨房”了。用岛上能获取的材料和劳动力，并尽量扩大柿子树的树荫范围，设计建造了现在这样的建筑。同时，用岛上能获取的食材制作“妈妈的料理”。来访者与招待者，参观的人同时也是被参观的人，连在树荫下睡午觉的人也是“演出”的一部分。这里是一个任何人都会产生归属感的场所。即便在濑户内海国际艺术节结束之后，这里依然持续着这样的景象。

［基本资料］

项目地点：香川县小豆郡土庄町丰岛唐柜
建成时间：2010年
设计：安部良／安部良建筑工作室
业主：濑户内海国际艺术节执行委员会、艺术前廊（Art Front Gallery）
规划：濑户内海国际艺术节执行委员会
运营：濑户内海鲜虾网络
施工：植原工务店、野村组
用地面积：1100 m^2
建筑占地面积：429 m^2
总建筑面积：285 m^2
结构及施工方法：钢结构
建筑层数：1层
用地类型：无指定

烧杉板屋顶结构详图

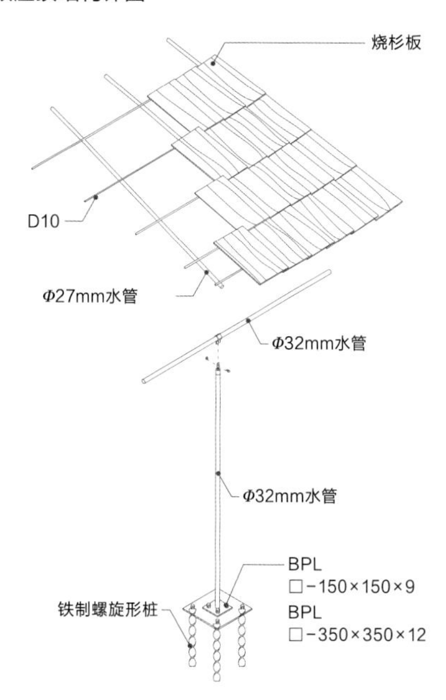
烧杉板
D10
Φ27mm水管
Φ32mm水管
Φ32mm水管
BPL
□−150×150×9
BPL
□−350×350×12
铁制螺旋形桩

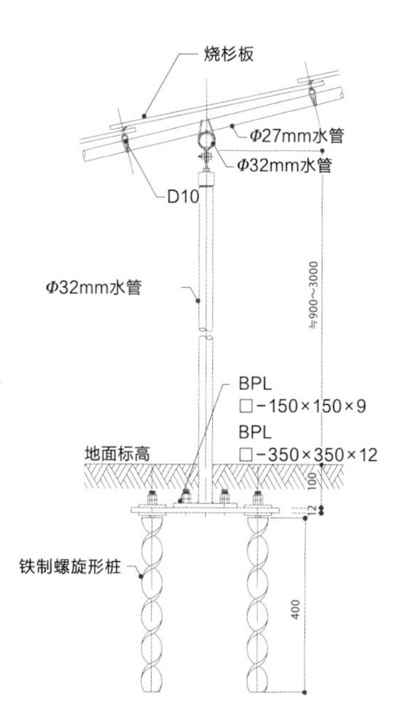
烧杉板
Φ27mm水管
Φ32mm水管
D10
Φ32mm水管
900~3000
BPL
□−150×150×9
BPL
□−350×350×12
地面标高
100
12
400
铁制螺旋形桩

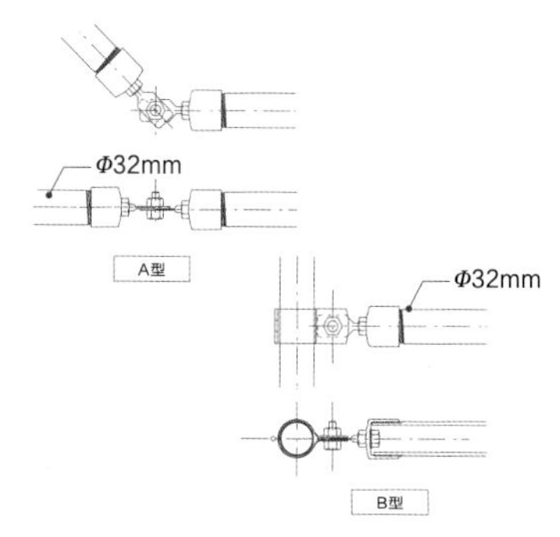
Φ32mm
A型
Φ32mm
B型

分享式施工及维护

遮篷的屋顶是利用岛上能获取的有限材料及施工方法，在短时间内就能建造完成的设计。

水管由硬铁丝连接，主屋为钢筋混凝土制成，外墙安装的烧杉板用绑带固定。建筑基座则参考了使用农业温室时开发的螺旋形基础。

每年冬季，烧杉板及屋顶都会重修。到现在为止，每年的维护及施工都是岛内的专业人员和艺术节的志愿者共同参与，这也成为了岛上的新景象。

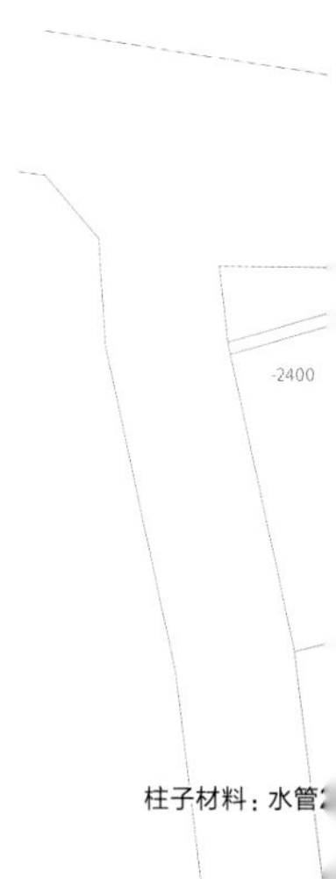
2400
柱子材料：水管

露台座席：
座席既是观看演出的地方，也是舞台
以柿子树为中心铺设了带有水管的烧

无边界的建筑

由于地面上只有一栋空房和未改造完的仓库，还留有很多空地，因此，本地居民又在空地上种植了无花果树和各种花卉，大家可以开心地在树荫下闲聊。为了让这个小小的社区吸引更多的人，又设计了浮岛状的座席，它们覆盖了大部分的空地。保留了原有的柿子树，在树荫下布局建筑。

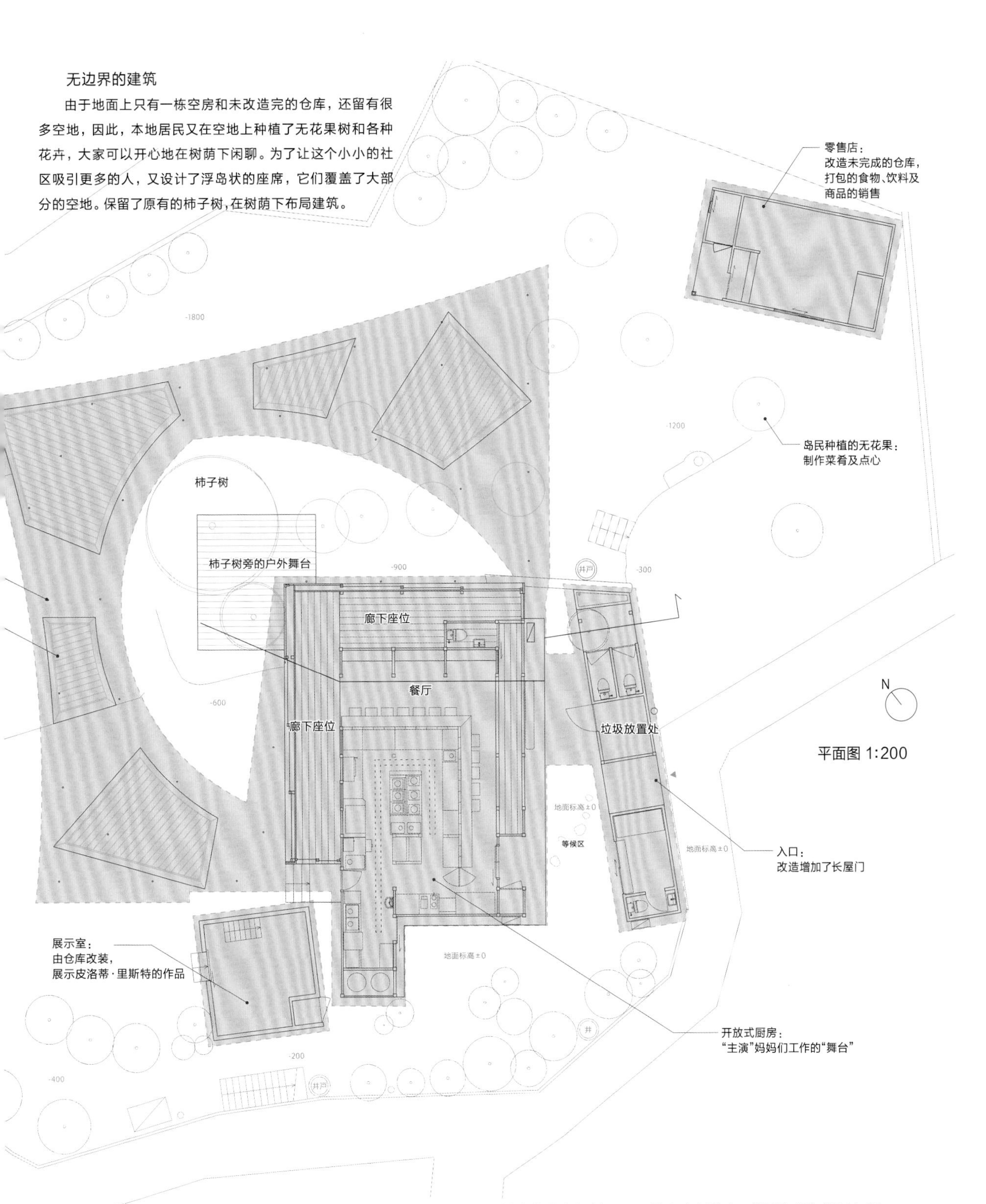

零售店：
改造未完成的仓库，
打包的食物、饮料及
商品的销售
岛民种植的无花果：
制作菜肴及点心
柿子树
柿子树旁的户外舞台
廊下座位
餐厅
廊下座位
垃圾放置处
N
等候区
入口：
改造增加了长屋门
展示室：
由仓库改装，
展示皮洛蒂·里斯特的作品
开放式厨房：
“主演”妈妈们工作的“舞台”

平面图 1:200

地基本身的高低差和屋顶的高度创造出了“领域感”与“连续感”

建筑材料缺乏的离岛区，再利用岛内倒塌房屋的材料用于房前增建的情况比较常见，柱子短的低矮宅屋也比较多。这座岛上最新的建筑参考了最低的房檐样式。原有的主屋高度增加，即为新建筑屋顶的高度，低天花板下的亲密空间与高天花板下的集会空间在连续不断的屋檐下诞生了。

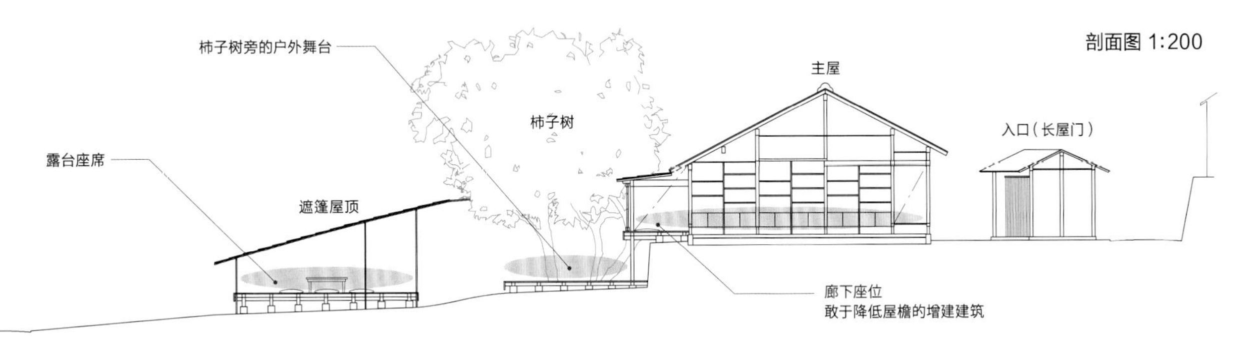

柿子树旁的户外舞台
露台座席
遮篷屋顶
柿子树
主屋
入口（长屋门）
廊下座位
敢于降低屋檐的增建建筑

剖面图 1:200

檐廊办公室

伊藤晓、须磨一清、坂东幸辅

主要功能	**餐饮**	种植	**活动**	商谈
睡觉	学习	**游戏**	买卖	展示
休闲	**工作**	运动	租赁	医疗
阅读	手工	监护	**交换**	**住宿**

[关键词]

· 透明的外墙
· 大檐廊及屋檐
· 开放的广场

本项目位于德岛县神山町，是总公司在东京的企业的卫星办公室。项目将建成80年左右的民居（含主屋、仓库、农具杂物间三栋建筑）改造为办公室。东京的企业偶尔会在其他城市开设“事务所”，因而产生了这一项目。建筑外墙面由玻璃构成，由外部能够看见在建筑内行走的人，同时规划了大的檐廊和屋檐。檐廊是工作人员的休息场所，同时也是当地人散步和休息的地方。此外，还拆除了场地与邻近剧院“寄井座”之间的混凝土隔墙。考虑到附近的住户，事务所前的广场是开放供儿童游玩的，偶尔还可以成为跳阿波舞的场所。这里是企业的私人办公室，同时又是公共空间，是一个奇妙的场所。

[基本资料]

项目地点：德岛县名西郡神山町神领字北88-4
建成时间：2013年
设计：伊藤晓、须磨一清、坂东幸辅
业主：Platease
施工：和田建材
审核性质：事务所
用地面积：1113 m^2
建筑占地面积：主屋114.2 m^2，仓库39.3 m^2，农具杂物间21.7 m^2
总建筑面积：主屋161.0 m^2，仓库68.8 m^2，农具杂物间21.7 m^2
结构及施工方法：木结构
建筑层数：2层
用地类型：城市规划区域外

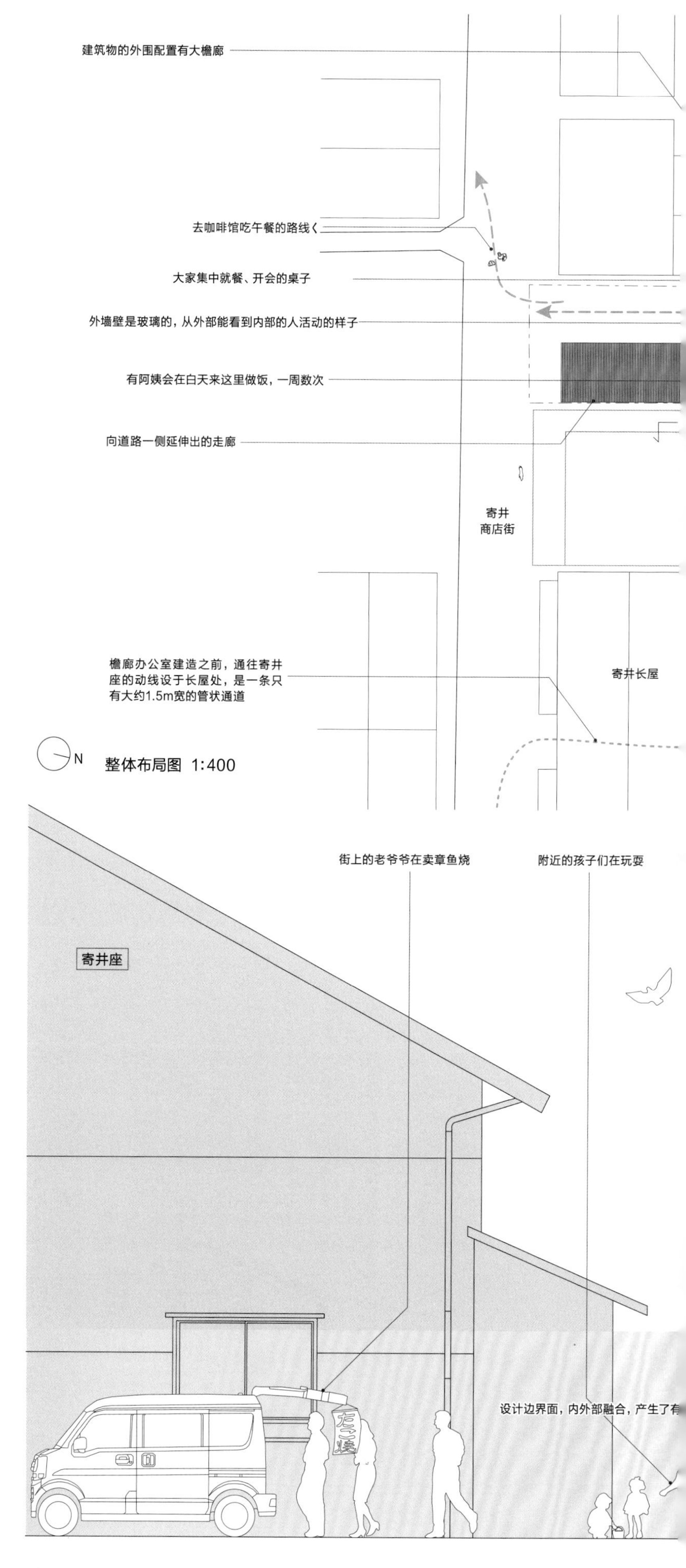
建筑物的外围配置有大檐廊
去咖啡馆吃午餐的路线
大家集中就餐、开会的桌子
外墙壁是玻璃的，从外部能看到内部的人活动的样子
有阿姨会在白天来这里做饭，一周数次
向道路一侧延伸出的走廊
寄井
商店街
檐廊办公室建造之前，通往寄井座的动线设于长屋处，是一条只有大约1.5m宽的管状通道
寄井长屋
N
街上的老爷爷在卖章鱼烧
附近的孩子们在玩耍
寄井座
设计边界面，内外部融合，产生了有

整体布局图 1:400

主屋建筑剖面图 1:75

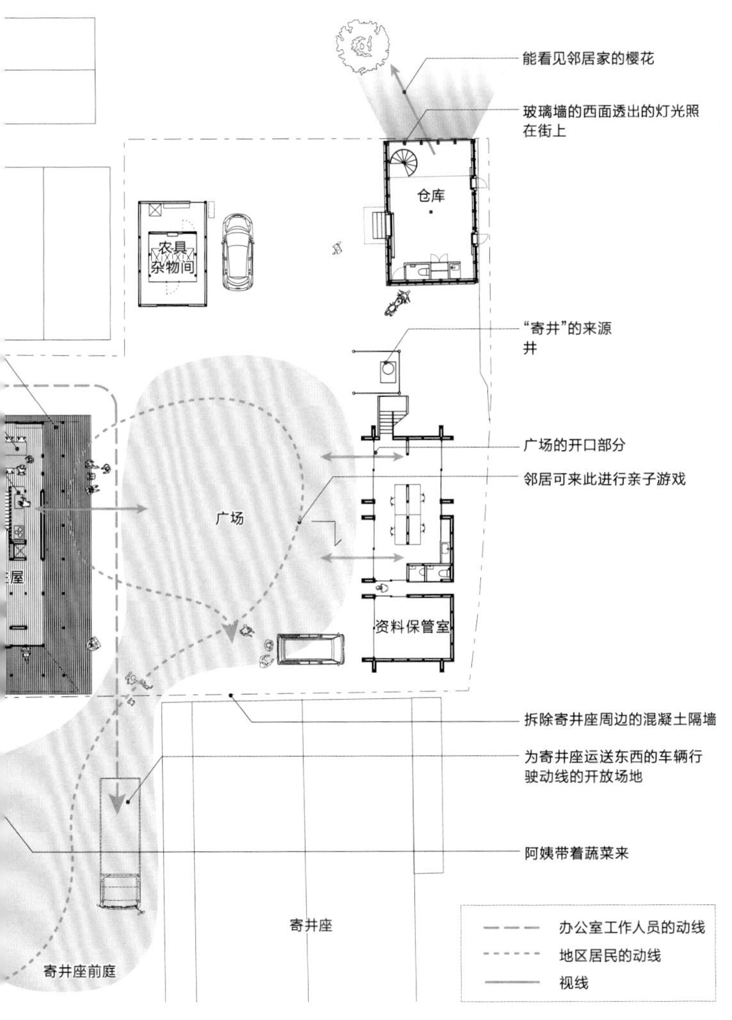
能看见邻居家的樱花
玻璃墙的西面透出的灯光照在街上
仓库
农具杂物间
"寄井"的来源井
广场的开口部分
邻居可来此进行亲子游戏
广场
资料保管室
拆除寄井座周边的混凝土隔墙
为寄井座运送东西的车辆行驶动线的开放场地
阿姨带着蔬菜来
寄井座
寄井座前庭
办公室工作人员的动线
地区居民的动线
视线

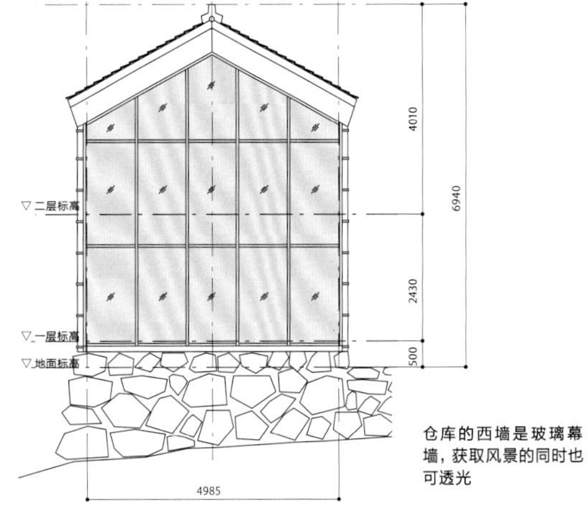
4010
6940
2430
500
▽二层标高
▽一层标高
▽地面标高
4985
仓库的西墙是玻璃幕墙，获取风景的同时也可透光

仓库西立面图 1:150

设计边界

东京的企业在山区城市设立办公室，是"他人"与"地域"的相遇。在这种情况下，二者如何相互联系，也就是如何界定边界成为了非常重要的问题。在这里，原有老旧住宅的外墙全部换成了玻璃幕墙，使人在外部能看到内部的一切行动。这样的做法实行起来未免会受到质疑，质疑这样做是否"过度透明"了，但问题的重点不在于建筑的高度可视，重点在于要让建筑本身发出"办公室对地区开放"的信息。

然而，另一方面，相比于不透明的墙壁，被一块透明的玻璃隔开，却形成了更加强烈的边界感，"内"与"外"划分得过于清晰了。在本项目中，面向广场的主屋周围添加了玻璃墙面，同时配置了大的屋檐和走廊，作为空间内部和外部之间的缓冲地带，指引内部的人们往外走，迎接外部的人们往里进。在员工进行工作间隙休息和开会的同时，也会有当地人来此闲聊，并送来收获的农作物。附近的小孩子也会来此游戏或睡午觉，有时还会举行酒会。

通过将边界"线"设计为边界"面"，场地焕发了活力，建筑前方的广场与建筑物内部实现了有机连接，即"场地的扩展"。

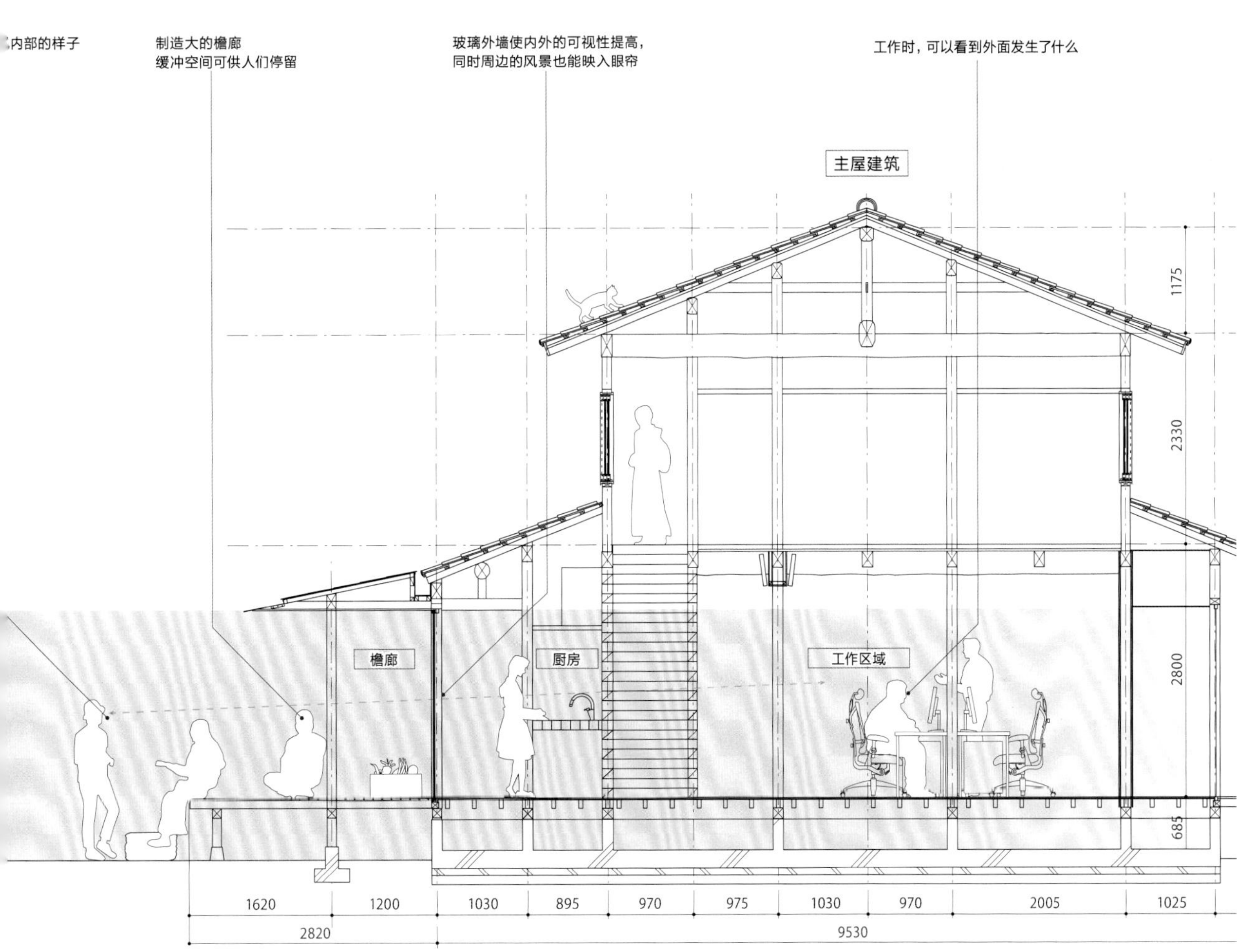
内部的样子
制造大的檐廊
缓冲空间可供人们停留
玻璃外墙使内外的可视性提高，
同时周边的风景也能映入眼帘
工作时，可以看到外面发生了什么
主屋建筑
檐廊
厨房
工作区域
1175
2330
2800
685
1620
1200
1030
895
970
975
1030
970
2005
1025
2820
9530

鹿岛冲浪别墅

千叶学建筑规划事务所

主要功能	餐饮	种植	活动	商谈
睡觉	学习	游戏	买卖	展示
休闲	工作	运动	租赁	医疗
阅读	手工	监护	交换	住宿

［关键词］

· 断面间隔的设计

· 单间和成为留白的公共区

· 使各种人聚集的居住场所

项目是建在海边的共享别墅，为了集合冲浪运动爱好者，营造一起入海寻找食物的快乐和悠闲自在的感觉而产生了这个项目。家庭或几个朋友可一同到此住宿，别墅设有单间、共用的起居室及其他空间（一层），为确保适当的距离感（二层），将单间和起居室在断面上相互交错布置设计，使私人空间和公共空间保持多种距离尺度感。带孩子的家庭可在一层周围玩耍，其他人可在二层舒适地品尝食物，每个人都可以悠然自得，在此相遇的人也可通过对方扩大自己的交友圈。场地一旦成为舒适的社区交流基地，良好的场所形态便诞生了。

［基本资料］

项目地点：茨城县鹿岛市
建成时间：2003年
设计：千叶学建筑规划事务所
业主：鹿岛合作别墅建设协会
运营：自治
施工：关根工务店
审核性质：户建住宅
用地面积：151.90 m^2
建筑占地面积：104.44 m^2
总建筑面积：195.76 m^2
专属空间：73.42 m^2
共享空间：122.34 m^2
结构及施工方法：钢结构
建筑层数：2层
用地类型：无指定

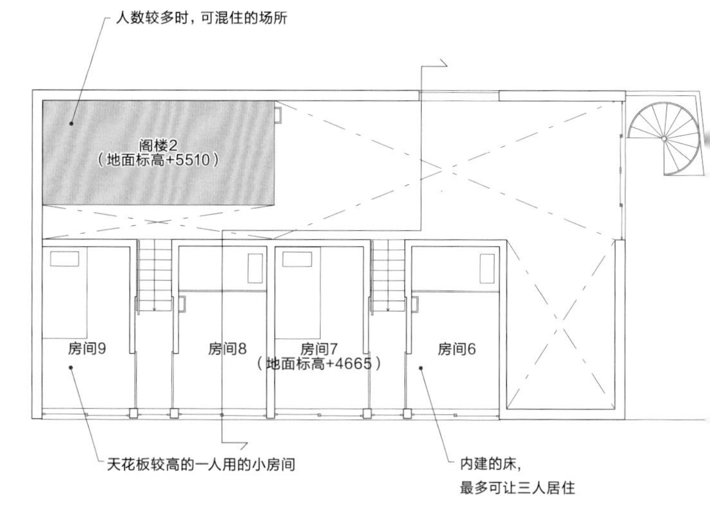
人数较多时，可混住的场所
阁楼2
（地面标高+5510）
房间9
房间8
房间7
（地面标高+4665）
房间6
天花板较高的一人用的小房间
内建的床，
最多可让三人居住

二层平面图 1:

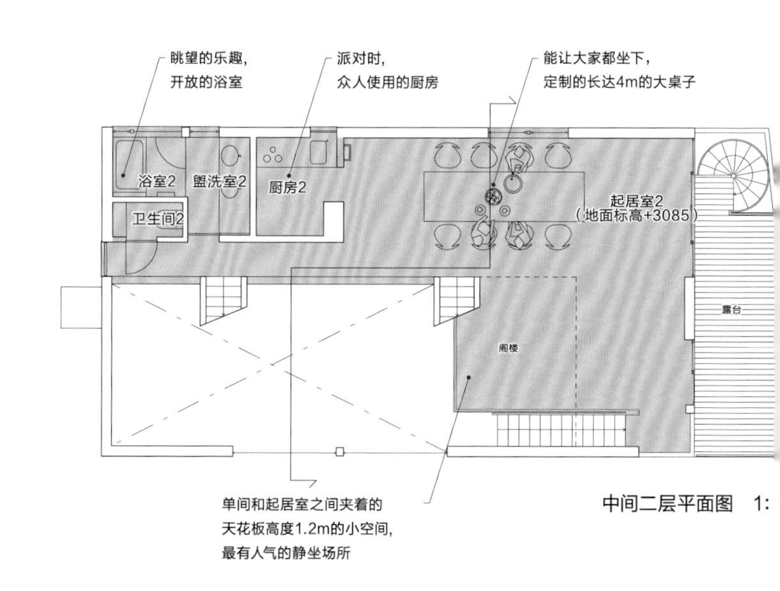
眺望的乐趣，
开放的浴室
派对时，
众人使用的厨房
能让大家都坐下，
定制的长达4m的大桌子
浴室2
盥洗室2
厨房2
卫生间2
起居室2
（地面标高+3085）
露台
阁楼
单间和起居室之间夹着的
天花板高度1.2m的小空间，
最有人气的静坐场所

中间二层平面图 1:

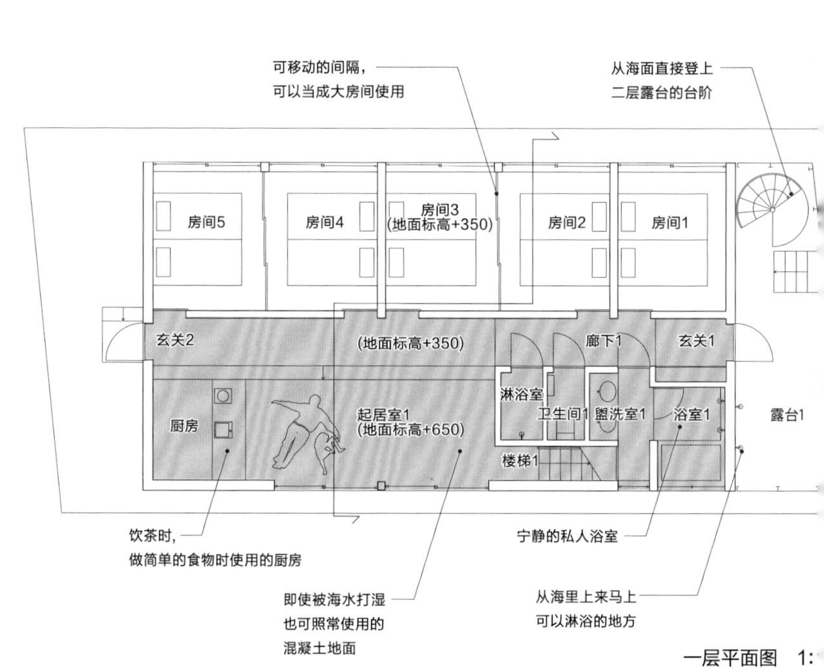
可移动的间隔，
可以当成大房间使用
从海面直接登上
二层露台的台阶
房间5
房间4
房间3
（地面标高+350）
房间2
房间1
玄关2
（地面标高+350）
廊下1
玄关1
淋浴室
卫生间1
盥洗室1
浴室1
露台1
厨房
起居室1
（地面标高+650）
楼梯1
饮茶时，
做简单的食物时使用的厨房
宁静的私人浴室
即使被海水打湿
也可照常使用的
混凝土地面
从海里上来马上
可以淋浴的地方

一层平面图 1:

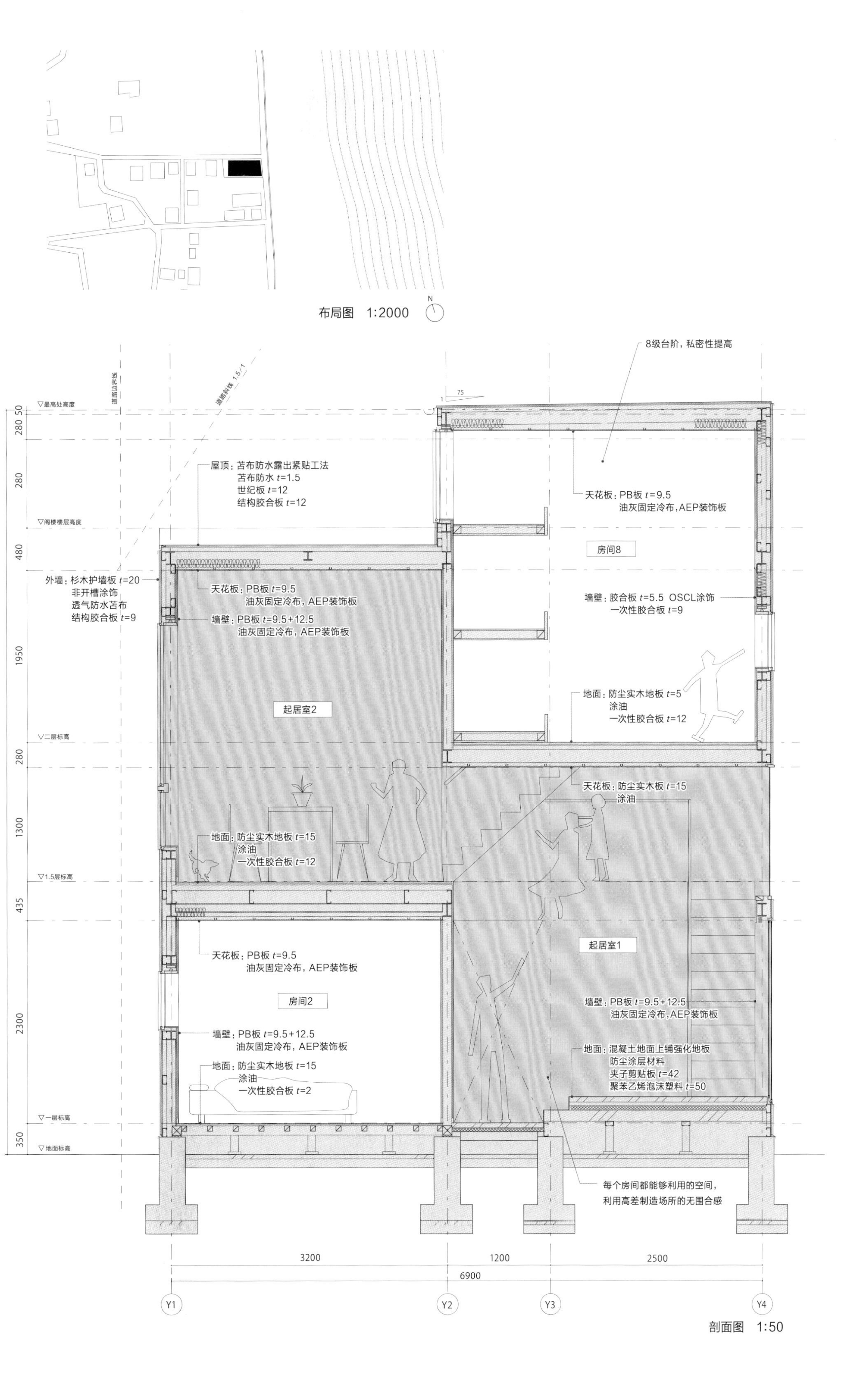
N
8级台阶，私密性提高
▽最高处高度
▽阁楼楼层高度
▽二层标高
▽1.5层标高
▽一层标高
▽地面标高
道路边界线
道路斜线 1.5/1
75
屋顶：苫布防水露出紧贴工法
苫布防水 t=1.5
世纪板 t=12
结构胶合板 t=12
外墙：杉木护墙板 t=20
非开槽涂饰
透气防水苫布
结构胶合板 t=9
天花板：PB板 t=9.5
油灰固定冷布，AEP装饰板
墙壁：PB板 t=9.5+12.5
油灰固定冷布，AEP装饰板
起居室2
地面：防尘实木地板 t=15
涂油
一次性胶合板 t=12
天花板：PB板 t=9.5
油灰固定冷布，AEP装饰板
房间2
墙壁：PB板 t=9.5+12.5
油灰固定冷布，AEP装饰板
地面：防尘实木地板 t=15
涂油
一次性胶合板 t=2
天花板：PB板 t=9.5
油灰固定冷布，AEP装饰板
房间8
墙壁：胶合板 t=5.5 OSCL涂饰
一次性胶合板 t=9
地面：防尘实木地板 t=5
涂油
一次性胶合板 t=12
天花板：防尘实木板 t=15
涂油
起居室1
墙壁：PB板 t=9.5+12.5
油灰固定冷布，AEP装饰板
地面：混凝土地面上铺强化地板
防尘涂层材料
夹子剪贴板 t=42
聚苯乙烯泡沫塑料 t=50
每个房间都能够利用的空间，
利用高差制造场所的无围合感
50
280
280
480
1950
280
1300
435
2300
350
3200
1200
2500
6900
Y1
Y2
Y3
Y4

布局图 1:2000

剖面图 1:50

瑞穗团体之家

大建MET建筑事务所

主要功能	餐饮	种植	活动	商谈
睡觉	学习	游戏	买卖	展示
休闲	工作	运动	租赁	医疗
阅读	手工	监护	交换	住宿

［关键词］

- 以家庭的规模连接的大空间
- 地域记忆很深的房子
- 促进场地营造的可变家具

因为项目二层为护理中心，要面对多种可能的情况，故而综合了两个单元形成了集体之家。为了避免因规模过大而失去原本的家庭式氛围，居住区的上层设置低矮的墙壁和下垂的屋顶，下层则用家具进行精细的划分，形成了多样的空间，使看护更加容易，并形成了家庭般的亲密氛围。一层具有日间服务中心的各种功能，令人舒畅的空间连续配置，每个场所都有深檐和透明立面，使内外空间产生连续性，对当地的人们产生吸引力。为了实现同时进行多种活动的可能性，设置了有助于场地营造的家具。在这里，各种不同的人在各自活动的同时，也能感受到场所的共有性，是一个“大家各得其所”的建筑空间。

［基本资料］

项目地点：岐阜县瑞穗市本田2050－1
建成时间：2011年
设计：大建MET建筑事务所
业主：社会福利法人新生会
运营：社会福利法人新生会
规划：社会福利法人新生会
施工：土屋R&C
审核性质：老人福利院
用地面积：1739.99 m²
建筑占地面积：573.12 m²
总建筑面积：922.74 m²
结构及施工方法：钢结构
建筑层数：2层
用地类型：第一类低层居住专用地

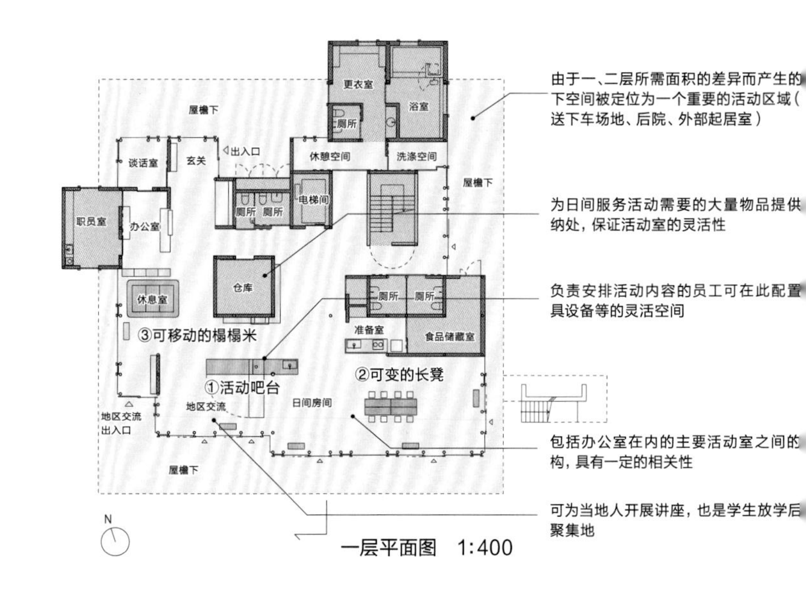
更衣室
浴室
厕所
屋檐下
休憩空间
洗涤空间
出入口
谈话室
玄关
电梯间
职员室
办公室
厕所
仓库
休息室
③可移动的榻榻米
准备室
食品储藏室
①活动吧台
②可变的长凳
地区交流出入口
地区交流
日间房间
N
由于一、二层所需面积的差异而产生的下空间被定位为一个重要的活动区域（送下车场地、后院、外部起居室）
为日间服务活动需要的大量物品提供纳处，保证活动室的灵活性
负责安排活动内容的员工可在此配置具设备等的灵活空间
包括办公室在内的主要活动室之间的构，具有一定的相关性
可为当地人开展讲座，也是学生放学后聚集地

一层平面图　1:400

委托给使用者的环境

二层作为生活空间，最多可供18位老人在此生活，但一般情况下在此生活的人数较少，一人至数人等，为不同的看护情况设计了不同的居住空间规模，可自由选择居住场所。在这里，护理人员的居住场也自然地融入其中。但与1层相比，设计的灵活性较弱，1层除了有老人、护理人员之外，还有当地居民繁出入，空间场地调整的多数可能性都委托给了使用者。

也可以说，与之相关的所有人都是主体，场地具有一定的自由度，引导人们自如地使用这个社区看场所。

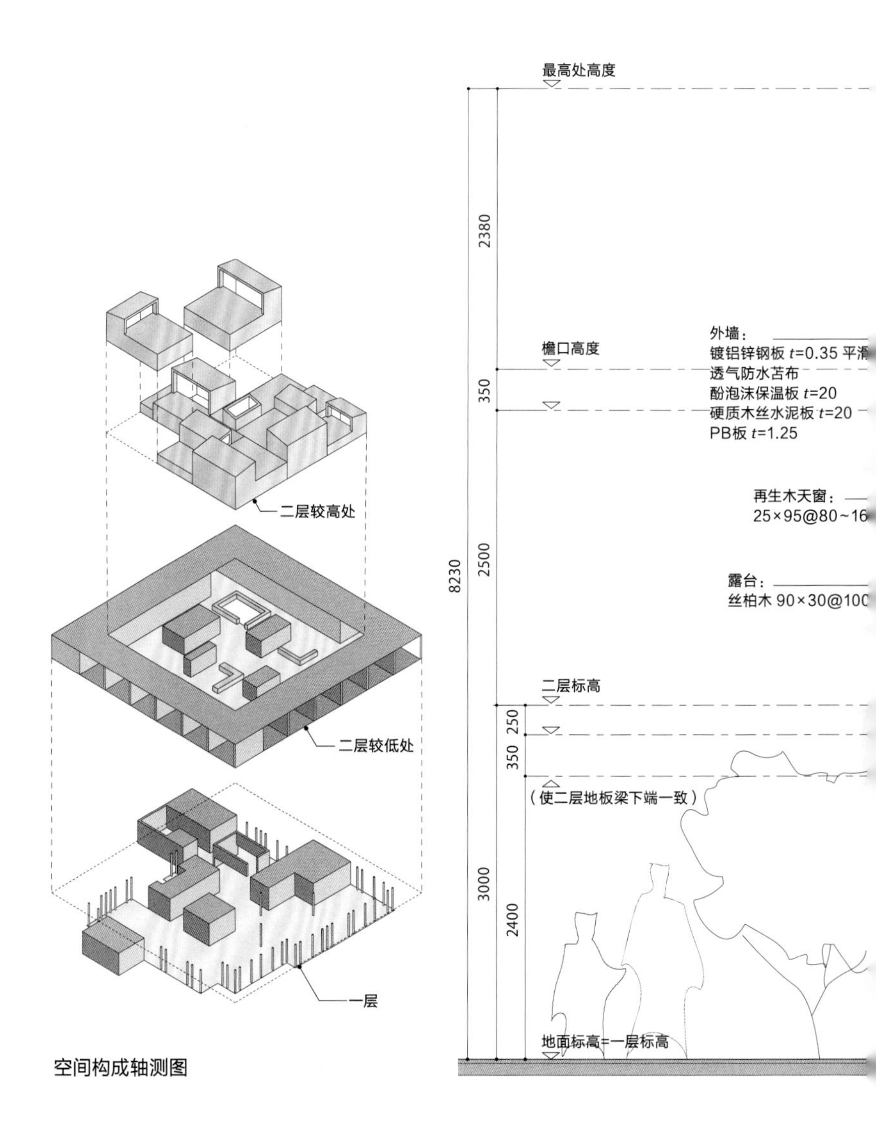
二层较高处
二层较低处
一层
最高处高度
檐口高度
二层标高
（使二层地板梁下端一致）
地面标高=一层标高
2380
350
2500
8230
250
350
3000
2400
外墙：
镀铝锌钢板 t=0.35 平
透气防水苫布
酚泡沫保温板 t=20
硬质木丝水泥板 t=20
PB板 t=1.25
再生木天窗：
25×95@80~16
露台：
丝柏木 90×30@100

空间构成轴测图

单间在满足规定面积的同时，还要在床的侧面留出可让轮椅通过的尺寸，以此为标准，确定了二层所有房间的大小，单间的数量为单元9个房间×2单元共计18个房间
卫生间共有六个（1个卫生间对应3个人，其中有3个无障碍卫生间），入口不对着起居室，并且使各房间都易于接近
厨房位于楼层中间，操作便利，可同时留意两个单元的情况；墙壁和家具之间的高度，确保了视线可通往各个房间
融合了少数人的生活，起居室规模的"房间"是与其他房间特性不同的连续空间
单间的入口与起居室之间设置了作为缓冲空间的盥洗室及大客厅，提高了个人的私密度
在这里，起居室整体划分其共用部分为两个单元，对于相互之间的边界不设置隔断，不影响单元、居住场地的选择
单间
盥洗室
大客厅
房间1
房间2
房间3
房间4
房间5
房间6
房间7
房间8
房间9
卫生间
电梯间
厨房

二层平面图难度（较低处）1:400

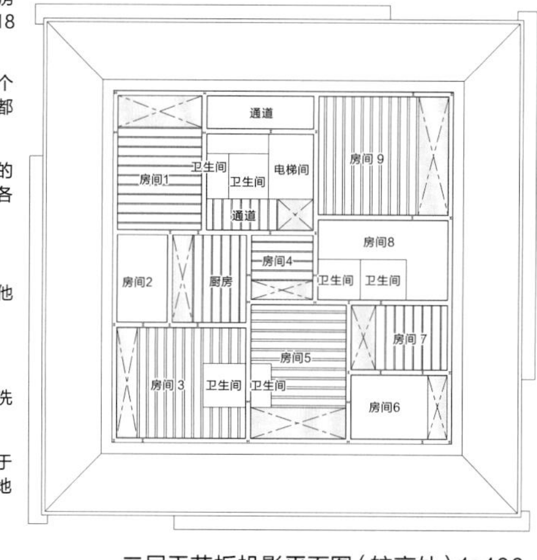
通道
卫生间
电梯间
房间1
房间2
房间3
房间4
房间5
房间6
房间7
房间8
房间9
厨房

二层天花板投影平面图（较高处）1:400

分割一层空间的家具

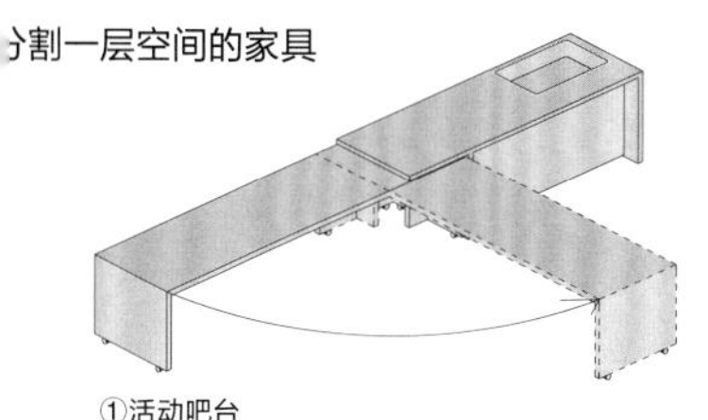

①活动吧台

移动近3m长的桌子，使整体的家具中心随之转移，可分隔空间，使一层的空间产生变化。

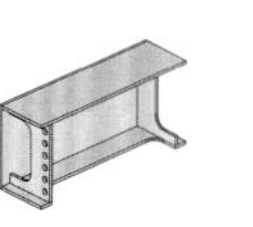

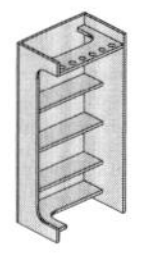

②可变的长凳

根据摆放方向的不同，高度为450的长凳，旋转之后就成了高度700的长凳，再次旋转形成的高度为1500的架子具有装饰架、分隔层、衣物挂钩等多种功能，使空间也产生了变化。

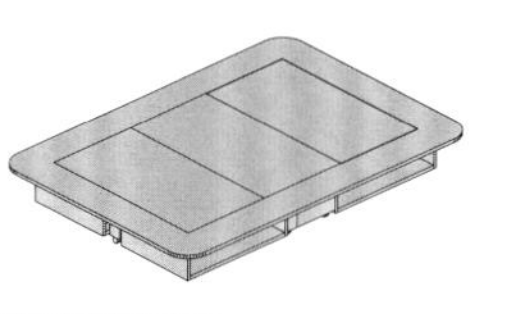

③可移动的榻榻米

可移动3块以上的榻榻米草席，开茶会时，可同时利用可变长凳的分隔作用围合成休息空间。

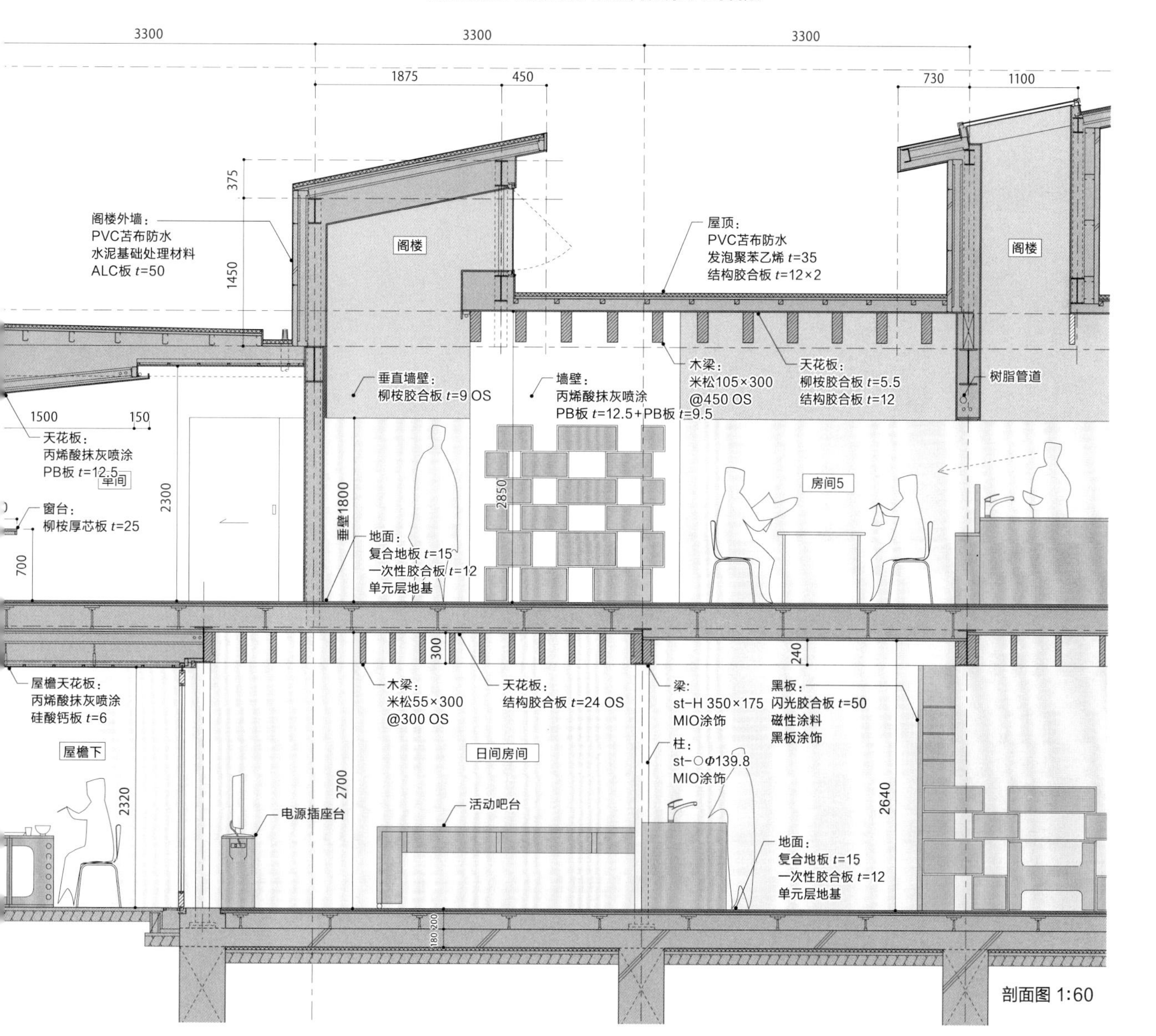
3300
3300
3300
1875
450
730
1100
375
1450
阁楼外墙：
PVC苫布防水
水泥基础处理材料
ALC板 t=50
阁楼
屋顶：
PVC苫布防水
发泡聚苯乙烯 t=35
结构胶合板 t=12×2
木梁：
米松105×300
@450 OS
天花板：
柳桉胶合板 t=5.5
结构胶合板 t=12
树脂管道
垂直墙壁：
柳桉胶合板 t=9 OS
墙壁：
丙烯酸抹灰喷涂
PB板 t=12.5+PB板 t=9.5
1500
150
天花板：
丙烯酸抹灰喷涂
PB板 t=12.5
单间
2300
窗台：
柳桉厚芯板 t=25
700
垂壁1800
2850
房间5
地面：
复合地板 t=15
一次性胶合板 t=12
单元层地基
300
240
屋檐天花板：
丙烯酸抹灰喷涂
硅酸钙板 t=6
木梁：
米松55×300
@300 OS
天花板：
结构胶合板 t=24 OS
梁：
st-H 350×175
MIO涂饰
黑板：
闪光胶合板 t=50
磁性涂料
黑板涂饰
柱：
st-○Φ139.8
MIO涂饰
屋檐下
日间房间
2320
2700
2640
电源插座台
活动吧台
地面：
复合地板 t=15
一次性胶合板 t=12
单元层地基
180 200

剖面图 1:60

移动式

波板地区交流中心

雄胜工作室、日本大学

主要功能	餐饮	种植	活动	商谈
睡觉	学习	游戏	买卖	展示
休闲	工作	运动	租赁	医疗
阅读	手工	监护	交换	住宿

［关键词］

- · 以大厅为中心聚集的多功能空间
- · 从使用者角度出发进行建造
- · 开展会员集会的集会设施

项目所在地是雄胜町中规模最小且逐渐老龄化的地区之一，地震后，这里开始探索地区的未来，并尝试与其他地区进行交流。位于残存住宅区和高台迁移安置地之间的地区交流中心，不仅供当地居民日常使用，同时也为来访的其他地区的人们提供活动、交流的场所。场地中央设置有大厅和日式房间，由此向外伸出四臂，设置工作室、厨房、卫生间和浴室，使场地能够进行各种活动。同时，场地还有四块外部空间，以应对未来的增建或改建。

［基本资料］

项目地点：宫城县石卷市雄胜町分浜波板140－1
建成时间：2014年
合作设计：雄胜工作室（负责人：佐藤光彦）、日本大学佐藤研究室（富坚由美、藤本阳介、朝仓亮、藏藤勋）
业主：波板地区会
规划：波板地区会、纳米塔实验室（Namita · Lab）
运营：波板地区会、纳米塔实验室
施工：佐藤建设
用途：集会场所
用地面积：1179 m^2
建筑占地面积：373.86 m^2
总建筑面积：272.23 m^2
结构及施工方法：木结构
建筑层数：1层
用地类型：无指定

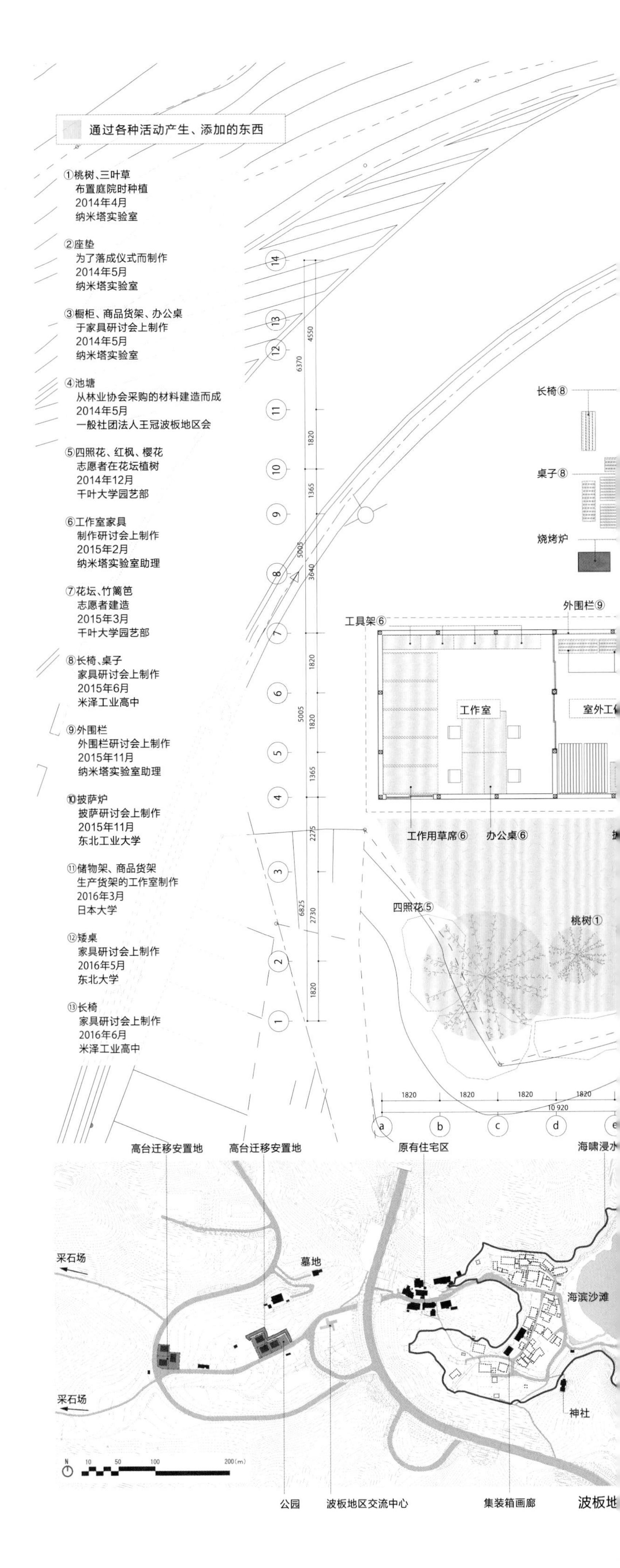

通过各种活动产生、添加的东西
①桃树、三叶草
布置庭院时种植
2014年4月
纳米塔实验室
②座垫
为了落成仪式而制作
2014年5月
纳米塔实验室
③橱柜、商品货架、办公桌
于家具研讨会上制作
2014年5月
纳米塔实验室
④池塘
从林业协会采购的材料建造而成
2014年5月
一般社团法人王冠波板地区会
⑤四照花、红枫、樱花
志愿者在花坛植树
2014年12月
千叶大学园艺部
⑥工作室家具
制作研讨会上制作
2015年2月
纳米塔实验室助理
⑦花坛、竹篱笆
志愿者建造
2015年3月
千叶大学园艺部
⑧长椅、桌子
家具研讨会上制作
2015年6月
米泽工业高中
⑨外围栏
外围栏研讨会上制作
2015年11月
纳米塔实验室助理
⑩披萨炉
披萨研讨会上制作
2015年11月
东北工业大学
⑪储物架、商品货架
生产货架的工作室制作
2016年3月
日本大学
⑫矮桌
家具研讨会上制作
2016年5月
东北大学
⑬长椅
家具研讨会上制作
2016年6月
米泽工业高中
长椅⑧
桌子⑧
烧烤炉
外围栏⑨
工具架⑥
工作室
室外工
工作用草席⑥
办公桌⑥
四照花⑤
桃树①
高台迁移安置地
高台迁移安置地
原有住宅区
采石场
墓地
采石场
海滨沙滩
神社
公园
波板地区交流中心
集装箱画廊

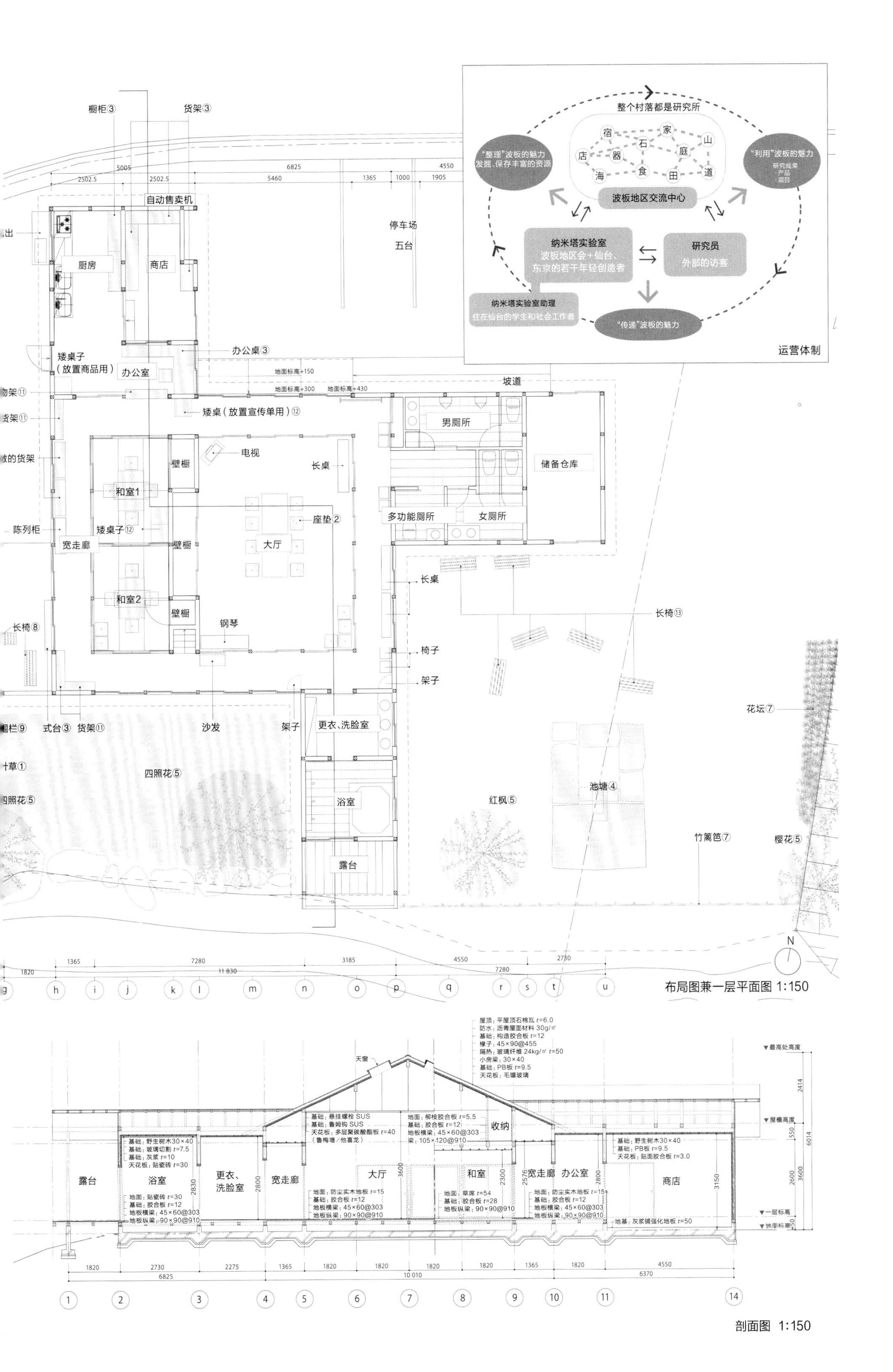
整个村落都是研究所
宿
家
石
山
店
器
庭
海
食
田
道
"整理"波板的魅力
发掘、保存丰富的资源
"利用"波板的魅力
波板地区交流中心
纳米塔实验室
波板地区会+仙台、东京的若干年轻创造者
研究员
外部的访客
纳米塔实验室助理
住在仙台的学生和社会工作者
"传递"波板的魅力
运营体制
橱柜③
货架③
自动售卖机
停车场
五台
厨房
商店
办公桌③
矮桌子
（放置商品用）
办公室
坡道
矮桌（放置宣传单用）⑫
男厕所
储备仓库
电视
长桌
壁橱
和室1
多功能厕所
女厕所
座垫②
矮桌子⑫
陈列柜
宽走廊
大厅
长桌
和室2
长椅⑬
长椅⑧
钢琴
椅子
架子
花坛⑦
式台③
货架⑪
沙发
架子
更衣、洗脸室
四照花⑤
池塘④
浴室
红枫⑤
竹篱笆⑦
樱花⑤
露台
布局图兼一层平面图 1:150
天窗
收纳
露台
浴室
更衣、洗脸室
宽走廊
大厅
和室
宽走廊
办公室
商店
剖面图 1:150

我的公众货摊

燕（Tsubame）建筑师事务所

主要功能	餐饮	种植	活动	商谈
睡觉	学习	游戏	买卖	展示
休闲	工作	运动	租赁	医疗
阅读	手工	监护	交换	住宿

［关键词］

· 可移动变形的“嵌套式货摊”
· 交换“技能”的场所
· 新的社会贡献“我的公众（my public）”

项目不是为了金钱利益，也不是志愿者活动，而是兴趣和特长技能的交流及学习场所，是一个因此实现了新的社会贡献“我的公众（my public）”的货摊。

例如，这个货摊可以进行咖啡调配、分发免费刊物、举行工作室活动等多种交流活动。

货摊的构成包括摊位、橱柜、招牌三要素，这是场所建立的最低标准，每个要素都有不同的细节，并以顾客名字的字母决定主题样式。

这种货摊收纳方便且不占空间，如同俄罗斯套娃般，能够层层嵌套在一起，而将其展开后，则能适应不同的空间场所。

［基本资料］

项目地点：－
建成时间：2015年
设计：燕（Tsubame）建筑师事务所
业主：摩萨奇（Mosaki）创意工作室
运营：摩萨奇创意工作室
规划：摩萨奇创意工作室、燕建筑师事务所
施工：新家装（New Furniture Works）
规划面积：0.35 m^2
结构及施工方法：货摊式家具

展示构成的外形图

移动时

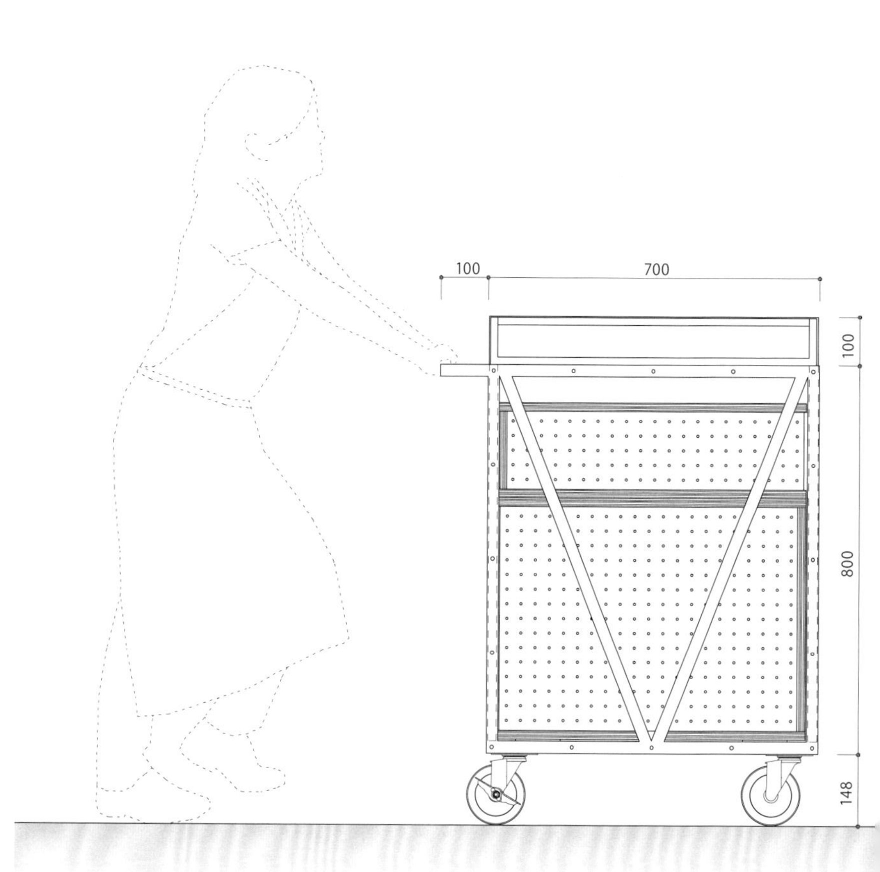
100
700
100
800
148

嵌套式货摊
我的公众货摊由几个特征部分组成。
它们可以紧凑地嵌套在一起，一个人就可以运作。

展示与城市关系的轴测图

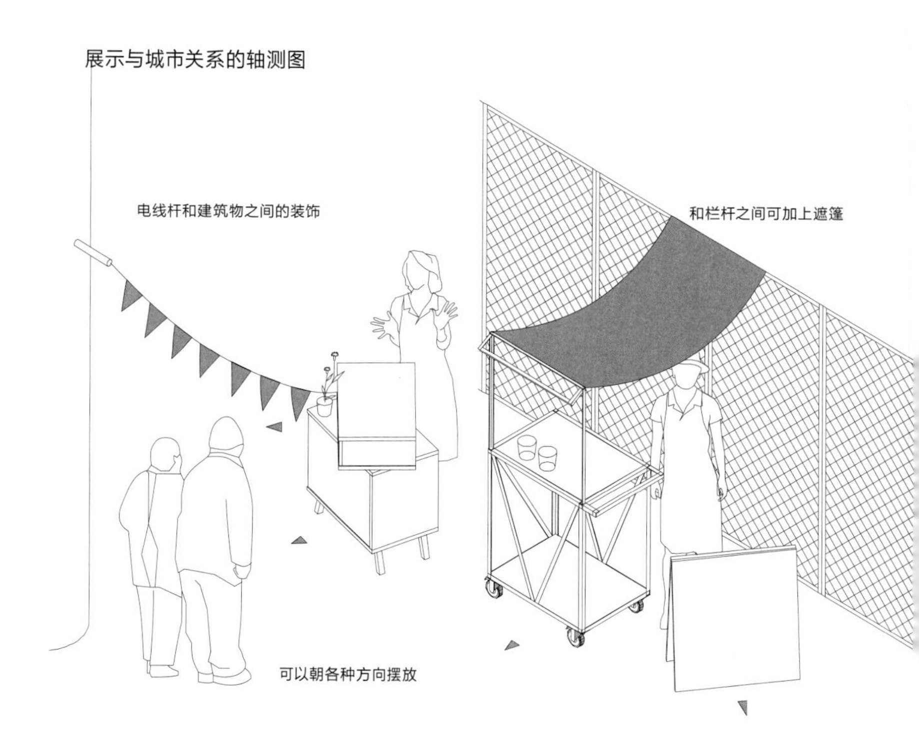
电线杆和建筑物之间的装饰
和栏杆之间可加上遮篷
可以朝各种方向摆放

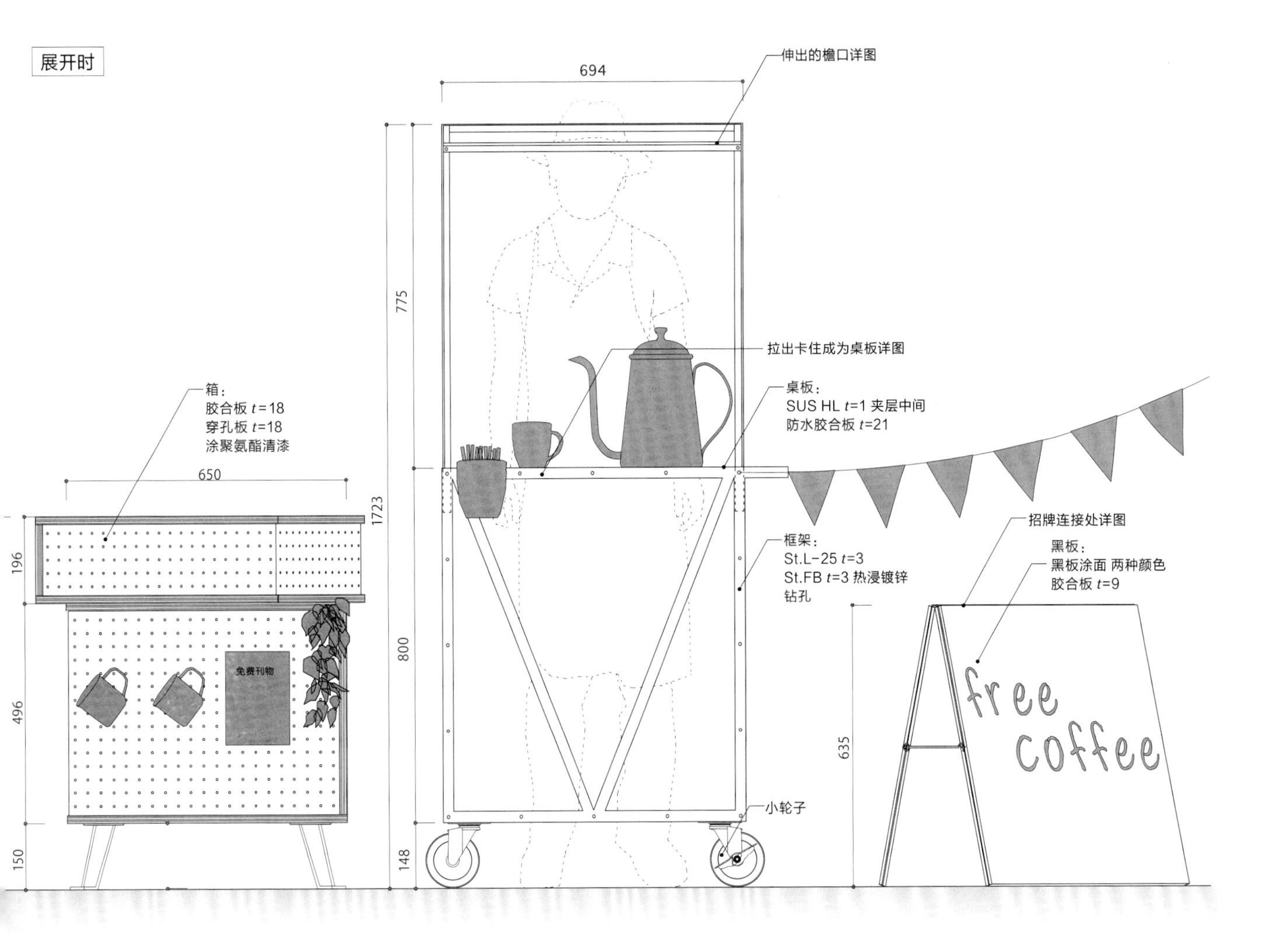
展开时
伸出的檐口详图
694
775
1723
800
148
拉出卡住成为桌板详图
桌板：
SUS HL t=1 夹层中间
防水胶合板 t=21
箱：
胶合板 t=18
穿孔板 t=18
涂聚氨酯清漆
650
196
496
150
免费刊物
框架：
St.L-25 t=3
St.FB t=3 热浸镀锌
钻孔
招牌连接处详图
黑板：
黑板涂面 两种颜色
胶合板 t=9
635
free
coffee
小轮子

S形的橱柜

咖啡机和其他工具可以放在柜子里。柜有摆动功能，可以像机器人一样来回摇晃，引过往行人。因为用穿孔板覆盖着，所以杯之类的东西可以挂在外面。

MO货摊

与香烟贩卖机等身的主框架。热浸镀锌材料保证了其坚固性。

可以利用框架的孔悬挂植物编织的长条挂饰，或者将装有糖果的小筐卡在桌板的沟槽中。

双面A字形招牌

在连接处使用了化学纤维毡毯的两面使用的A字形招牌。前后使用不同颜色的黑板涂面，可以在白天和夜间分别使用。

展现人与物的相关性的详细图解

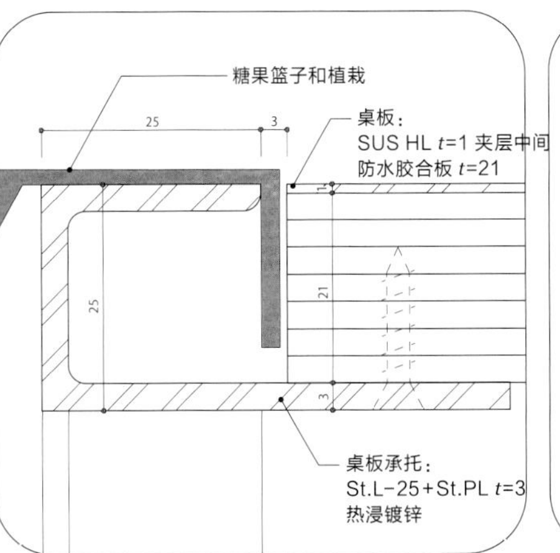
糖果篮子和植栽
25
3
桌板：
SUS HL t=1 夹层中间
防水胶合板 t=21
25
21
3
桌板承托：
St.L-25+St.PL t=3
热浸镀锌

MO货摊 拉出卡住的桌板承托详解 1:1

利用桌板的框架和缓冲，将糖果篮子和植栽固定在其沟槽里。

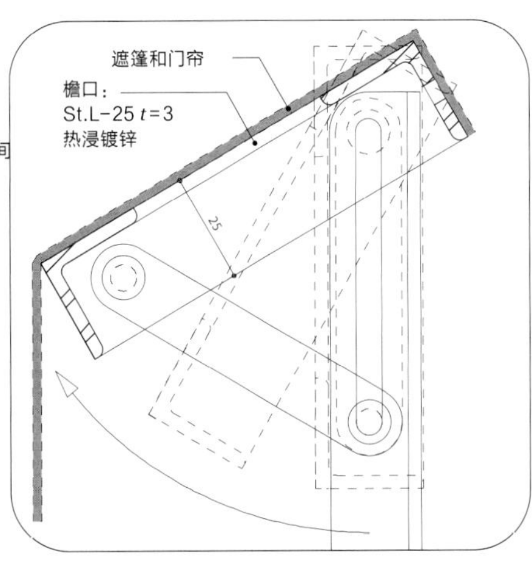
遮篷和门帘
檐口：
St.L-25 t=3
热浸镀锌
25

MO货摊 伸出的檐口详解 1:2

考虑到使用的耐久性和零件之间的摩擦，并未加以涂饰，而是镀锌，使其和城市中的构造物具有亲和性。

檐口有孔，遮篷和门帘都可以挂在上面。

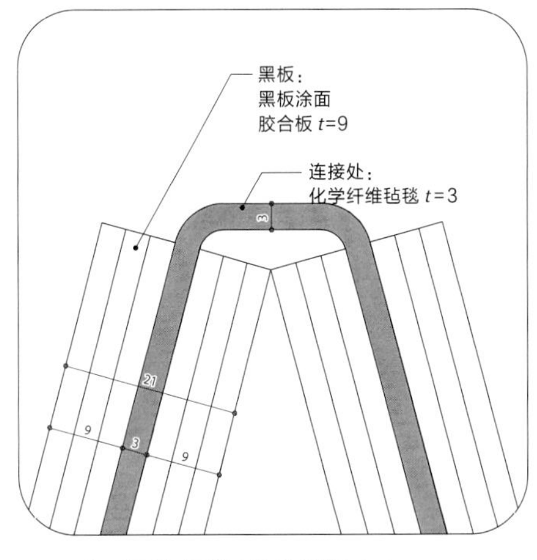
黑板：
黑板涂面
胶合板 t=9
连接处：
化学纤维毡毯 t=3
21
9
3
9

A字形招牌 招牌连接处详解 1:1

为了双面使用，利用了化学纤维毡毯连接。在室外不平整的地面上也能自己立住。

白色加长车货摊

筑波大学贝岛实验室、犬吠工作室

主要功能	**餐饮**	种植	活动	商谈
睡觉	学习	游戏	**买卖**	展示
休闲	工作	运动	租赁	医疗
阅读	**手工**	监护	交换	住宿

[关键词]

- **移动货摊**
- **微型公共空间**
- **空间的划定**

货摊分布在十日町这一连接着艺术作品的场所，其创新之处在于，取消通常1.5 m左右长度的货摊，提出延长至10 m的加长车型货摊。十日町冬日的大雪很有名，因此，在临近夏天的展览会上，会将货摊全体涂白，同时，菜单由（白）酒、豆腐、刨冰、泡菜等当地的白色食物构成。货摊在町中有庆典活动时开张营业，或者说被动员出来营业。货摊移动的时候需要人力协助，如果遇到转弯会占用到四个车道，会引起小拥堵，但是，沿路的人们都会给予令人温暖的等待，帮助货摊转弯。白色的“大麻烦事”成为了被人们留恋的可爱事物。白色加长车货摊本身也成为十日町如雪般的存在。

[基本资料]

项目地点：–
建成时间：2013年
设计：筑波大学贝岛研究室、犬吠工作室
业主：越后妻有、大地艺术祭内部
规划：筑波大学贝岛研究室、犬吠工作室
运营：筑波大学贝岛研究室、犬吠工作室
施工：筑波大学贝岛研究室、犬吠工作室
结构及施工方法：钢结构

视线穿过
地酒
移动时需要10名以上人员辅

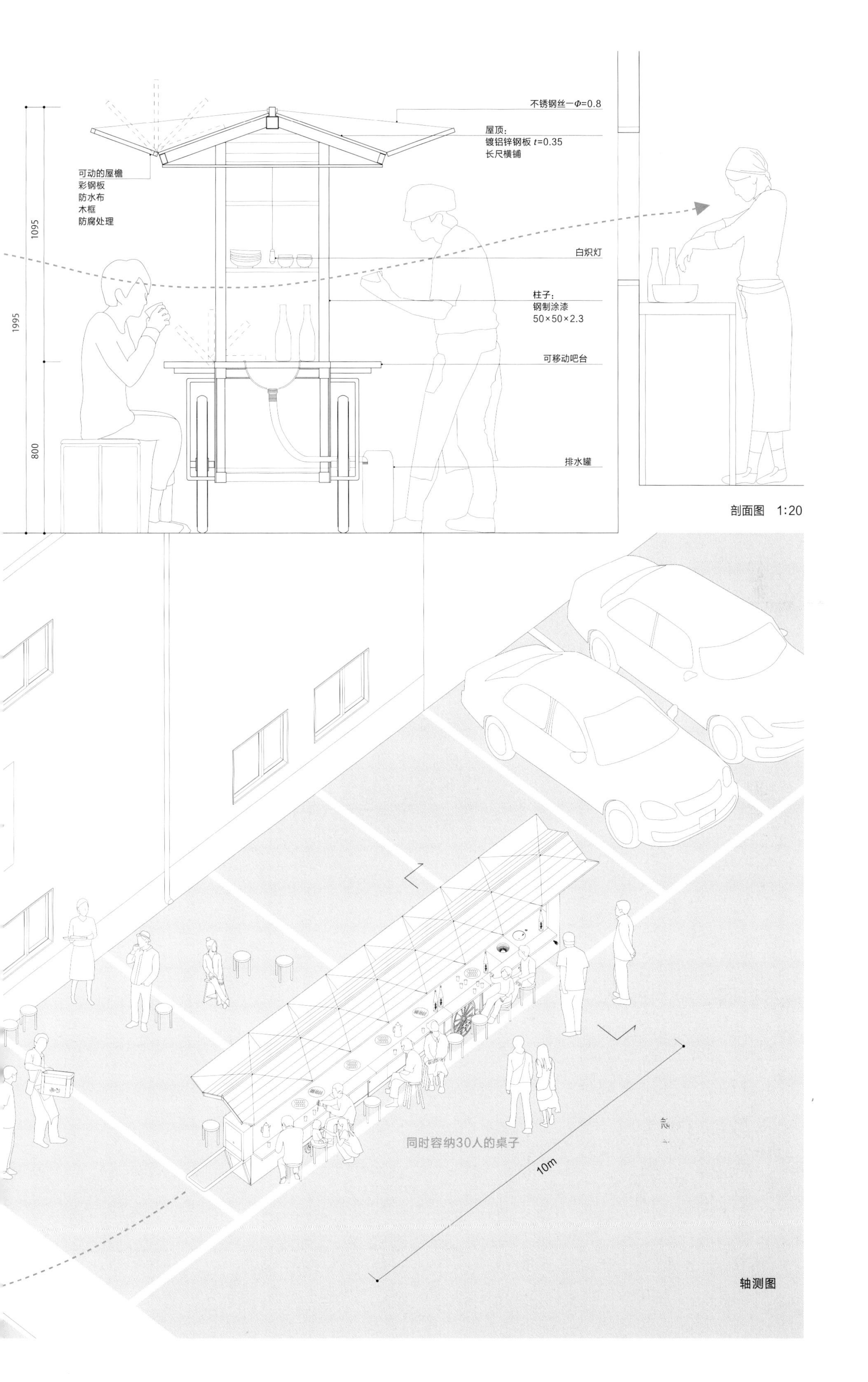
不锈钢丝—Φ=0.8
屋顶：
镀铝锌钢板 t=0.35
长尺横铺
可动的屋檐
彩钢板
防水布
木框
防腐处理
1095
1995
800
白炽灯
柱子：
钢制涂漆
50×50×2.3
可移动吧台
排水罐
同时容纳30人的桌子
10m

剖面图 1:20

轴测图

设计师档案

01 西麻布联合创新工作室（Krei/Co-lab西麻布）

—佐藤航（さとう わたる）

1979年生，2003年取得东京工业大学硕士学位，同年进入国誉株式会社。2016年进入公司创意设计（Creative Design）部门。参与设计了合味道博物馆馆内商店（Cupnoodles Museum museum shop，office）、国誉上海展示中心（KOKUYO Shanghai showroom）、CoorsTek艺术中心（CoorsTek gallery）等。

—长冈勉（ながおか べん）

1970年生，庆应大学政策与媒体研究科毕业。在山下设计之后，成立点（Point）株式会社，进行建筑、室内、家具的设计。日本商业环境设计协会奖（JCD Award）金奖得主。2016年秋季开始在事务所设立共享空间“半对半”。武藏野美术大学桑泽设计研究所外聘教师。

02 东京创客咖啡厅（Fabcafe Tokyo）

—猪熊纯（いのくまじゅん）

1977年生，2004年取得东京大学硕士学位。曾任职于千叶学建筑规划事务所，2007年与成濑友梨共同成立成濑·猪熊建筑设计事务所。2008年起担任东京都立大学助理教员，编著的图书有《设计共享》等。

—成濑友梨（なるせゆり）

1979年生，2007年于东京大学博士课程中退学。同年，与猪熊纯共同成立成濑·猪熊建筑设计事务所。2010起担任东京大学副教授，编著的图书有《设计共享》等。

—成濑·猪熊建筑设计事务所

代表作有“东京创客咖啡厅”“陆咖啡”“LT城西”“柏之叶开放创新实验室”“丰岛八百万实验室”等。获得2015年度日本建筑学会作品选集新人奖，2016年威尼斯建筑双年展评委会特别奖等，得奖众多。

—古市淑乃（ふるいちよしの）

1985年生，名古屋市立大学博士研究生前期课程完成。曾在吉村靖孝建筑设计事务所、成濑·猪熊建筑设计事务所负责设计临时安置住宅，开放创新实验室等。2015年成立古市淑乃建筑设计事务所。

03 千代田3331美术馆

—佐藤慎也（さとうしんや）

1968年生，1994年完成日本大学研究生院博士前期课程。2016年起担任日本大学教授，专业为艺术文化设施的建筑规划。亲自参与了千代田3331美术馆及许多其他艺术项目的场地设计。

—古泽大辅（ふるさわだいすけ）

1976年生，2002年完成东京都立大学研究生院的学习之后，成立了目白工作室（共同成立），2013年重组为重写开发组（Rewrite Develop Mental），2016年更名为重写建筑设计事务所（Rewrite_D）。2013年起担任日本大学理工学专职助教。代表作有“千代田3331美术馆”“中央线高架桥下项目”“十条的集合住宅”等。

—黑川泰孝（くろかわやすたか）

1977年生，2002年完成日本大学研究生院课程之后，成立了目白工作室（共同成立）。2013年参与重组重写开发组。

—马场兼伸（ばばかねのぶ）

1976年生，2002年修完日本大学研究生院理工学研究科课程之后，成立了目白工作室（共同成立）。2013年成立马场兼伸建筑设计事务所（B2 Aarchitects）。现为明治大学理工学部兼职讲师，日本大学理工学部外聘教师。代表作有“千代田3331美术馆”“濑田的住宅”“冬松山农产品直营店”等。

04 芝浦之屋

—妹岛和世（せじまかずよ）

1956年生，1981年毕业于日本女子大学研究生院。1987年成立妹岛和世建筑设计事务所。1995年与西泽立卫一同成立SANAA。代表作有“金泽21世纪美术馆*”“迪奥表参道*”“犬岛家项目”“新博物馆*”“蛇形画廊馆*”“劳力士学习中心*”“兰斯卢浮宫*”“格雷斯农场*”等。获得过的主要奖项有日本建筑学会奖*、威尼斯建筑双年展金狮奖*、普利兹克奖*等（带*标记的为SANAA作品）。

05 卡萨科(Casaco)

—特米特（Tomito）建筑（富永美保、伊藤孝仁）

是富永美保和伊藤孝仁共同的建筑设计事务所，于2014年组建。细心的观察环境，在事件的联系中构想建筑。主要的工作有以小山丘上的两座长屋为基础改造的“Casaco”，以城市历史遗留的形态特征与移动装置的形态相结合的“吉祥寺三角形货摊”等。

06 共享社(The Share)

—立毕塔（Rebita）株式会社

基于“生活，更新生活”的概念，改造原有的建筑物并亲手使之再生的公司成立于2005年。秉承“持续创造未来房地产常识”的经营理念，除改革销售业务与咨询业务之外，还参与共享出租房屋、PM·转租业务、酒店业务的规划和运营。

http://www.rebita.co.jp

07 涩谷Co-ba

—茨库鲁巴（Tsukuruba）株式会社

是融合了设计、商业和科技，实践跨越实体空间与信息空间的场地创作的发明公司。公司业务包括在日本全国开展会员制分享办公场所的项目“Co-ba”、住宅改造的在线市场“Cowcamo”、与APUTO公司共同运营的为人们聚会提供场所预定的聚会空间“Hacocoro”项目。另外，还在公司内部组织设置了设计部门，进行各种类型的空间设计，如办公空间、餐饮空间、居住空间等。

http://tsukuruba.com

08 萩庄

—宫崎晃吉（みやざまみつよし）

1982年出生于群马县，2008年毕业于东京艺术大学建筑设计研究生院。2008至2011年在矶崎新工作室工作。2013年设计最小复合文化设施萩荘，2015年开始建立“城市即酒店”项目“Hanare”。2015年起担任东京艺术大学美术学院建筑系外聘教师，2016年起担任萩工作室株式会社代表董事。

09 街道的托儿所小竹向原

—宇贺亮介（うがりょうすけ）

1970年生，1993年毕业于同志社大学，1996年获得庆应义塾大学研究生院硕士学位。曾任职于R·I·A、池田靖史建筑规划事务所，于2002年成立宇贺亮介建筑设计事务所。2011年起兼任（一财）城市防灾研究所研究员。

10 矢来町共享之家

—篠原聪子（しのはらさとこ）

1958年生，日本女子大学研究生院毕业后，在空间研究所创办的小山工作室工作。日本女子大学家政学院房屋系教授。代表作有“努维尔赤羽台3、4号建筑”“矢来町共享之家（2014年日本建筑学会奖）”等。著作书籍有《阅读居住的边界》《一个人的房子》《多缘社会》等。

—内村绫乃（うちむらあやの）

1967年生，毕业于日本大学生产工学系。在空间研究所工作，A工作室（A Studio）主创。日本大学外聘教师。代表作有“住宅与工作室（A-residence+studio）”“T-Flat”“矢来町共享之家（2014年日本建筑学会奖）”等。

11 京都艺术青年旅馆（Kumagusuku）

—家成俊胜（いえなりとしかつ）

1974年生，毕业于关西大学法学院法律系。而后就读大阪工业技术专门学校夜间部。在专门学校学习时开始从事设计活动。京都艺术设计大学空间方向设计系特别任命副教授。大阪工业技术专门学校建筑学科Ⅱ部外聘教师。

—赤代武志（しゃくしろたけし）

1974年生，毕业于神户艺术工科大学艺术设计学院环境设计系。在北村陆夫与ZOOM规划工作室、宫本佳明建筑设计事务所开始设计工作。大阪工业技术专门学校特任教员。神户艺术工科大学艺术设计学院环境设计系外聘教师。

—土井亘（どいわたる）

1987年生，庆应义塾大学政策与媒体研究专业硕士。工作于孟买建筑师工作室，参与建立点（Dot）建筑师事务所。

—寺田英史（てらだひでふみ）

1990年生，取得横滨国立大学建筑城市学研究生院Y-GSA硕士学位后，参与建立点建筑师事务所。

—点建筑师事务所
家成俊胜、赤代武志在2004年共同成立，以大阪、北加贺屋为基地进行活动，作品有“No.00”“马木营地”“美井户神社”“京都艺术青年旅馆”等。工作室不只进行建筑设计，也进行现场施工、艺术设计、多种企业规划等相关活动。

12 配有食堂的公寓
—仲俊治（なかとしはる）
1976年生，2001年毕业于东京大学研究生院工学系研究科建筑学专业。曾任职于山本理显设计工厂，后成立仲建筑设计工作室。作品有“配有食堂的公寓”“小商业实验室”“朝向上总喜望之乡”等，设计关键词为循环的建筑。

13 星之谷小区
—大岛芳彦（おおしまよしひこ）
1970年出生于东京都，就职于大手组织设计事务所，2000年于蓝工作室开始以休闲房地产的再生、流通、活性化为主题的“改造（renovation）”项目。其工作不仅涉及建筑设计，还包括规划、咨询、平面设计、房地产经纪管理等。

14 横滨公寓
—西田司（にしだおさむ）
1976年出生于神奈川县，1999年横滨国立大学工学院建筑系毕业之后，合作成立速度（Speed）工作室。2004年成立正在设计（On Design）。现为东京理科大学、京都艺术设计大学外聘教师。

—中川绘里佳（なかがわえりか）
1983年生，2007年毕业于东京艺术大学研究生院。2007至2014年工作于正在设计。2014年成立中川绘里佳建筑设计事务所。现为东京艺术大学、法政大学外聘教师。代表作有“横滨公寓”“根际新办公室转移规划”“合作社庭院”等。

15 高岛平的老年活动中心兼居酒屋
—山道拓人（さんどうたくと）
1986年出生于东京都，2011年获得东京工业大学硕士学位。2011年开始在同一所大学攻读博士学位。2012年工作于自然元素（Elemental智利）。2012至2013年担任茨库鲁巴（Tsukuruba）首席建筑师，2013年与其他成员合作成立燕（Tsubame）建筑师事务所。现为东京理科大学外聘教师。

—千叶元生（ちばもとお）
1986年出生于千叶县，2012年获得东京工业大学硕士学位。2009年至2010年于瑞士联邦工科大学留学。2012年至2014年担任庆应义塾大学科技助理，2013年与其他成员合作成立燕建筑师事务所。现为东京理科大学外聘教师。

—西川日满里（さいかわひまり）
1986年出生于新潟县，2009年毕业于御茶水女子大学生活科学学院，2010年完成早稻田艺术学院建筑设计专业的学习，2012年取得横滨国立大学建筑城市学研究生院Y-GSA硕士学位。2012年至2013年工作于小嶋一浩与赤松佳珠子CAt事务所，2013年与其他成员合作成立燕建筑师事务所。

—石榑督和（いしぐれまさかず）
1986年出生于岐阜县，2011年完成明治大学研究生院博士前期课程，2014年取得工学博士学位。2014年至2015年担任明治大学兼职讲师，2015年起担任明治大学理工学院助理教员。2016年加入燕建筑师事务所。

16大学餐厅
—工藤和美（くどうかずみ）
1960年生，1985年毕业于横滨国立大学。1986年，在东京大学研究生院学习期间与人合作成立腔棘鱼工作室（Coelacanth），1998年改组为K&H 建筑（Coelacanth K&H），现为其代表董事，并担任东洋大学教授。

—堀场弘（ほりばひろし）
1960年生，1983年毕业于武藏工业大学建筑系，1986年，在东京大学研究生院学习期间与人合作成立腔棘鱼工作室，1998年改组为K&H 建筑，现为其代表董事，东京城市大学教授。

—K&H 建筑
代表作为“千叶市立打濑小学”“福冈市立博多小学”“金泽海未来图书馆”“山鹿市立山鹿小学”等。主要获奖有日本建筑学会奖、JIA日本建筑大奖、国际建筑奖（International Architecture Awards）等。

17 武藏野公共图书馆
—川原田康子（かわはらだやすこ）
1964年出生于山口县，曾居住于广岛、横滨、大分、东京都。1987年毕业于早稻田大学理工学院建筑系，曾任职于长谷川逸子建筑规划工作室（株式会社），2005年成为KW+HG（有限公司）代表董事。一级建筑师。

—比嘉武彦（ひがたけひこ）
1961年出生于冲绳县，1986年毕业于京都大学工学院建筑系，曾任职于长谷川逸子建筑规划工作室（株式会社），2005年起担任KW+HG（有限公司）代表董事。一级建筑师。

18 LT城西
—成濑 · 猪熊建筑设计事务所(参考02)

19 柏之叶开放创新实验室（31 Ventures Koil）
—成濑 · 猪熊建筑设计事务所(参考02)

20 中央线高架桥下的空间改造项目——东小金井社区站及流动站
—古泽大辅（参考03）

—黑川泰孝（参考03）

—籾山真人（もみやままさと）
1976年生，2002年取得东京工业大学硕士学位。2002年至2009年就职于埃森哲，2008年成立重写株式会社，2010年成立建筑及房地产部门（现重写建筑设计事务所）。现为重写株式会社董事长。

21 盐尻市市民交流中心（Enpark）
—柳泽润（やなぎさわじゅん）
1964年生，1991年在贝尔拉格研究所学习。1992年取得东京工业大学理工学硕士学位。曾任职于伊东丰雄建筑设计事务所，2000年成立当代建筑（Contemporaries）。2016年起担任关东学院大学建筑环境系副教授。

22 长冈市政厅
—隈研吾（くまけんご）
1954年生，1979年毕业于东京大学建筑学研究生院。1990年成立隈研吾建筑都市设计事务所。2001年至2008年担任庆应义塾大学教授。2009年就任东京大学教授至今。最近的作品有“三得利美术馆”“根津美术馆”“浅草文化观光中心”“歌舞伎座剧院”“丰岛区厅舍”等。

23 太田市美术馆 · 图书馆
—平田晃久（ひらたあきひさ）
1971年生于大阪府，1994年毕业于京都大学工学院建筑学系。1997年完成京都大学工学研究科课程，任职于伊东丰雄建筑设计事务所。2005年成立平田晃久建筑设计事务所。2015年至今任京都大学副教授。代表作有“桝屋书屋”“猿乐”“ALP”“COIL”“彭博馆”“Ktoriku集合住宅”等。

24 仙台媒体文化中心
—伊东丰雄（いとうとよお）
1941年生，1965年毕业于东京大学工学院建筑系。工作于菊竹清训建筑设计事务所，1971年成立城市机器人（Urban Robot）设计事务所，1979年改名为伊东丰雄建筑设计事务所。代表作为“仙台媒体文化中心”“大家的森林——岐阜媒体中心”“台中歌剧院”等。

25 旦过青年旅馆（Tanga Table）
—吉里裕也（よしざとひろや）
1972年生，毕业于东京都立大学工学研究科建筑学专业。曾就职于东京R房地产公司，后与他人共同成立SPEAC株式会社，进行建筑、房地产开发、再生和设计工作，推行地区再生计划等。代表作品有“旦过青年旅馆”“经堂的家”等建筑更新空间。东京城市大学外聘教师。

—SPEAC株式会社
成立于2004年，旨在成为一家解决空间和结构设计中的社会问题和业务问题的公司。公司以建筑设计、房地产规划为中心，运作活动、饮食设施“下北泽之笼”与工作空间的“印刷工厂”，运营房地产公司“东京R房地产”及建筑材料网上商店

“Toolbox”等，开展多方面的业务。

26 前桥美术馆

—水谷俊博（みずたにとしひろ）

1970年出生于神户市，1997年获得京都大学硕士学位。曾就职于佐藤综合规划，2005年成立水谷俊博建筑设计事务所。现为武藏野大学教授。代表作有“前桥美术馆”“武藏野绿色中心”等。主要奖项有好设计奖（Good Design，2014）、BELCA奖（2015）、日本建筑师协会奖（2015）等。

—水谷玲子（みずたにれいに）

1976年出生于神户市，2002年获得京都大学硕士学位。曾任职于大林组，2009年起在水谷俊博建筑设计事务所工作至今。现为武藏野大学外聘教师。代表作有“前桥美术馆”“石神井台之家”等。主要奖项有住区环境设计奖（2011），JCD设计奖银奖（2014）等。

27 龙阁村

—稻垣淳哉（いながきじゅんや）

1980年生，2006年早稻田大学研究生院完成学业之后，从事建筑学科助教的工作（古谷诚章研究室），2009年与其他人共同成立尤里卡（Eureka）建筑设计与工程。

—佐野哲史（さのさとし）

1980年出生，2006年早稻田大学研究生院完成学业。曾就职于隈研吾建筑都市设计事务所，2009年与其他人共同成立尤里卡建筑设计与工程。

—永井拓生（ながいたくお）

1980年生，2009年早稻田大学研究生院博士退学。2009年加入尤里卡建筑设计与工程，成立永井结构规划事务所，2011年起担任滋贺县立大学环境科学学院环境建筑设计系助理教员。

—掘英祐（ほりえいすけ）

1980年生，2009年早稻田大学研究生院博士退学。2009年加入尤里卡建筑设计与工程。2012年担任早稻田大学助理教员，2016年至今任近畿大学产业理工学院建筑设计系特任讲师。

—尤里卡建筑设计与工程

主要作品有“龙阁村”“街角谷物”等，整合设计、结构和环境等各方面的专业知识，为营造可持续社会进行建筑设计。

28 吉川地区护理服务中心

—金野千惠（こんのちえ）

1981年出生于神奈川县，2005年毕业于东京工业大学工学院建筑系。东京工业大学研究生院学习期间获得瑞士联邦工科大学奖学金。2011年获东京工业大学工学博士学位。2011年至2012年担任神户艺术工科大学研究生院助教，成立今野建设株式会社。2013年至今任日本工业大学助理教员。2015年共同主持一级建筑师事务所TECO。

29 金泽共享社区

—西川英治（にしかわえいじ）

1952年出生，1975年毕业于神户大学工学院建筑系。1981年进入五井建筑设计研究所（2015年改组为五井建筑研究所），现任公司代表董事。代表作有“金泽共享社区”“金泽商工会议所会馆”“石川县钱谷五兵卫纪念馆”等。

30 友好花园

—山形阳平（やまがたようへい）

1989年生，2012年毕业于千叶大学工学院建筑系。曾就职于AE5 合伙人（AE5 Partners），现就职于成濑・猪熊建筑设计事务所。2015年至今活动于UN建筑师事务所。代表作有“管状图书馆”“米奇办公室（Mikey Office）”“友好花园（获2016年好设计奖）”等。

31 Good Job！香芝公共中心

—大西麻贵（おおにしまき）

1983年生，2008年取得东京大学硕士学位。2008年起共同主持大西麻贵与百田有希／O+H建筑师事务所。代表作有“二重螺旋之家”“东松岛儿童之家”“Good Job！香芝公共中心”等。

—百田有希（ひゃくだゆうき）

1982年生，2008年取得京都大学硕士学位。2008年起共同主持大西麻贵与百田有希／O+H建筑师事务所，在伊东丰雄建筑设计事务所工作至2014年。代表作有“二重螺旋之家”“Good Job！香芝公共中心”等。

32 岩沼民众之家

—伊东丰雄（参考24）

33 高冈家庭旅馆

—能作文德（のうさくふいのり）

1982年生于富山县，2005年毕业于东京工业大学建筑系，2012年取得东京工业大学建筑学博士学位。2010年成立能作文德建筑设计事务所。现任东京工业大学研究生院建筑学系助理教员。

—能作淳平（のうさくじゅんぺい）

1983年生于富山县，2006年毕业于武藏工业大学（现东京城市大学）。2006年至2010年工作于长谷川豪建筑设计事务所，2010年成立能作建筑设计事务所。2016年起任东京大学、日本工业大学外聘教师。

34 共创社(Cocrea)

—井坂幸惠（いさかさちえ）

1988年毕业于多摩美术大学建筑学系，1992年取得芝蒲工业大学硕士学位，同时成为研究员。1993年就职于拉斐尔・维尼奥利建筑师事务所，2002年建立Bews建筑师事务所。1990年至2015年担任千叶大学、名古屋工业大学、东京理科大学工学院等学校的外聘教师。代表作有“Piodao”“科罗纳电器新办公楼项目一期工程”等。

35 里山村庄

—大豆生田亘（おおまめうだわたる）

1978年生，2003年取得日本大学硕士学位。2004年起先后就职于都市设计系统、S・概念株式会社，2011年起就职于Coplas。代表作有“里山村庄”“春日原CV”“高乃目白台”“都贺莫里斯尼”等，设计了许多增加社区表达空间的案例。

36 武雄市图书馆

—CCC株式会社

运营茑屋书店和复合商业设施“T-Site”的同时，还作为指定管理者规划和运营武雄市图书馆、海老名市立中央图书馆、多贺市立图书馆等项目。

—宫原新（みやはらあらた）

1980年毕业于东京艺术大学建筑系。就职于松田平田坂本设计事务所，成立了阿奇力（Akiri）工作室。亲手设计了“东京国际机场航站楼”“茨城县政府大楼”等项目。

—佐藤综合规划

以建筑设计、城市设计及其相关的环境设计为主要业务的综合设计事务所。进行了武雄市图书馆的设计和此次的改造设计。

37 锯南町都市交流设施——道路服务区保田小学

—渡边真理（わたなべまこと）

1950年生于群马县，1976年取得京都大学硕士学位，1979年取得哈佛大学设计学院硕士学位。1981年起就职于矶崎新工作室，1987年与木下庸子共同成立设计组织ADH，1996年起担任法政大学教授。

—木下庸子（きのしたように）

1956年生于东京都，1977毕业于斯坦福大学，1980年取得哈佛大学设计学院硕士学位。1981年至1984年就职于内井昭藏建筑设计事务所，1987年成立设计组织ADH，2005年至2007年为UR城市机构城市设计团队负责人，2007年至今任工学院大学教授。

—古谷诚章（ふるやのぶあき）

1955年生于东京都，毕业于早稻田大学理工学院建筑系，同所大学博士后期课程完成。就任早稻田大学助教、近畿大学工学院讲师，1994年起担任早稻田大学副教授，与八木佐千子共同设立NASCA，为代表董事。1997年起担任早稻田大学教授。

—八木佐千子（やぎさちに）

1963年生于东京都，1986年毕业于早稻田大学理工学院建筑系，1988年取得同所大学硕士学位。1988年至1993年就职于团・青岛建筑设计事务所，1994年与古谷诚章共同成立NASCA，同为代表董事。

—篠原聪子（参考10）

—北山恒（きたやまこう）
1950年生，1978年与他人共同主持工作室。1980年完成横滨国立大学研究生课程。1995年主持设立建筑师研讨会（Architecture Workshop）。2001年担任横滨国立大学教授，2007年任同所大学研究生院Y-GSA教授。2016年起担任法政大学教授。

38 马木营地
—点建筑师事务所（参考11）

39 古志古民家塾
—江角俊则（えすみとしのり）
1959年生，就职于江角建筑事务所（有限制），2007年成立一级建筑师事务所江角工作室。1999年至今担任米子工业高等专门学校外聘教师。主要奖项有JIA中国建筑大奖（住宅部门，2010），其作品"神门通车站"获2013年好设计奖。

40 隐岐国学习中心
—西田司（参考14）

—万玉直子（まんぎょくなおこ）
1985年生于大阪府，2007年毕业于武库川女子大学生活环境学院生活环境系。2010年神奈川大学研究生院毕业后就职于正在设计，2016年起担任首席设计师。

—后藤典子（ごとうのりこ）
1971年生于爱知县，1995年毕业于信州大学人文学院，2002年毕业于早稻田大学艺术学院建筑设计系。2002年至2005年就职于加贺建筑规划，2006年至2015年就职于正在设计，2015年成立白山建筑师工作室（Haku Architects Studio）。

41 多古新町屋
—塚本由晴（つかもとよしはる）
1965年生于神奈川县，1987年毕业于东京工业大学工学院建筑系，1987年至1988年于巴黎贝尔维尔建筑学院学习，1992年合作成立犬吠工作室，1994年完成东京工业大学博士课程。现任东京工业大学研究生院教授。曾任哈佛大学设计研究生院、加州大学洛杉矶分校、丹麦艺术学院、康奈尔大学、莱斯大学、代尔夫特工业大学等学校的客座教授。

—贝岛桃代（かいじまももよ）
1969年生于东京都，1991年毕业于日语女子大学家政学院居住系，1992年与塚本由晴共同成立犬吠工作室，1994年完成东京工业大学硕士研究生课程，1996年至1997年获瑞士苏黎世联邦理工学院奖学金，2000年东京工业大学博士课程期满退学，2005年至2007年担任瑞士苏黎世联邦理工学院客座教授。现为筑波大学副教授。曾任瑞士苏黎世联邦理工学院、哈佛大学设计研究生院、丹麦艺术学院、莱斯大学、代尔夫特工业大学的客座教授。

—玉井洋一（たあいよういち）
1977年生于爱知县，2002年毕业于东京工业大学工学院建筑系，2004年完成同所大学硕士研究生课程。2004年起就职于犬吠工作室，2015年成为工作室合伙人。

42 陆咖啡
—成濑·猪熊建筑设计事务所（参考02）

43 岛上厨房
—安部良（あべりょう）
1966年生于广岛县，1992年获早稻田大学理工学硕士学位，1995年成立安部良一级建筑师事务所。由"岛上厨房""鸳鸯温泉原汤""福屋八丁堀Sorala"开始，到"十津川村高森之家""丰岛神爱馆"等项目，许多促进地区活力的项目正在进行。

44 檐廊办公室
—伊藤晓（いとうさとる）
1976年生于东京都，2002毕业于横滨国立大学研究生院。曾就职于AAT与约翰·穆科特建筑设计事务所，2007年成立伊藤晓建筑设计事务所。任东洋大学、日本大学、东京城市大学、明治大学外聘教师。参与设立神山町BUS项目。

—须磨一清（すまいっせい）
1976年生于东京都，1999年毕业于庆应义塾大学环境与信息学系，2002年取得哥伦比亚大学建筑学硕士。曾就职于纽约设计事务所、罗克威尔集团、沃尔桑格建筑师事务所，2011年成立SUMA。参与设立神山町BUS项目。

—坂东幸辅（ばんどうこうすけ）
1979年生于德岛县，2002年毕业于东京艺术大学美术学院建筑系，2008年完成哈佛大学设计研究生院的学习。从事建筑规划方案设计工作，曾任东京艺术大学美术学院建筑系教育研究助教。2010年成立坂东幸辅建筑设计事务所。现任京都市立艺术大学讲师、京都工艺纤维大学外聘教师。参与设立神山町BUS项目。

—BUS
伊藤晓、须磨一清、坂东幸辅共同的设计团队。成员有各自的事务所，因神山町的项目组成了一个团队。团队不仅从事设计、工作室规划运营等工作，还进行多种与町相关的活动。代表作有"檐廊办公室""Week神山"等。

45 鹿岛冲浪别墅
—千叶学（ちばまなぶ）
1960年生，1987年取得东京大学硕士学位。2001年成立千叶学建筑规划事务所。2013年至今任东京大学研究生院教授。代表作有"日本导盲犬综合中心""大多喜町役场""工学院大学125周年纪念综合教育建筑"。出版图书有《Rule of Site－此处无形式》《设计人的集中形式》等。

46 瑞穗团体之家
—平野胜雅（ひらのかつまさ）
1975年出生于岐阜县，1999年毕业于名古屋工业大学。2000年加入大建MET建筑事务所。

—布村叶子（ぬのむらようこ）
1976年出生于岐阜县，1999年毕业于名古屋工业大学。1999年起工作于柑橘建筑设计事务所，2002年加入大建MET建筑事务所。

47 波板地区交流中心
—雄胜工作室
以东北大学、东京艺术大学、日本大学为中心的重建支援组织。

—日本大学
负责成员：富坚由美、藤本阳介、朝仓亮、藏藤勋

—佐藤光彦（さとうみつひこ）
1962年生，1986年毕业于日本大学理工学院建筑系。曾就职于伊东丰雄建筑设计事务所，1993年成立佐藤光彦建筑设计事务所。2007年任日本大学理工学院副教授，2012年任教授。代表作有"熊本站西口站前广场""小松本地露台""西所泽的住宅""仙川的住宅"等。

48 我的公众货摊
—燕建筑师事务所（参考15）

49 白色加长车货摊
—犬吠工作室（参考41）

—筑波大学贝岛研究室
后藤洋佑、御前光司、平井政俊、刘存泉

后记

出书的想法开始于2015年4月井口夏实发来的一封邮件，邮件上说“能不能一起出一本展现共享空间的设计以及设计手法的书？”对于新场地的建设，人们对设计以及运营等软件的关注度有所提升，而另一方面，人们对硬件方面的期待又是怎样的呢？我想，这是一个表现设计所起的作用的大好机会，因此毫不犹豫地答应了下来。

我想，应该不止我一个人有过这样的经历。在公共场所，比如在一个令人心情不好的咖啡店里待着时，那感觉让人十分难以忍受，这是典型的项目组合不佳、设计不当的例子；或者是在大学里针对公共场所自由征集项目提案的设计课题中，尽管学生会将咖啡店、展示厅、图书馆等布置在同一个建筑中，但那也仅仅是安置，几乎没有学生能够考虑到如何将各个场所联系起来、如何互相补充这一步。其实项目的种类原本也很少，但如果有更多先例可参考的话，状况会有所改变吧。在这种情况下最适合阅读本书，在本书中能够同时看到各种各样的项目方案以及支撑它们的优秀设计。从这个意义上来说，希望学习建筑的学生、设计者以及经营人士能够阅读本书。

我们发现，这些项目都可以将多种用途加以结合，大部分都包含空间的重复利用。我们可以想象，根据时间以及使用方法的不同，场所的氛围也会产生富有活力的变化。另外，货摊自不必说，通过檐廊、外部厨房、三合土地面房间、田地等设计灵活利用室外空间的项目并不在少数。本书中汇总的项目所展现的场所，不需要人们盛装打扮前往，穿着普通的休闲服饰前往更合适、更加富有变化，人们可以根据当时的心情选择度过时光的方式。其舒适的感觉令人很想常来，使之成为日常生活的一种延长。在那里，日常生活的范围扩大，使人与人得以相互联系，并且使得场所更加充满活力。

大多数的项目都是在2010年以后完成的。现在我们还不知道这些设计所描绘的未来具有多大的力量，也不知道五年后、十年后这些场所会变成什么样，让我们拭目以待。我相信众多的尝试必定会带给我们更好的未来。

作为一名设计者，回顾以往的项目，我本人感觉在Fabcafe Tokyo（2012年第1期、2015年第2期）以及柏之叶开放创新实验室（31 Ventures Koil）中所获得的经验颇丰。在没有电子咖啡馆的建设经验的情况下，我们针对温和的运营方法进行讨论，综合考虑咖啡馆必要的功能及实现各功能需要的面积，根据设计条件进行综合决策。每次讨论之前我都特别认真地准备，但有时事情的进展仍无法尽如人意。与当时相比，如今的我逐渐会听取项目参与人的意见以及感受，结合设计推进项目进展，使过程更加条理清晰。根据项目的规模，在进行模型与设计图的讨论之前，有时也要花上一两个月的时间来整理背景资料，厘清目标。为了更容易地梳理讨论的思路，我甚至自己做了一个简单的工具。一旦设计开始，按照日程表推进工作就成了有关各方共同的目标，即使是较为大胆的提案也要冷静地分析并进行判断。我一直在摸索一种方法，它可以在既不一味迎合委托人，也不任由设计者随意发挥的情况下，探索出取得两者之间平衡的最佳方案。

各位设计师平日工作繁忙，能够答应我的要求，在百忙之中抽出时间参与本书的制作，对此我表示衷心的感谢，没有各位的帮助本书难以顺利完成。

除设计图外，本书还收录了三组访谈。衷心感谢爽快地接受了我们采访的松本理寿辉先生、籾山真人先生、森下静香女士。另外，燕建筑师事务所的山道、千叶、石榑、西川先生，野村房地产的藤田、山野边先生及中里女士，本公司员工冈先生，以及学艺出版社的井口夏实女士等，大家在选定项目时进行了多次讨论，一同编纂了本书，在此一并表示衷心感谢。

成濑友梨

2016年11月

图书在版编目（C I P）数据

共享空间设计解剖书 / (日) 猪熊纯, (日) 成濑友梨主编 ; 郭维, 林绚锦, 何轩宇译. -- 南京 : 江苏凤凰科学技术出版社, 2018.8
ISBN 978-7-5537-9461-7

Ⅰ. ①共… Ⅱ. ①猪… ②成… ③郭… ④林… ⑤何… Ⅲ. ①建筑设计 Ⅳ. ①TU2

中国版本图书馆CIP数据核字(2018)第164383号

江苏省版权局著作权合同登记 图字：10-2017-701号

共享空间设计解剖书

主　　编　[日]猪熊纯 [日]成濑友梨
译　　者　郭　维　林绚锦　何轩宇
项目策划　凤凰空间／石　磊
责任编辑　刘屹立　赵　研
特约编辑　石　磊

出版发行　江苏凤凰科学技术出版社
出版社地址　南京市湖南路1号A楼，邮编：210009
出版社网址　http：//www.pspress.cn
总　经　销　天津凤凰空间文化传媒有限公司
总经销网址　http：//www.ifengspace.cn
印　　刷　北京博海升彩色印刷有限公司

开　　本　889 mm×1 194 mm　1／16
印　　张　8
版　　次　2018年8月第1版
印　　次　2019年10月第2次印刷

标准书号　ISBN 978-7-5537-9461-7
定　　价　99.00元

图书如有印装质量问题，可随时向销售部调换（电话：022-87893668）。